图1-1　采样枪采取猪扁桃体

图1-2　猪耳静脉采血　　　　图1-3　小猪固定与前腔静脉采血　　　图1-4　大猪固定与前腔静脉采血

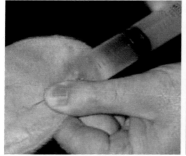

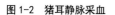

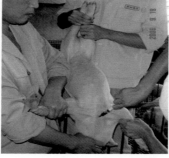

图2-1　大肠杆菌　　　　　　图2-2　大肠杆菌因子血清凝集试验结果

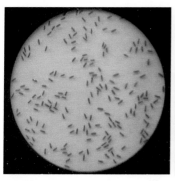

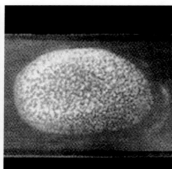

图3-4　鼻中隔弯曲，鼻甲骨萎缩左侧鼻腔闭塞，右侧扩张　　　图3-5　鼻拭子采样方法

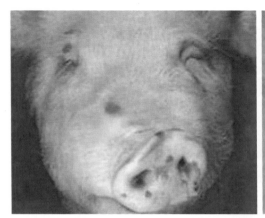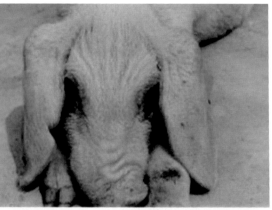

图 3-7　鼻部向一侧歪曲及颜面部变形

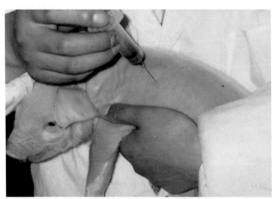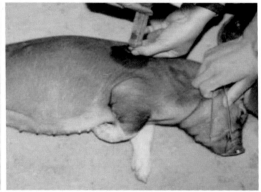

图 3-9　胸内注射接种疫苗

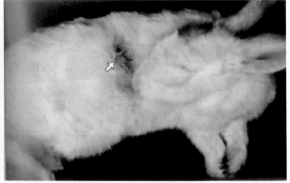

图 4-1　家兔接种实验阳性

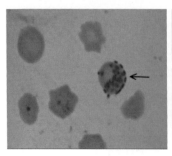

图 6-2　血液涂片中的附红细胞体　　　图 7-3　母猪流产　　　图 8-3　术部浸润麻醉

"十四五"职业教育国家规划教材

猪病防治

主　编◎金璐娟（黑龙江职业学院）

　　　　王　敏（黑龙江职业学院）

副主编◎张宝泉（黑龙江职业学院）

　　　　王丽艳（黑龙江职业学院）

编　者◎王禹力（黑龙江职业学院）

　　　　王　举（哈尔滨安佑牧业有限公司）

主　审◎吴学军（黑龙江职业学院）

ZHUBING
FANGZHI

北京师范大学出版集团
BEIJING NORMAL UNIVERSITY PUBLISHING GROUP
北京师范大学出版社

图书在版编目(CIP)数据

猪病防治 / 金璐娟，王敏主编. —北京：北京师范大学
出版社，2024.7
ISBN 978-7-303-22384-8

Ⅰ．①猪… Ⅱ．①金… ②王… Ⅲ．①猪病－防治－
高等职业教育－教材 Ⅳ．①S858.28

中国版本图书馆 CIP 数据核字（2017）第 114272 号

图书意见反馈 **gaozhifk@bnupg.com** 010-58805079
营 销 中 心 电 话 010-58802181 58805532

出版发行：北京师范大学出版社 www.bnupg.com
北京市西城区新街口外大街 12-3 号
邮政编码：100088
印 刷：北京溢漾印刷有限公司
经 销：全国新华书店
开 本：787 mm×1092 mm 1/16
印 张：14.5
字 数：312 千字
版 印 次：2024 年 7 月第 2 版第 11 次印刷
定 价：36.50 元

策划编辑：周光明 责任编辑：周光明
美术编辑：焦 丽 装帧设计：焦 丽
责任校对：陈 民 责任印制：马 洁 赵 龙

本书编审委员会

内容简介

　　本教材将猪传染病、寄生虫病、内科病、外科病、产科病融合为一体，是基于猪病防治工作过程系统化的课程设计。全书共分 8 个学习情境，分别是：以败血症为主症的猪病、以消化系统症状为主症的猪病、以呼吸系统症状为主症的猪病、以神经系统症状为主症的猪病、以皮肤和黏膜水疱丘疹为主症的猪病、以贫血和黄疸为主症的猪病、以繁殖障碍为主症的猪病、猪其他疾病。在每个学习情境中，均以一个或多个典型性或代表性案例为载体，通过对案例的解析、推理完成现场诊断，并在此基础上设计实验室检验方案，完成检验过程，对疾病做出正确诊断，同时根据各案例的具体特点进一步设有疫情报告、治疗、防治、免疫接种、免疫监测、病因分析等全部或部分工作任务。每个学习情境均配有任务单、资讯单、案例单、信息单、计划单、决策实施单、材料设备清单、作业单、效果检查单、评价反馈单等教学材料，必备理论知识在信息单中体现，适合"六步教学法"的实施及教学目标的实现。

　　本教材既可作为高职高专院校动物医学及其相关专业的特色教材，也可作为畜牧兽医行业技术人员的岗位培训教材和参考用书。

前　言

　　本教材高举中国特色社会主义伟大旗帜，全面贯彻习近平新时代中国特色社会主义思想，弘扬伟大建党精神，融入党的二十大精神，守正创新，落实立德树人根本任务，遵循职业教育基本规律，根据教育部《关于加强高职高专教育人才培养工作的意见》的精神，按照《职业院校教材管理办法》编写修订。

　　本教材是以提升学生的"专业能力、方法能力和社会能力、培养高技能人才"为原则，遵循"项目导向、任务驱动"的教学改革思路，基于猪病防治的工作过程进行设计与编写的项目化教材。

　　本教材获得首届黑龙江省教材建设优秀奖(一等奖)，被评为人社部全国技工教育规划教材。

　　与以往同类教材相比，本教材具有如下特点：

　　1. 以能力培养为核心，本着"学习的内容是工作，通过工作完成学习内容"指导思想，紧紧围绕猪病防治岗位工作任务完成的需要选择和组织内容。

　　2. 改变原有教材学科体系内容编排形式，用教学化的工作任务作为教学内容，使学生学习课程的过程变成符合猪病防治岗位工作过程的工作过程。

　　3. 基于猪病防治的工作过程，以临诊主症为主线，设计学习情境；每个学习情境中，均以一个或多个典型性或代表性案例为载体，针对案例进行多个完整的、典型的、规范的、通用的工作任务。师生在共同实施工作任务的过程中，学生真实地参加了疾病的诊断及防治等方案的设计与实施的全过程。融理论于实践教学之中，强调做中学、做中教，更加适用于学生自主学习、课堂教学和能力训练，充分体现了以能力培养为核心，适合于对学生综合能力的培养。

　　4. 所设案例由简单到复杂，由单纯感染到混合感染，含盖细菌性传染病、病毒性传染病、寄生虫病、普通病；所设任务既有猪病防治的基本技术，又有新技术的应用，既有执行类的工作任务，又有自主设计的各种方案，适于培养学生的方法能力。

　　5. 教材设计中，按项目教学"六步教学法"，充分体现课堂教学中资讯、计划、决策、实施、检查、评价六个教学阶段的内容。配有任务单、资讯单、案例单、信息单、计划单、决策实施单、材料设备清单、作业单、效果检查单、评价反馈单等教学材料。

　　本教材的编写分工是：金璐娟编写学习情境1及学习情境5的学习任务单、任务资讯单、案例单和相关信息单；王敏编写学习情境2和学习情境6；张宝泉编写学习情境8及学习情境5的必备知识、计划单、决策实施单、作业单、效果检查单及评价反馈单；王丽艳编写学习情境4和学习情境7；王禹力编写学习情境3；哈尔滨安佑牧业有限公司王举也参与了本书的编写。全书由金璐娟和王敏统稿；由黑龙江职业学院吴学军教授主审。

　　在编写过程中征求了多家企业的宝贵意见，同时得到了学院领导、教务处领导、农牧工程学院领导、同事及多方面有关人士的大力支持和帮助，在此一并表示感谢。

　　猪病防治项目化教材的建设还处于探索阶段，本教材的编写模式是一种尝试，由于编写时间仓促，编者水平有限，教材中难免有不妥之处，恳请各位师生及同仁在使用过程中给予批评指正并多提宝贵意见。

　　本书配有资源请扫描下边任一二维码，关注后，再回到微信，扫描二维码即可使用资源。

猪病防治视频资源　　　　　　　　　　　猪病防治 PPT 课件资源

编　者

目　录

学习情境 1　以败血症为主症的猪病 ………………………………………（1）

　学习任务单 ……………………………………………………………………（1）

　任务资讯单 ……………………………………………………………………（2）

　案例单 …………………………………………………………………………（4）

　相关信息单 ……………………………………………………………………（5）

　项　目　以败血症为主症猪病的防治 ………………………………………（5）

　　　任务一　诊断 ……………………………………………………………（5）

　　　任务二　猪瘟防治 ……………………………………………………（10）

　　　任务三　猪瘟免疫接种 ………………………………………………（10）

　　　任务四　猪瘟抗体监测 ………………………………………………（12）

　必备知识 ……………………………………………………………………（13）

　　　一、以败血症为主症的猪病 …………………………………………（13）

　　　　　猪瘟(13)　猪丹毒(15)　猪副伤寒(17)　猪链球菌病(19)　猪肺疫(20)

　　　　　弓形体病(20)　非洲猪瘟(22)

　　　二、以败血症为主症常见猪病的鉴别 ………………………………（24）

　拓展阅读与拓展视频 ………………………………………………………（31）

学习情境 2　以消化系统症状为主症的猪病 …………………………（32）

　学习任务单 …………………………………………………………………（32）

　任务资讯单 …………………………………………………………………（33）

　案例单 ………………………………………………………………………（35）

　相关信息单 …………………………………………………………………（36）

　项目1　以腹泻为主症猪病的防治 ………………………………………（36）

　　　任务一　诊断 …………………………………………………………（36）

　　　任务二　治疗 …………………………………………………………（38）

　　　任务三　防治 …………………………………………………………（39）

　项目2　剖检消化道查到虫体猪病的防治 ………………………………（39）

　　　任务一　诊断 …………………………………………………………（39）

　　　任务二　治疗 …………………………………………………………（42）

　　　任务三　防治 …………………………………………………………（42）

　必备知识 ……………………………………………………………………（42）

　　　一、以腹泻为主症的猪病 ……………………………………………（42）

　　　　　仔猪黄痢(43)　仔猪白痢(43)　仔猪副伤寒(肠炎型)(44)　猪痢疾(44)

　　　　　猪梭菌性肠炎(45)　猪增生性肠炎(46)　猪传染性胃肠炎(47)　猪流行

性腹泻(48)　轮状病毒病(48)　猪球虫病(49)　猪蛔虫病(50)　猪鞭
虫病(50)　仔猪消化机能不全(51)　仔猪营养性腹泻(52)　其他疾病(53)

二、以腹泻为主症猪病的鉴别 ································· (53)

拓展阅读 ··· (60)

学习情境 3　以呼吸系统症状为主症的猪病 ················· (61)

学习任务单 ··· (61)

任务资讯单 ··· (62)

案例单 ··· (64)

相关信息单 ··· (66)

项目1　以呼吸困难、咳嗽为主症猪病的防治(1) ··········· (66)

任务一　诊断 ·· (66)

任务二　治疗 ·· (70)

任务三　防治 ·· (70)

项目2　以呼吸困难、咳嗽为主症猪病的防治(2) ··········· (71)

任务一　诊断 ·· (71)

任务二　治疗 ·· (74)

必备知识 ··· (74)

一、常见以呼吸系统症状为主症的猪病 ················· (74)

猪肺疫(75)　猪传染性胸膜肺炎(77)　副猪嗜血杆菌病(78)　猪传染性
萎缩性鼻炎(80)　猪克雷伯氏菌病(82)　猪支原体肺炎(83)　猪繁殖与
呼吸障碍综合征(85)　猪圆环病毒2型感染(85)　猪流感(87)　猪巨细
胞病毒感染(88)　猪呼吸道病综合征(PRDC)(89)　弓形体病(91)
蛔虫性肺炎(91)　猪后圆线虫病(91)　感冒(92)　猪支气管肺炎(92)
猪大叶性肺炎(93)

二、以呼吸困难、咳嗽为主症猪病的鉴别 ··············· (94)

拓展知识 ··· (96)

猪胸腔穿刺(96)　猪肺内注射(96)

拓展视频 ·· (102)

学习情境 4　以神经系统症状为主症的猪病 ················· (103)

学习任务单 ·· (103)

任务资讯单 ·· (104)

案例单 ·· (105)

相关信息单 ·· (106)

项　目　以神经系统症状为主症猪病的防治 ·············· (106)

任务一　诊断 ··· (106)

任务二　防治 ··· (109)

必备知识 ·· (109)

一、以神经系统症状为主症的猪病 ···················· (109)

猪李氏杆菌病(110)　副猪嗜血杆菌病(脑膜脑炎型)(111)　猪链球菌病(脑膜脑炎型)(111)　仔猪水肿病(111)　猪伪狂犬病(112)　猪狂犬病(114)　猪亚硝酸盐中毒(115)　猪食盐中毒(116)　其他疾病(117)

　　二、以神经症状为主症猪病的鉴别 …………………………………………… (117)
　拓展视频 ……………………………………………………………………………… (123)

学习情境5　以皮肤和黏膜水疱丘疹为主症的猪病 ……………………………… (124)
　学习任务单 …………………………………………………………………………… (124)
　任务资讯单 …………………………………………………………………………… (125)
　案例单 ………………………………………………………………………………… (127)
　相关信息单 …………………………………………………………………………… (128)
　项目1　以皮肤和黏膜水疱为主症猪病的防治 …………………………………… (128)
　　任务一　诊断 …………………………………………………………………… (128)
　　任务二　疫情处理 ……………………………………………………………… (129)
　　任务三　防治 …………………………………………………………………… (130)
　项目2　以皮肤丘疹为主症猪病的防治 …………………………………………… (130)
　　任务一　诊断 …………………………………………………………………… (130)
　　任务二　治疗 …………………………………………………………………… (132)
　　任务三　防治 …………………………………………………………………… (132)
　必备知识 ……………………………………………………………………………… (133)
　　一、以皮肤和黏膜水疱为主症的猪病 ………………………………………… (133)
　　　猪口蹄疫(133)　猪水疱病(134)　猪水疱性口炎(135)　猪水疱性疹(136)
　　二、以皮肤和黏膜水疱为主症猪病的鉴别 …………………………………… (137)
　　三、以皮肤丘疹为主症的猪病 ………………………………………………… (137)
　　　仔猪渗出性皮炎(138)　疹块型猪丹毒(138)　猪痘(138)　猪皮炎肾病综合征(139)　猪疥螨病(139)　角化不全症(139)　玫瑰糠疹(伪钱癣)(140)
　　四、以皮肤丘疹为主症猪病的鉴别 …………………………………………… (140)
　拓展阅读 ……………………………………………………………………………… (146)

学习情境6　以贫血和黄疸为主症的猪病 ………………………………………… (147)
　学习任务单 …………………………………………………………………………… (147)
　任务资讯单 …………………………………………………………………………… (148)
　案例单 ………………………………………………………………………………… (149)
　相关信息单 …………………………………………………………………………… (150)
　项　目　以贫血和黄疸为主症猪病的防治 ……………………………………… (150)
　　任务一　诊断 …………………………………………………………………… (150)
　　任务二　治疗 …………………………………………………………………… (152)
　　任务三　防治 …………………………………………………………………… (152)
　必备知识 ……………………………………………………………………………… (152)

一、以贫血和黄疸为主症的猪病 ……………………………………… (152)

　　猪附红细胞体病(152)　　猪钩端螺旋体病(154)　　仔猪营养性贫血(156)

　　新生仔猪溶血病(156)

二、以贫血和黄疸为主症猪病的鉴别 ……………………………… (157)

　拓展阅读 …………………………………………………………………… (163)

学习情境7　以繁殖障碍为主症的猪病 …………………………… (164)

学习任务单 ………………………………………………………………… (164)

任务资讯单 ………………………………………………………………… (165)

案例单 ……………………………………………………………………… (166)

相关信息单 ………………………………………………………………… (167)

项　目　以繁殖障碍为主症猪病的防治 …………………………… (167)

　　任务一　诊断 ……………………………………………………… (167)

　　任务二　治疗 ……………………………………………………… (171)

　　任务三　防治 ……………………………………………………… (171)

必备知识 …………………………………………………………………… (172)

一、以繁殖障碍为主症的猪病 …………………………………… (172)

　　猪繁殖与呼吸障碍综合征(172)　　猪细小病毒病(174)　　猪流行性乙型

　　脑炎(175)　　猪伪狂犬病(177)　　猪布鲁氏菌病(177)　　猪衣原体病(178)

　　猪霉菌病及霉菌毒素中毒(180)　　其他疾病(181)

二、以繁殖障碍为主症猪病的鉴别 ……………………………… (181)

　拓展阅读 …………………………………………………………………… (188)

学习情境8　猪其他疾病 ……………………………………………… (189)

学习任务单 ………………………………………………………………… (189)

任务资讯单 ………………………………………………………………… (190)

案例单 ……………………………………………………………………… (192)

相关信息单 ………………………………………………………………… (193)

项目1　母猪产前产后常见病的防治 ……………………………… (193)

　　任务一　诊断 ……………………………………………………… (193)

　　任务二　剖腹产手术 ……………………………………………… (193)

项目2　以肌肉中见到囊泡结节病变为主症猪病的防治 ………… (196)

　　任务一　诊断 ……………………………………………………… (196)

　　任务二　治疗 ……………………………………………………… (197)

　　任务三　防治 ……………………………………………………… (197)

项目3　以肌肉呈苍白病变为主症猪病的防治 …………………… (197)

　　任务一　诊断 ……………………………………………………… (197)

　　任务二　治疗 ……………………………………………………… (199)

　　任务三　防治 ……………………………………………………… (199)

必备知识 …………………………………………………………………… (199)

一、母猪产前产后常见病 ……………………………………………… (199)

　　母猪便秘(199)　母猪难产(200)　阴道脱出(201)　无乳综合征(202)

　　子宫内膜炎(203)　母猪产后热(204)　母猪产后瘫痪(204)　母猪产后

　　食欲不振(206)　胎衣不下(206)

二、肌肉中见到囊泡结节病变为主症的猪病 ……………………… (207)

　　猪囊尾蚴病(207)　猪旋毛虫病(208)　猪住肉孢子虫病(209)

三、以肌肉呈苍白病变为主症的猪病 ……………………………… (209)

　　猪应激综合征(209)　硒—维生素 E 缺乏症(211)

四、以肌肉呈苍白病变为主症猪病的鉴别 ………………………… (213)

拓展阅读 …………………………………………………………………… (219)

参考文献 ……………………………………………………………… (220)

学习情境 1

以败血症为主症的猪病

●●●● 学习任务单

学习情境 1	以败血症为主症的猪病	学　时	12
布置任务			
学习目标	1. 明确以败血症为主症猪病的种类及其基本特征； 2. 能够说出各病的主要流行特点、典型的临床症状和病理变化； 3. 能够综合运用流行病学调查、临床症状观察、病理剖检变化观察、类症疾病鉴别等方法，进行本类疾病的初步诊断； 4. 能够根据病原体的特性选择运用血清学试验及常规病原体鉴定方法，对传染病及寄生虫病做出诊断； 5. 能够对诊断出的疾病予以合理治疗； 6. 能够根据猪场的具体情况，制定及实施防治措施； 7. 能够独立或在教师的引导下设计工作方案，分析、解决工作中出现的一般性问题； 8. 培养学生安全生产和公共卫生意识，做好自身安全防护； 9. 提升重大动物疫病防控能力，增强防疫意识和法制观念，保障群众的养殖安全		
任务描述	对临床生产实践多发的以败血症为主症的猪病做出诊断，予以治疗，制定及实施防治措施。具体任务如下： 1. 运用流行病学调查、临床症状观察、病理剖检变化观察、与类症疾病鉴别等方法，通过对病例的解析、推断，完成本类疾病的初步诊断； 2. 依据初步诊断结果，设计实验室检验方案，完成检验过程，对疾病做出正确诊断； 3. 对诊断出的疾病予以合理治疗； 4. 疫情处理； 5. 制定及实施防治措施； 6. 免疫接种； 7. 免疫监测		
学时分配	资讯：3 学时　计划：1 学时　决策：1 学时　实施：6 学时　考核：0.5 学时　评价：0.5 学时		
提供资料	1. 信息单； 2. 教材； 3. 相关网站网址		
对学生要求	1. 按任务资讯单内容，认真准备资讯问题； 2. 按各项工作任务的具体要求，认真设计及实施工作方案； 3. 严格遵守动物剖检、实验室检验等技术操作规程，避免散播病原； 4. 严格遵守实验室管理制度，避免安全事故发生； 5. 严格遵守猪场消毒卫生制度，防止传播疾病； 6. 严格遵守猪场劳动纪律，认真对待各项工作； 7. 虚心向猪场技术人员学习，做到多请教多提高； 8. 以学习小组为单位，开展工作，展示成果，提升团队协作能力		

●●●●● 任务资讯单

学习情境1	以败血症为主症的猪病
资讯方式	阅读信息单及教材；进入本课程的精品课网站及相关网站，观看PPT课件、视频；图书馆查询；向指导教师咨询
资讯问题	1. 猪瘟的病原体是什么？其有何主要生物学特性？ 2. 目前我国猪瘟的流行有哪些特点？ 3. 分析猪瘟病毒持续感染的原因。 4. 猪瘟的临床症状及剖检变化是什么？ 5. 猪瘟的实验室诊断方法有哪些？ 6. 一旦发生猪瘟应采取哪些措施？ 7. 如何对猪群进行猪瘟抗体水平的监测？ 8. 分析猪瘟免疫失败的原因。 9. 猪丹毒的病原体是什么？其有何主要生物学特性？ 10. 猪丹毒的流行特点有哪些？ 11. 猪丹毒的临床症状及剖检变化是什么？ 12. 如何进行猪丹毒的实验室诊断？ 13. 治疗猪丹毒的首选药物是什么？治疗时应注意什么？ 14. 猪丹毒的防治措施有哪些？ 15. 猪副伤寒的病原体是什么？其有何主要生物学特性？ 16. 猪副伤寒的临床症状分几种类型，各型主要特点是什么？ 17. 猪副伤寒的主要病理变化是什么？ 18. 如何确诊猪副伤寒？ 19. 猪链球菌病的病原体是什么？其有何主要生物学特性？ 20. 猪链球菌病的流行特点有哪些？ 21. 猪链球菌病主要有哪几种病型？各有何特征？剖检各有哪些病理变化？ 22. 怎样确诊猪链球菌病？ 23. 怎样防治猪链球菌病？ 24. 人通过哪些途径可能感染猪链球菌病？感染后有哪些表现？ 25. 猪肺疫的病原体是什么？其有何主要生物学特性？ 26. 猪肺疫的流行特点有哪些？ 27. 猪肺疫的特征临床症状及主要剖检变化是什么？ 28. 治疗猪肺疫可选择哪些药物？ 29. 猪肺疫的防治措施包括哪些？ 30. 分析非洲猪瘟传入我国的可能途径？ 31. 非洲猪瘟的病原体是什么？其有何主要生物学特性？ 32. 非洲猪瘟的临床症状及剖检变化有哪些？ 33. 一旦发生疑似非洲猪瘟疫情应采取哪些措施？ 34. 如何对猪群进行非洲猪瘟疫病监测？ 35. 引起猪出现败血症症状的疾病有哪些？ 36. 归纳总结以败血症为主症的猪病的鉴别要点。

续表

学习情境1	以败血症为主症的猪病
资讯问题	37. 归纳总结病毒感染的实验室诊断方法。 38. 归纳总结猪传染病、寄生虫病、中毒病、营养代谢病的发病特点。
资讯引导	1. 王志远. 猪病防治. 北京：中国农业出版社，2010 2. 姜平等. 猪病. 北京：中国农业出版社，2009 3. 李立山等. 养猪与猪病防治. 北京：中国农业出版社，2006 4. 刘振湘等. 动物传染病防治技术. 北京：化学工业出版社，2009 5. 刘莉. 动物微生物及免疫. 北京：化学工业出版社，2010 6. 宣长和等. 猪病诊断彩色图谱与防治. 北京：中国农业科学技术出版社，2005 7. 潘耀谦等. 猪病诊治彩色图谱. 北京：中国农业出版社，2010 8. 猪 e 网：http://www.zhue.com.cn/ 9. 在线猪病诊断系统：http://www.fjxmw.com/zbzd/ 10. 中国养猪网：http://www.china-pig.cn/ 11. 中国猪网：http://www.pigcn.cn/

●●●●● 案 例 单

学习情境1	以败血症为主症的猪病
序号	案例内容
1.1	某猪场存栏猪121头，其中母猪8头，育肥猪72头，仔猪41头，分两栋猪舍饲养。仔猪现已31日龄，几天前有两头猪出现精神沉郁，食欲废绝，体温升高到41℃左右，持高不下，应用青霉素、链霉素、磺胺类药物肌肉注射，不见好转，随后全群猪开始陆续发病，至发病第5 d共死亡19头。该猪场仔猪23日龄时应用猪瘟弱毒苗首免，免疫后未进行抗体监测。病猪食欲废绝，体温升高至41℃左右，挤卧一起，全身潮红，个别猪在腹部、耳根、四肢内侧及腿部有大量针尖大的出血点及少量的出血斑，指压不褪色。眼结膜发炎，眼睑浮肿，流出脓性分泌物。起立行走时，后躯无力。尿液呈茶色，粪便干燥，表面附有黏液，个别猪出现腹泻，挤压小公猪包皮时流出白色混浊的尿液。剖检病猪可见皮肤上有多量出血点，全身浆膜、黏膜和心脏可见出血点和出血斑。腹股沟淋巴结、颌下淋巴结肿胀、严重出血，切面多汁，呈"大理石样"变。喉头、会厌软骨有少量出血点。脾脏边缘有暗紫色的梗死。肾脏呈土黄色，表面有大量的出血点。膀胱黏膜有出血点。有的肠系膜淋巴结呈索状肿大
1.2	某养猪户共饲养猪67头，其中繁殖母猪10头，种公猪1头，2～6月龄仔猪相继发生类似症状的疾病。表现为突然发病，死亡迅速。体温高达41.8～42.5℃，稽留不退。精神沉郁，食欲减退或废绝，呼吸困难，行走摇晃，呕吐。结膜充血，有浆液性分泌物。初期便秘，后转腹泻，尿少带黄色。背部、腹侧、颈部、耳部、四肢等处皮肤发红或出现大小不等的红色或深红色菱形、类圆形疹块，指压褪色。多以败血症死亡，病程2～3 d。病死猪多见皮肤发红，耳部水肿。剖检3头，可见全身淋巴结肿大，切面多汁，呈紫红色，心脏混浊肿大，坏死呈暗红色。肝、脾、肾充血肿大。胃壁、十二指肠黏膜充血，有出血点

●●●●● 相关信息单

项目 以败血症为主症猪病的防治

任务一 诊断

传染病的诊断方法较多，一般分为现场诊断和实验室诊断两类。

一、现场诊断

现场诊断又称为临诊综合诊断，包括流行病学诊断、临诊诊断和病理解剖学诊断。

【材料准备】

体温计、解剖器械等。

【工作过程】

1. 流行病学调查

（1）猪场流行病学调查 调查内容参照表1-1。深入现场，通过询问、现场观察等，获取相关信息。综合分析获得的信息，以疾病的发生特点为主线，对疾病的发生类型提出假设，包括传染病、寄生虫病、营养代谢病、中毒病、管理性疾病等。

猪发生急性败血性传染病时，其共同特点是皮肤、黏膜、浆膜出血及瘀血，高热，并出现呼吸道、消化道与神经系统等全身病状。发病急、死亡快、病程短。

表1-1 流行病学调查主要内容

调查内容	获取信息	综合分析
疾病的流行情况	①发病时间、地点、发病日龄、发病顺序和主要表现； ②发病猪的数量、性别、年龄和营养状况； ③猪群各年龄组的发病率和死亡率； ④疾病的初期表现和后期是否相同； ⑤疾病的治疗效果； ⑥附近其他猪场疾病的发生情况	整理、分析获得的信息，找出发生疾病的发病特点，对疾病的发生类型提出假设
过去的发病情况	本场、本地及邻近地区是否发生过类似疾病；流行情况；发病率和死亡率	
免疫接种、驱虫及药物预防情况	①猪群免疫情况，免疫接种所用疫苗的种类、来源、运送及贮存方法，接种时间和接种剂量； ②免疫前后是否使用抗菌药和抗病毒药； ③免疫后是否采血进行免疫抗体检测； ④用药的种类及时间	
饲养管理情况	①饲料种类、饲喂情况及生产性能； ②猪群饲养密度是否适宜； ③猪舍设备是否完善； ④猪舍的通风换气情况； ⑤本次发病前猪场是否由其他地方引进动物、动物产品或饲料，输出地目前及过去有无类似的疾病； ⑥猪场环境卫生情况	

（2）案例发病特点分析

案例单案例1.1。在案例提供信息的基础上，进一步有所侧重地补充询问相关信息，然后对案例的流行病学特点进行分析。

案例发病特点分析

发病情况及流行病学调查	发病特点	提示疾病
①发病情况：猪场存栏猪121头，其中母猪8头，育肥猪72头，仔猪41头，分两栋猪舍饲养。仔猪现已31日龄，几天前有两头猪出现精神沉郁，食欲废绝，体温升高到41℃左右，持高不下，病猪腹部、耳根、四肢内侧及腿部有大量针尖大的出血点及少量的出血斑。随后全群猪开始陆续发病，至发病第5d共死亡19头； ②用药情况：发病后应用青霉素、链霉素、磺胺类药物肌肉注射，不见好转； ③猪群免疫情况：23日龄应用猪瘟弱毒苗进行首免，免疫后未进行猪瘟抗体监测	①自个别猪发病至群发，潜伏期短，具有传染性； ②病程短； ③死亡率高； ④皮肤上有出血点及出血斑	以败血症为主症传染病

2. 临床检查

（1）临床检查内容

对动物进行直接检查，检查内容见表1-2，提示疾病见各学习情境必备知识中疾病鉴别表，必要时对血、粪、尿等进行常规实验室检查。结合临床检查结果和病型，对具有特征性症状的典型病例可做出诊断，对非典型病例提示可疑疾病的大致范围。针对以败血症为主症猪病体温升高至40℃以上、皮肤及黏膜有出血斑点的临床特征，检查中需特别注意病猪的体温变化、皮肤及黏膜的变化等。

表1-2　临床检查内容

检查方式	检查项目	检查内容	综合分析
群体检查	普遍检查 抽样检查	一般先巡视环境后再检查猪群，先群体检查后个体检查，先一般检查后特殊检查，先检查健康猪群后检查病猪群	在猪群检查总体印象和个体临诊结果的基础上，结合发病特点及猪群的饲养管理、卫生防疫等情况进行综合分析，对具有特征性临诊症状的典型病例做出诊断，对非典型病例提示可疑疾病的大致范围
个体检查	体温检查	测温	
	消化系统检查	检查是否有腹泻、便秘和呕吐；粪便的颜色、性状及是否混有血液、肠黏膜或寄生虫	
	呼吸系统检查	检查病猪的呼吸数；是否有咳嗽、喷嚏、流鼻液及颜面变形；是否呈腹式呼吸和犬坐姿势	
	运动系统检查	检查病猪关节是否肿胀、发红，是否有跛行及肢蹄不堪负重	
	神经系统检查	检查病猪是否有头颈歪斜或圆圈运动，是否有肢体麻痹、共济失调、平衡失控、强直性或阵发性痉挛	
	生殖系统检查	检查公猪的睾丸、阴茎是否发热肿胀；检查母猪的外阴是否有分泌物；母猪流产、死产或难产情况，产出胎儿的情况；产后泌乳情况及乳房是否肿胀等	
	被皮和循环系统检查	观察猪全身皮肤颜色，有无出血点及出血斑、坏死灶、结痂、肿胀	

（2）案例症状特点分析

案例单案例 1.1。

案例症状特点分析

临床症状	症状特点	提示疾病
病猪食欲废绝，体温升高至 41 ℃左右，挤卧一起，全身潮红，个别猪在腹部、耳根、四肢内侧及腿部有大量针尖大的出血点及少量的出血斑，指压不褪色。眼结膜发炎，眼睑浮肿，流出脓性分泌物。起立行走时，后躯无力。尿液呈茶色，粪便干燥，表面附有黏液，个别猪出现腹泻，挤压小公猪包皮时流出白色混浊的尿液	①体温 41 ℃以上、厌食、畏寒； ②腹部、耳根、四肢内侧及腿部有出血点及出血斑，指压不褪色； ③眼结膜发炎； ④便秘	猪瘟 败血型猪丹毒 败血型副伤寒 败血型猪链球菌病 猪弓形体病 非洲猪瘟

3. 病理剖检

（1）病理剖检检查内容

选择能代表猪群典型症状的病死猪进行剖检，检查内容见表 1-3。剖检过程中，做好记录，填写剖检报告。

对于有初步诊断印象的要有目的地去发现相关病变并进行重点剖检观察，对没有初步印象或找不到典型病变的要进行全面剖检，细心观察。依据剖检结果，对具有特征性眼观病理变化的病例结合特征临床症状可以做出诊断，对没有特征性眼观病理变化的提示可疑疾病及提供下一步诊断线索。有些疾病需进行病理组织学检查。

表 1-3　病理剖检检查内容

检查项目	部位	检查内容	综合分析
尸体外部检查	眼	①眼角有无泪痕或分泌物；是否有泪斑； ②眼结膜是否充血、苍白及黄染； ③眼睑有无水肿	归纳、总结获取的剖检变化，明确主要剖检变化，结合发病特点及症状特点，综合分析，做出诊断或提示可疑疾病
	口鼻	①鼻孔有无炎性渗出物； ②有无鼻歪斜及颜面部变形； ③唇部及口腔有无水疱、溃疡、出血	
	皮肤	①有无出血点或出血斑、疹块、痘疹、丘疹； ②末梢部位皮肤是否发绀； ③蹄部皮肤有无水疱、溃疡	
	肛门	肛门周围和尾部是否被粪便污染	
皮下检查	皮下	有无充血、出血、瘀血、水肿、炎症及皮下淋巴结的变化	
内脏器官检查	腹腔器官	①腹腔中有无渗出物及渗出液的颜色、数量和性状； ②腹膜及腹腔器官浆膜是否光滑；肠壁有无粘连； ③肠浆膜有无出血；肠系膜有无出血、水肿；肠系膜淋巴结有无肿胀、出血、坏死； ④胃肠黏膜有无肿胀、出血、坏死、溃疡； ⑤肝、脾、肾颜色变化，有无肿胀、出血、变性、坏死； ⑥膀胱黏膜有无出血点	

续表

检查项目	部位	检查内容	综合分析
内脏器官检查	胸腔器官	①胸腔、心包腔有无积液及其性状； ②胸膜是否光滑，有无粘连； ③心外膜有无出血点及纤维素沉着，心瓣膜有无菜花样增生物；心肌有无条纹状坏死；心肌内有无米粒大灰白色囊疱； ④肺脏是否有出血、水肿、肝变、坏死、结节； ⑤气管、支气管内有无液体及性状； ⑥喉头有无出血	
其他检查		①睾丸有无肿大、发炎、坏死、萎缩； ②肌肉内有无米粒大囊疱、毛根状小体，肌肉有无出血、坏死	

（2）案例病理剖检变化特点分析

案例单案例1.1。

案例病理剖检变化特点分析

剖检变化	剖检变化特点	提示疾病
皮肤上有大量出血点，全身浆膜、黏膜和心脏可见出血点和出血斑。腹股沟淋巴结、颌下淋巴结肿胀、严重出血，切面多汁，呈"大理石样"变。喉头、会厌软骨有少量出血点。脾脏边缘有暗紫色的梗死。肾脏呈土黄色，表面有大量的出血点。膀胱黏膜有出血点。有的肠系膜淋巴结呈索状肿大	①全身浆膜、黏膜有出血点和出血斑； ②淋巴结呈大理石样变； ③肾脏呈土黄色，表面有针尖状出血点； ④脾脏边缘有出血性梗死； ⑤喉头、会厌软骨、膀胱黏膜有出血点	猪瘟

4．鉴别诊断

对于临床表现、病理剖检变化有类似特征，容易混淆的疾病采用类症鉴别的方法进行分析判断，有些疾病还可参考药物治疗结果进行分析比较。

案例鉴别诊断

提示疾病	与案例不同点	初步诊断
猪瘟	无明显不同点	
败血型猪丹毒	①肾肿大，呈暗红色； ②脾肿大，呈樱红色； ③抗生素治疗有效	
败血型猪副伤寒	①脾肿大，呈蓝紫色； ②肝肿大，充血、出血，有时有坏死点； ③肺瘀血、水肿，小叶间质增宽	
败血型猪链球菌病	①脾显著肿大，呈暗红色或蓝紫色； ②肝肿大，胆囊水肿，囊壁增厚； ③胸膜腔液体增多，有纤维素性渗出物	猪瘟
猪弓形虫病	①死亡率相对较低； ②肝脏肿大，有米黄色小坏死点； ③肺水肿、间质增宽，呈玻璃样变性； ④磺胺类药物治疗有效	
非洲猪瘟	①脾肿大，呈黑紫色，易碎。 ②心脏积液和体腔积液（胸腔积液、腹水）。 ③肺水肿、出血	

5.诊断结果

综合分析以上各项检查结果，做出初步诊断。诊断结果要做到症状、病变、发病特点相统一。

案例：现场诊断为猪瘟，确诊有赖于实验室诊断。

二、猪瘟的实验室诊断

在现场诊断疑似猪瘟的基础上，根据病原的性质及特点选用微生物学、免疫学、分子生物学等实验方法进行实验室诊断。

【材料准备】

器材：鼻捻子、开口器、采样枪、灭菌牙签、灭菌离心管、荧光显微镜、冰冻切片机、载玻片、盖玻片等。

药品：丙酮、0.5 mol/L pH 9.0～9.5 的碳酸缓冲甘油、0.01 mol/L pH 7.2 PBS 等。

诊断液：猪瘟荧光抗体、猪瘟阳性血清、猪瘟阴性血清。

实验动物：家兔。

【工作过程】

1.应用猪瘟荧光抗体染色法检测被检猪扁桃体等组织样品中的猪瘟病毒

（1）采集和选择样品

①活体采样　利用采样枪采取扁桃体样品，方法如图 1-1 所示。采样器须用 3% 氢氧化钠溶液消毒，经清水冲洗后使用。

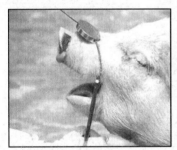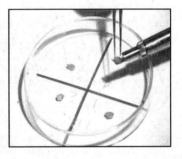

A.固定活猪上唇　　　C.采样枪采取扁桃体　　D.用灭菌牙签挑至灭菌平皿内
B.开口器打开口腔　　　　　　　　　　　　　E.标记

图 1-1　采样枪采取猪扁桃体

②其他样品　剖检时采取病死猪脏器，如扁桃体、肾脏、脾脏、淋巴结、肝脏和肺等。

（2）检测

方法：将上述组织制成冰冻切片，将液体吸干后经冷丙酮固定 5～10 min，晾干。滴加猪瘟荧光抗体覆盖于切片表面，置湿盒中 37 ℃作用 30 min。然后用 PBS 液洗涤，自然干燥。用 pH 9.0～9.5 0.5 mol/L 的碳酸缓冲甘油封片，置荧光显微镜下观察。必要时设立抑制试验染色片，以鉴定荧光的特异性。

判定：在荧光显微镜下，见切片中有胞浆荧光，并由抑制试验证明为特异的荧光，判为猪瘟阳性；无荧光判为阴性。

（3）荧光抑制试验

将两组猪瘟病毒感染猪的扁桃体冰冻切片，分别滴加猪瘟高免血清和健康猪血清（猪瘟中和抗体阴性），在湿盒中 37 ℃作用 30 min，用生理盐水或 pH 7.2 PBS 漂洗 2 次，然后进行荧光抗体染色。经用猪瘟高免血清处理的扁桃体切片，隐窝上皮细胞不应出现荧光，或荧光显著减弱；而用阴性血清处理的切片，隐窝上皮细胞仍出现明亮的黄绿色荧光。

2. 应用兔体交互免疫试验检测疑似猪瘟病料中的猪瘟病毒

（1）实验动物

体重 1.5～2 kg、体温波动不大的大耳白色家兔，于试验前 1 d 测基础体温。

（2）试验方法

将病猪的淋巴结和脾脏磨碎后用生理盐水作 1∶10 稀释，对 3 只健康家兔作肌肉注射，5 mL/只，另设 3 只不注射病料的对照兔，间隔 5 d 对所有家兔静脉注射 1∶20 的猪瘟兔化病毒（淋巴脾脏毒），1 mL/只，24 h 后，每隔 6 h 测体温一次，连续测 96 h，对照组 2/3 出现定型热或轻型热，试验成立。

（3）兔体交互免疫试验结果判定

接种病料后体温反应	接种猪瘟兔化弱毒后体温反应	结果判定
－	－	含猪瘟病毒
－	＋	不含猪瘟病毒
＋	－	含猪瘟兔化病毒
＋	＋	含非猪瘟病毒热原性物质

注："＋"表示大于或等于 2/3 的动物有反应。

任务二　猪瘟防治

1. 根据猪场的具体情况，各学习小组讨论、制定猪瘟防治方案，实施防治措施。

2. 供参考免疫程序

（1）种猪

种公猪春秋两防，即每年 2 次；种母猪春秋两次，每产前 25～30 d 一次，每产后 25～30 d 一次。

（2）仔猪

20～60 程序：20 日龄一免，60 日龄二免；

0～70 程序：乳前一免，70 日龄二免；

0～35～70 程序：乳前一免，35 日龄二免，70 日龄三免。

（3）后备种猪

按仔猪程序，至 8 月龄配种前加一次免疫后，按种猪程序进行。

任务三　猪瘟免疫接种

【材料准备】

器材：金属注射器、针头、镊子、剪毛剪、煮沸消毒器、体温计、听诊器等。

药品：猪瘟兔化弱毒苗及相应稀释液、75％酒精、5％碘酊、来苏儿或新洁尔灭等。

其他：脱脂棉、免疫接种登记表、免疫证、免疫耳标、工作服、工作帽、胶靴、口罩等。

【工作过程】

1. 器械消毒

(1)拧松金属注射器活塞调节螺丝，放松活塞，用纱布包好；针头用清水冲洗干净，成排插在多层纱布的夹层中，镊子、剪子洗净，用纱布包好。

(2)洗净的器械，高压灭菌 15 min，或煮沸消毒。放入煮沸消毒器内，加水淹没器械 2 cm 以上，煮沸 30 min，待冷却后放入灭菌器皿中备用。

2. 人员消毒与防护

免疫接种人员消毒手指，穿工作服、胶靴，戴口罩、帽等。

3. 检查待接种动物健康状况

检查预定接种猪的精神、食欲、体温、体况等，对精神、食欲、体温不正常的，发病、瘦弱的、幼小的、年老的、怀孕后期的猪，不予接种或暂缓接种。进行登记，以便以后补种。

4. 检查疫苗外观质量

凡疫苗瓶破损、瓶盖或瓶塞密封不严或松动、无标签或标签不完整(包括疫苗名称、批准文号、生产批号、出厂日期、有效期、生产厂家等)、超过有效期、色泽改变、发生沉淀或超过规定量的分层、有异物、有霉变、有摇不散凝块、有异味、无真空等，一律不得使用。

5. 详细阅读使用说明书

了解猪瘟兔化弱毒苗的用法、用量和注意事项等。

6. 预温疫苗

从贮藏容器中取出疫苗，置于室温平衡疫苗温度。

7. 稀释疫苗

按疫苗使用说明书注明的头份，用规定的稀释液，按规定的稀释倍数和稀释方法稀释疫苗。无特殊规定，可用注射用水或生理盐水，有特殊规定的应用规定的专用稀释液稀释疫苗。

8. 免疫接种

采用耳后、颈部或臀部肌肉注射。

9. 免疫接种后的观察与处理

接种猪瘟疫苗有时会出现严重的不良反应，表现为耳朵发紫，呼吸加快等，严重者引起死亡。接种后应注意观察，不可忽视。接种疫苗时，为了防止免疫过敏，应备有 0.1% 盐酸肾上腺素，一旦出现过敏反应，立即注射 0.1% 盐酸肾上腺素 1 mL。

【注意事项】

(1)疫苗使用前必须充分振荡，使其均匀混合后应用。免疫血清则不应振荡，沉淀不应吸取，并随吸随注射。

(2)在疫苗瓶盖上固定一个消毒针头专供吸取疫苗液用，每次吸后用酒精棉将针头包好。吸出疫苗液不可再回注于瓶内。给动物注射用过的针头不能吸液，以免污染疫苗。

(3)严格执行消毒及无菌操作。注射时最好每注射一头猪调换一个针头。针头不足时可每吸液一次调换一个针头，但每注射一头后，应用酒精棉将针头拭净消毒后再用。

(4)针筒排气溢出的疫苗液，应吸积于酒精棉上，并将其收集于专用瓶内。用过的酒精棉花、碘酒棉花和吸入注射器内未用完的疫苗液都放入专用瓶内，集中烧毁。

任务四　猪瘟抗体监测

【材料准备】

器材：96 孔 110°V 型医用血凝板、与血凝板大小相同的玻板、微量移液器及滴头、微型振荡器、玻璃吸管、灭菌离心管、标签纸、记号笔等。

诊断液：猪瘟正向间接血凝(IHA)抗体检测试剂盒。购入后按试剂盒要求的保存条件正确保存，液体血凝抗原 4～8 ℃保存，切勿冻结；阴性对照血清和阳性对照血清−20～−15 ℃保存。

【工作过程】

1. 应用猪瘟正向间接血凝抗体检测试剂盒，检测猪瘟免疫动物血清抗体效价。

（1）制备被检血清

图 1-2　猪耳静脉采血

猪耳静脉采血，方法如图 1-2 所示；或前腔静脉采血，方法如图 1-3、图 1-4 所示，各采血 2～3 mL，置于灭菌的离心管内，并将采血管与被检猪对应编号，室温下自然凝固，析出血清。每头 0.5 mL，56 ℃水浴灭活 30 min，待检。

（2）检测与判定

按猪瘟正向间接血凝抗体检测试剂盒使用说明书的操作程序，稀释试剂、完成操作，按判定标准判定结果。

2. 结果分析

血清的血凝价达到 1∶16 为免疫合格，低于此标准需对猪群进行免疫接种，仍不合格者淘汰。根据检测结果对猪群猪瘟免疫水平做出评估。

图 1-3　小猪固定与前腔静脉采血

图 1-4　大猪固定与前腔静脉采血

【注意事项】

（1）勿用 90°和 130°血凝反应板，以免误判。

（2）污染严重或溶血严重的血清样品不宜检测，以免产生非特异性反应。

（3）严格按猪瘟正向间接血凝抗体检测试剂盒说明书要求，正确保存各诊断液。

【必备知识】

一、以败血症为主症的猪病

病　型		病　名	病原体
以败血症为主症	病毒性传染病	猪瘟	猪瘟病毒
		非洲猪瘟	非洲猪瘟病毒
	细菌性传染病	猪丹毒（败血型）	猪丹毒杆菌
		猪副伤寒（败血型）	沙门氏菌
		猪链球菌病（败血型）	链球菌
		猪肺疫（败血型）	多杀性巴氏杆菌
	寄生虫病	弓形体病	刚地弓形虫

1. 猪瘟

猪瘟是由黄病毒科、瘟病毒属的猪瘟病毒引起猪的一种高度接触性传染病。特征是急性型呈败血性变化，实质器官出血、坏死和梗死；慢性型呈纤维素性坏死性肠炎，后期常有副伤寒及巴氏杆菌病继发感染。

【流行特点】　猪是本病唯一的自然宿主，不同年龄、性别、品种的猪均易感。感染猪在发病前即能通过分泌物和排泄物排毒，并持续整个病程。与感染猪直接接触是本病传播的主要方式，病毒也可通过精液、胚胎、猪肉和泔水等传播，人、其他动物如鼠类和昆虫、器具等均可成为重要传播媒介。感染和带毒母猪在怀孕期可通过胎盘将病毒传播给胎儿，导致新生仔猪发病或产生免疫耐受。低毒力的猪瘟病毒经胎盘感染胎儿，此先天性感染仔猪，可于生后几个月无临床症状但持续排毒，此种持续性的先天感染在猪瘟的流行病学上有重要意义。

本病一年四季均可发生，但受气候条件等因素的影响，以春、秋两季较为严重。治疗无效，病死率极高。呈流行性或地方流行性。近年来，猪瘟的流行发生了变化，出现非典型猪瘟、温和型猪瘟，常表现无规律的地区性散发。

【临床症状】　潜伏期5~7 d，短的2 d，长的21 d。

最急性型　突然发病，看不到任何症状即死亡。或突然发病，体温升高至41 ℃以上，呈稽留热；食欲减退，口渴，精神委顿，嗜卧，乏力；腹下和四肢皮肤发绀和斑点状出血，很快因心力衰竭、气喘和抽搐死亡，病程1~2 d。多发生在流行初期，较为洁净的易感猪群。

急性型　病初体温升高达40.5~42 ℃，多在41 ℃左右，发病后4~6 d体温达到高峰，稽留4~10 d。病猪明显减食或停食，但仍有食欲，喂食时走向食槽，口渴饮水或稍食后即回窝卧下。精神高度沉郁，常挤卧在一起，嗜睡。呼吸困难，咳嗽。结膜发炎，两眼有脓性分泌物。全身皮肤黏膜广泛性充血、出血，皮肤发绀，尤以肢体末端耳、尾、四肢及口鼻部最为明显。先短暂便秘，排球状带黏液粪块，后腹泻排灰黄色稀粪。大多在感染后5~15 d死亡，小猪病死率可达100%。

慢性型　体温时高时低，呈弛张热型。便秘或下痢交替，以下痢为主。皮肤发疹、结痂，耳、尾和肢端等坏死。病程长，可持续1月以上，病死率低，但很难完全恢复。不死的猪，常成为僵猪。多见于流行中后期或猪瘟常发地区。

温和型　潜伏期长，症状较轻不典型，病死率一般不超过50%，抗菌药物治疗无效，称为"温和型"猪瘟。病猪呈短暂发热，一般为40～41 ℃，少数达41 ℃以上，无明显症状。母猪感染后长期带毒，受胎率低、流产、死产、木乃伊胎或畸形胎；所生仔猪先天感染，死亡或成为僵猪。

【病理变化】

最急性型　常无明显变化，一般仅见浆膜、黏膜和内脏有少量出血点。

急性型　可见耳部、颈部和背部毛孔出血，黏膜、浆膜、淋巴结、心、肺、肾、膀胱、胆囊等处常有数量不等、程度不一的出血变化，一般为斑点状，散在或很密集。其中淋巴结以腹腔内淋巴结肿大、出血最为明显，切面多汁，呈弥漫性出血，边缘部分尤为显著，呈现大理石状。肾脏颜色变淡，表面及皮质部可见针尖状出血点。脾不肿大，边缘有暗紫色突出表面的出血性梗死。喉头及会厌软骨有出血点。肺脏充血、出血。扁桃体出血、坏死。

慢性型　病变主要为坏死性肠炎，一般见于回肠末端、盲肠和结肠，以回盲口处最为常见，形成特征性病变"纽扣状溃疡"。此外，常见有纤维素性肺炎的变化。

温和型　比典型猪瘟的变化轻微。母猪可见产出死胎、木乃伊胎、弱小仔猪或颤抖仔猪。多数仔猪可见水肿，腹腔积液，肠系膜淋巴结呈串珠状肿大，肾皮质出血，胸腺萎缩，皮肤、肾脏及淋巴结出血等。

【诊断】　对于急性猪瘟，依据流行特点、临床症状及病理变化可初步诊断；对于亚急性、慢性和温和型猪瘟，由于临床症状和病理变化差异较大，猪群中可能同时存在猪副伤寒、猪肺疫等传染病的继发感染，使病情更加复杂化，临床诊断往往比较困难。确诊需进行实验室诊断。

(1)病原学诊断　必须在相应级别的生物安全实验室进行，常用方法有病原的分离与鉴定、猪瘟荧光抗体染色法、兔体交互免疫试验、猪瘟病毒反转录聚合酶链式反应、猪瘟抗原双抗体夹心ELISA检测法等。

(2)血清学诊断　常用的方法有猪瘟病毒抗体阻断ELISA检测法、猪瘟荧光抗体病毒中和试验、猪瘟中和试验、猪瘟间接血凝试验等。

【治疗】　本病尚无有效的治疗药物和治疗方法。目前，唯一有效的治疗制剂是猪瘟高免血清，但也只限于对发病前期的猪有效，对中、后期的病猪基本无效。

【防治】　以免疫为主，采取"捕杀和免疫相结合"的综合性防治措施。

(1)做好免疫。制定科学、合理的免疫程序，以提高群体免疫力。

目前国内对猪瘟没有统一的免疫程序，各地免疫次数、免疫时间和免疫剂量各不相同，要根据本地区、本猪场的传统和现状制定出科学、合理、行之有效的免疫程序。一般是种公猪每年春、秋季用猪瘟兔化弱毒苗各免疫1次；种母猪每年春、秋以猪瘟兔化弱毒苗各免疫1次或在母猪产前30 d免疫1次；仔猪在20日龄首免或出生后未吮初乳前用猪瘟兔化弱毒苗超前免疫，70日龄时进行二免。

(2)开展免疫监测。采用酶联免疫吸附试验或正向间接血凝试验等方法开展免疫抗体监测，掌握猪群猪瘟抗体水平。一般认为间接血凝试验抗体滴度在1:(32～64)以上为免疫合格，对于免疫后抗体水平达不到要求者可行再次接种，仍不达标者淘汰。

（3）做好疫病监测。对种猪场和规模养殖场的种猪定期采样进行病原学检测，对检测阳性猪及时进行捕杀和无害化处理，以逐步净化猪瘟，铲除持续感染的根源，建立健康种群，繁育健康后代。对于商品猪场每年监测两次，抽查比例不低于 0.1%，最低不少于 20 头；散养猪不定期抽查。

（4）加强猪场的科学化管理，实行定期消毒。采用全进全出计划生产，防止交叉感染。加强对其他疫病的协同防治，如确诊有其他疫病存在，则需同时采取其他疫病的综合防治措施。

2. 猪丹毒

猪丹毒是由猪丹毒杆菌引起的一种急性、热性传染病。临床上分为最急性型、急性型（败血型）、亚急性型（疹块型）和慢性型（心内膜炎、关节炎、淋巴结炎或慢性肉芽增生）。

【流行特点】　本病主要发生于猪，尤以 3～6 月龄猪多发，其他动物如牛、羊、马、鼠类、家禽及野鸟等也有发病的报道。人类可因创伤感染，称为类丹毒。在北方本病的流行有明显的季节性，7 月至 9 月发病率高，秋季以后逐渐减少；南方地区，发病无季节性。多呈地方性流行或散发。

【临床症状】　潜伏期 3～5 d，短的 1 d，长的达 7 d 以上。

最急性型　常见于流行初期。无任何症状突然死亡，常是晚上正常吃食，第二天早晨发现猪已死亡。

急性型（败血型）　病猪体温突然升至 42 ℃以上，寒战、减食，或有呕吐，常躺卧地上，不愿走动，行走时步态僵硬或跛行，站立时背腰拱起。结膜充血，眼睛清亮有神，很少有分泌物。大便干硬，有的后期发生腹泻。发病 1～2 d 后，皮肤上出现红斑，其大小和形状不一，以耳、颈、背、腿外侧较多见，开始指压时褪色，指去复原，后期指压不褪色。病程 2～4 d，病死率 80%～90%。

亚急性型（疹块型）　特征是在皮肤上出现疹块，通常取良性经过。病初食欲不振，常有呕吐，便秘，体温升高达 41 ℃以上。发病 1～2 d 后，在胸、腹、背、肩及四肢外侧出现方形、菱形或圆形稍凸起的大小不等的疹块（见图 1-5），初呈淡红色，后变为紫红色，以至黑紫色，少则几个，多则数十个，以后中央坏死，形成痂皮。多经 1～2 周恢复。如病猪极度虚弱，也可转为败血型而死亡。

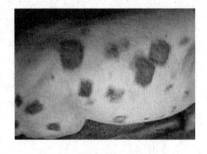

图 1-5　猪丹毒皮肤疹块

慢性型　一般由前两型转变而来，也有原发性的，在临床上表现为浆液性纤维素性关节炎、疣状心内膜炎和皮肤坏死 3 种。浆液性纤维素性关节炎常发生于腕关节和跗关节，呈多发性；受害关节肿胀，疼痛，僵硬，病猪步态僵硬，甚至发生跛行。疣状心内膜炎时病猪呼吸困难，心跳增加，听诊有心内杂音，常由于心衰而死亡。皮肤坏死常发生于背、肩、耳及尾部；局部皮肤变黑，干硬如皮革样，坏死皮肤逐渐与其下层的新生组织分离，最后脱落，遗留一片无毛而色淡的瘢痕。如继发感染则病情复杂，病程延长。

【病理变化】

最急性型　由于死亡急剧，剖检常见不到明显变化，有时可见心内外膜出血、胃出血等。

急性型 呈明显的败血症变化。皮肤上有大小不一和形状不同的红斑或呈弥漫性红色。脾肿大、充血,呈樱桃红色,质地柔软,切面隆起。肾瘀血、肿大,呈暗红色,皮质部有出血点。全身淋巴结肿大、充血,切面多汁,有小出血点。肺瘀血、水肿,肺小叶间质增宽,有时可见纤维素性胸膜炎。胃及十二指肠充血、出血。关节液增加。

亚急性型 与急性病变相似,但程度相对较轻。特征是皮肤上有方形和菱形的红色疹块。

慢性型 特征是疣状心内膜炎,在心脏瓣膜上有灰白色增生物,呈菜花状。关节肿大,关节腔内充满浆液纤维素性渗出物,呈黄色或红色,后期关节变形,形成死关节。

【诊断】 根据流行病学、临床症状和病理变化可做出初步诊断。必要时进行实验室诊断。

(1)病原学诊断

①方法 生前采取耳静脉血液,亚急性型的采取疹块部的渗出液;死后采取肝、脾、肾及淋巴结,慢性型采取心内膜组织和关节液。以病料抹片,经革兰氏染色后镜检,见到革兰氏阳性、单在、成对或成丛排列的纤细杆菌,在慢性心瓣膜制片中,可见单在或成丛的长丝状菌体,可初步诊断。进一步检查可进行分离培养、纯培养、生化试验及动物试验。

②结果 猪丹毒杆菌在血液琼脂平板或血清琼脂平板上形成针尖大小、灰白色、圆形、微隆起的露滴状小菌落或菲薄的小菌苔;在血液琼脂平板上菌落周围有狭窄绿色溶血环即呈 α 型溶血;生化特性见表 1-4。

表 1-4 猪丹毒杆菌的主要生化特性

细 菌	溶血性	明胶穿刺	紫乳作用	H_2S 试验	吲哚试验	运动性	易感实验动物	
							鸽	豚鼠
猪丹毒杆菌	α 溶血	试管刷状生长	凝固牛乳	+	−	−	+	−

注:"+"表示阳性;"−"表示阴性。

(2)血清学诊断

血清学诊断主要有凝集试验、SPA 协同凝集试验、免疫荧光抗体技术、琼脂扩散试验等。

【治疗】

(1)抗生素疗法

首选青霉素。治疗时,药物剂量一定要足,疗程要够,在病猪食欲、体温恢复正常后,再巩固治疗 2~3 d。

还可选用土霉素盐酸盐、四环素、金霉素、10%磺胺噻唑钠或磺胺嘧啶钠等。最好是分离菌株进行药物敏感试验。选用猪丹毒杆菌最敏感的药物用于治疗,能收到良好的治疗效果。

(2)血清疗法

猪丹毒高免血清也可用于治疗,与青霉素同时注射,疗效更好。

【防治】

(1)搞好综合性防治措施。加强饲养管理,对猪舍、用具及环境定期消毒,保持圈舍清洁干燥。

（2）预防接种。常用疫苗有猪丹毒氢氧化铝甲醛菌苗、猪丹毒 GC42 或 G4T10 弱毒疫苗；国内尚有猪丹毒、猪多杀性巴氏杆菌二联灭活疫苗，猪瘟、猪丹毒、猪肺疫三联活疫苗。

①仔猪在 45～60 日龄首免，常发地区或猪场，3 月龄时进行二免。

②种猪一般在春秋两季进行二次免疫接种。

③哺乳仔猪、配种 20 d 以内母猪、妊娠后期母猪暂不接种。

在接种疫苗前 3 d 和后 7 d 内严禁使用猪丹毒杆菌敏感的抗菌药物。

3. 猪副伤寒

猪副伤寒又称猪沙门氏菌病，是由沙门氏菌属的细菌引起仔猪的一种传染病。急性型表现败血症；亚急性型和慢性型以顽固性腹泻、回肠和大肠的纤维素性坏死性肠炎为特征，有时可发生肺炎。

【流行特点】 各年龄猪均易感，但多发于 1～4 月龄仔猪，哺乳仔猪一般不发病。本病一年四季均可发生，多雨潮湿季节多发，一般呈散发或地方流行。环境污秽、寒冷潮湿、圈舍拥挤、粪便堆积、饲料和饮水供应不及时、气候突变、断乳过早等应激因素易促进本病的发生。

【临床症状】 潜伏期 2 d 至数月不等。

急性型（败血型） 多见于断奶后不久的仔猪。病猪体温突然升高至 41～42 ℃，精神沉郁，食欲不振，鼻端干燥。先便秘，后期下痢，粪便恶臭，有时带血，常有腹部疼痛症状，弓背尖叫。耳、腹部及四肢皮肤呈深红色，后期呈青紫色。最后病猪呼吸困难，体温下降，偶尔咳嗽，痉挛，一般经 4～10 d 死亡。病死率很高。

慢性型（肠炎型） 临床常见。病猪体温高达 40～41.5 ℃，精神不振，食欲减退，反复下痢，可在几周内复发 2～3 次，粪便呈灰白色、淡黄色或暗绿色，粥状，恶臭，有时带血和坏死组织碎片，典型的腹泻呈白色蜂蜡样。以后逐渐脱水消瘦，皮肤上出现痂样湿疹。病猪的死亡率一般较低。病程 2～3 周或更长，最后衰竭死亡。

有的猪群无以上症状，但小猪生长发育不良，被毛粗乱、污秽，体质较瘦，偶尔下痢，体温和食欲变化不大，被称为"潜伏性副伤寒"。

【病理变化】

急性型 主要呈败血症变化。耳及腹部皮肤有紫斑。全身淋巴结肿胀、充血、出血，尤其肠系膜淋巴结呈索状肿胀。心内膜、心外膜、膀胱、咽喉及胃黏膜出血。脾肿大，呈暗紫色。肝肿大、充血、出血，有时肝实质有针尖大至粟粒大灰白色坏死灶，胆囊黏膜坏死。肾皮质可见小出血点。肺瘀血、水肿，小叶间质增宽，气管内有白色泡沫。盲肠、结肠黏膜充血、肿胀。病程长者在结肠可见坏死性肠炎，与亚急性和慢性病例相同。

慢性型 特征性病变是在回肠、盲肠、结肠发生局部或弥散性坏死性炎症。可见肠壁增厚，黏膜表面被覆一层灰黄色或淡绿色麸皮样物质，剥开可见底部红色、边缘不规则的溃疡面。少数病例滤泡周围黏膜坏死，稍突出于表面，有纤维蛋白渗出物积聚，形成隐约可见的轮环状。肝、脾及肠系膜淋巴结肿大，常见到针尖大至粟粒大的灰白色坏死灶，脾脏呈蓝紫色，有的肺脏有卡他性或干酪样肺炎。

【诊断】 根据流行特点、临床症状和病理变化可做出初步诊断，确诊需进行实验室检查。

（1）病原学诊断

①方法　无菌采取血液、肝、脾、淋巴结、肠内容物等。以病料抹片，经革兰氏染色后镜检，见到两端钝圆中等大小的革兰氏阴性杆菌，可怀疑为沙门氏菌，确检需对病料进行分离培养，获得纯培养后，进行培养特性及生化特性鉴定。较快速的方法是对分离菌进行沙门氏菌因子血清凝集试验。

②结果　猪副伤寒沙门氏菌的培养特性见表1-5；生化特性见表1-6。

因子血清凝集试验：将沙门氏菌 A～F 多价因子血清 1 滴置于载玻片上，提取纯培养物与因子血清混匀，如发生凝集，则确定为沙门氏菌；再分别用单因子血清做玻片凝集，根据凝集情况鉴定出分离菌的血清型。

微量快速细菌生化反应试验对主要肠道沙门氏菌鉴别效果很好，PCR 技术也可以用于沙门氏菌的快速检测。

表 1-5　沙门氏菌在鉴别培养基上的菌落特征

细菌	鉴别培养基				
	普通琼脂培养基	麦康凯琼脂	远腾氏琼脂	伊红美蓝琼脂	SS 琼脂
沙门氏菌	S 型，半透明，不产生色素	白色	无色菌落	无色	黑色菌落

表 1-6　沙门氏菌主要生化特性

细菌	葡萄糖	乳糖	麦芽糖	甘露醇	蔗糖	吲哚试验	MR 试验	VP 试验	枸橼酸盐	H_2S 试验
沙门氏菌	⊕	－	⊕	⊕	－	－	＋	－	＋/－	＋/－

注："⊕"表示产酸产气；"＋"表示阳性；"－"表示阴性；"＋/－"表示大多数菌株阳性/少数阴性。

（2）血清学诊断

血清学诊断主要应用凝集试验和酶联免疫吸附试验。

【治疗】　对病猪的治疗，应在隔离消毒、改善饲养管理的基础上及早进行。暴发本病考虑使用抗生素时必须依据体外药敏试验的结果，常用药物有土霉素、庆大霉素、新霉素、多粘菌素 B、恩诺沙星、乳酸诺氟沙星等。其疗效除决定于所用药物对细菌的作用强度外，还与用药时间、剂量和疗程长短有密切关系。要注意有一较长的疗程。若为坏死性肠炎需相当长时间才能修复，若中途停药，往往会引起复发而死亡。

【防治】

（1）搞好平时的综合性防治措施，消除发病原因。

（2）对常发本病的猪群，可在饲料中添加抗生素，但应注意地区抗药菌株的出现，发现对某种药物产生抗药性时，应改用另一种药。有条件的可通过药敏试验选择敏感的药物。

（3）在本病常发地区或猪场，须做好仔猪免疫接种。可对 1 月龄以上哺乳或断奶仔猪用仔猪副伤寒冻干弱毒菌苗，用 20％氢氧化铝生理盐水稀释，肌肉注射 1 mL，免疫期9 个月。口服时，最好在喂料前使用，保证每头猪都能得到口服免疫。一般免疫程序是仔猪 30 日龄首免，50 日龄二免。

（4）发生本病，应立即隔离病猪，及时治疗。对污染的场地、圈舍、用具等进行彻底消毒，粪便堆积发酵。病死猪深埋，切不可食用，防止人发生感染。

4. 猪链球菌病

猪链球菌病是由多种不同群的链球菌引起的不同临床类型传染病的总称。其中以颌下、咽部、颈部淋巴结的化脓性炎症最为常见；以链球菌性败血症和链球菌性脑膜炎病死率最高；也可引起多发性关节炎、心内膜炎、乳腺炎、皮下脓肿等疾病。

【流行特点】　不同年龄的猪对本病均有易感性，以断奶前后的仔猪、30～50 kg猪和怀孕母猪发病率较高，仔猪最敏感。本病一年四季均可发生，但夏秋季节发病较多，常呈散发或地方流行性。新疫区及流行初期多为急性败血型和脑炎型，老疫区及流行后期多为关节炎或组织化脓型。本病易与猪传染性萎缩性鼻炎、猪传染性胸膜肺炎、猪繁殖与呼吸障碍综合征发生混合感染。

【临床症状】

败血症型　仔猪发病较多。最急性型的突然发病，无可见症状或出现高热及腹下有紫红色斑，突然死亡。急性型的体温升高至41～42 ℃，稽留热，食欲废绝，喜卧，眼结膜充血、流泪，流浆液性或黏液性鼻液，便秘，少数在病后期耳尖、颈、四肢末端、腹下等部皮肤有出血斑点，有的病猪跛行，病程2～4 d。发病率10％，病死率60％左右。

脑膜脑炎型　以脑膜炎为主要症状，多见于仔猪。病猪体温升达40.5～42.5 ℃，精神沉郁，不食，便秘，有浆液性或黏液性鼻液。迅速出现神经症状，运动失调、转圈、磨牙、空嚼，或突然倒地，口吐白沫，四肢呈游泳状划动，后肢麻痹，前肢爬行，最后昏迷而死亡。部分猪出现多发性关节炎，或头颈部水肿。病程短者几小时，长者1～2 d。

淋巴结脓肿型　以颌下、咽部、颈部等处淋巴结化脓和形成脓肿为特征，多见于断奶仔猪和出栏育肥猪。受害淋巴结最初出现小脓肿，然后逐渐增大，感染后3周局部显著隆起，触诊坚硬、有热痛。病猪采食、咀嚼、吞咽和呼吸均有障碍。脓肿破溃流出脓汁，脓汁排净后，全身症状减轻，肉芽组织生长结疤愈合。病程3～5周。

关节炎型　直接发生或由前两型转变而来，表现多发性关节炎。一肢或几肢关节肿胀，疼痛，跛行，甚至不能站立。病程2～3周。

此外，链球菌还可引起猪的脓肿，子宫炎、乳房炎、咽喉炎、心内膜炎及皮炎等，均具有症状缓和、流行慢的特点，病程多长达一个月以上。

【病理变化】

败血症型　急性死亡病例天然孔流出暗红色血液，凝固不良。耳、腹下、四肢末端皮肤上有紫色斑块。胸腹腔积液，有大量含絮状纤维素性渗出物的液体。心包有淡黄色积液，有时可见纤维素性心包炎，心内膜有出血点，心肌松软似煮肉样。喉头、气管充血，内有大量泡沫样液体，肺充血、肿胀。全身淋巴结不同程度肿大、充血和出血，有的切面坏死、化脓。脾显著肿大，呈灰红色或暗红色，被膜下可见出血点，少数病例脾边缘有黑色出血性梗死区。肾稍肿大、充血和出血。胃肠黏膜浆膜点状出血。脑膜充血、出血。关节腔积液，含有纤维素性渗出物。

脑膜脑炎型　脑膜充血、出血，重者溢血。脑脊液混浊、增量。脑实质有点状出血，可见化脓性脑炎病变。其他病变与败血症型相似。

关节炎型　关节肿胀，关节囊内滑膜液混浊，有黄色胶冻样或纤维素性脓性渗出物。关节滑膜面粗糙，关节周围组织有多发性化脓灶。

心内膜炎病例，可见心瓣膜增厚，表面粗糙，在二尖瓣或三尖瓣处有菜花样赘生物。

【诊断】　根据流行病学、临床症状及剖检变化可做出初步诊断，确诊需进行实验室诊断。

(1)病原学诊断

①方法　采取发病或病死猪的肝、脾、血液、脑脊髓液、关节液、脓汁、淋巴结等，触片或抹片，经革兰氏染色后镜检。见到革兰氏阳性，呈球形或卵圆形，单个、成对或以长短不一的链状存在链球菌，即可确诊。

如需进一步检查，则取病料接种于血液琼脂平板，观察菌落生长情况、有无溶血及溶血的类型。若菌落出现β溶血，进一步做细菌形态和生化鉴定。还可进一步做血清学及分型鉴定。用PCR鉴定菌株的毒力因子。

②结果　链球菌在血液琼脂平板上形成圆形、隆起、表面光滑、边缘整齐的灰白色小菌落，菌落周围形成β溶血。

分型鉴定：引起猪链球菌病的主要是C群、D群、E群以及L、R、S群。

(2)血清学诊断

荧光抗体技术、乳胶凝集试验、玻片凝集试验、SPA协同凝集试验效果均好。

【治疗】

淋巴结化脓型　脓肿成熟后，切开排脓，用3%双氧水或0.1%高锰酸钾溶液冲洗，涂以碘酊或撒布消炎粉，并内服抗菌药物。

败血症型和脑膜脑炎型　早期大剂量使用抗生素，肌内注射给药。最好通过药敏试验选择最有效药物。如疑似本病但尚未分离出病原菌时，可选用氟苯尼考、恩诺沙星、青霉素、庆大霉素、磺胺嘧啶钠等。同时对症治疗。

【防治】

(1)平时加强饲养管理，搞好环境卫生消毒。仔猪断尾、去齿及去势时严格消毒，出现外伤及时进行外科处理。坚持自繁自养和全进全出的饲养方式。引进种猪时严格执行检疫隔离制度，淘汰带菌母猪。

(2)免疫接种。目前可供选择的疫苗有猪链球菌弱毒苗和氢氧化铝甲醛灭活苗，但免疫效果均不确定。应用本场分离菌株制备灭活疫苗进行免疫接种，免疫效果较好。

(3)经常有本病流行和发生的猪场，可用四环素125 g/t饲料，连喂4～6周，或强力霉素150 mg/kg饲料，或土霉素400 g/t饲料，连喂2～3周，可收到预防效果。

(4)加强生猪市场和畜产品市场的管理，加强宰前、宰后检验。

(5)发现病猪立即隔离治疗，病死猪及其排泄物进行无害化处理，对猪舍、场地和用具等污染环境用2%氢氧化钠严格消毒。

5. 猪肺疫

败血型猪肺疫临床以败血症为主症，相关知识见学习情境3。

6. 弓形体病

弓形体病又称弓浆虫病或弓形虫病，是由刚地弓形虫寄生于猪的细胞内，引起发热、呼吸困难、腹泻、皮肤红斑、妊娠母猪表现流产或分娩出死胎、胎儿畸形为主要特征的一种寄生虫病。

【流行特点】　各年龄猪均易感，以3～4月龄猪发病多、死亡率较高。主要是吃了被卵囊或带虫动物的肉、内脏、分泌物等污染的饲料和饮水，经消化道感染。滋养体还可经口腔、鼻腔、呼吸道黏膜、眼结膜和皮肤感染，母猪可通过胎盘感染胎儿。本病无明显的季节性，部分地区以6月至9月份的夏秋炎热季节多发。

【临床症状】 病猪突然废食，体温升高至41 ℃以上，稽留热，一般持续5～7 d，精神委顿，食欲减退或废绝。便秘，粪便干硬，外附黏液或血液。呼吸困难，呈腹式呼吸或犬坐姿势。眼内有浆液性或脓性分泌物。在耳、鼻、股内侧、腹下等处有紫斑或点状出血。有的耳部形成痂皮，耳尖发生干性坏死。怀孕母猪还可发生流产或死胎。耐过急性期后，病猪体温下降，食欲逐渐恢复，但生长缓慢，成为僵猪，并长期带虫。

【剖检变化】 全身淋巴结肿大，呈灰白色，切面出血，有坏死灶，肠系膜淋巴结呈索状肿胀，切面外翻。肺肿大，呈暗红色，间质增宽，含多量浆液而膨胀成为无气肺，切面流出多量带泡沫的浆液，气管和支气管内有大量的泡沫。肝脏肿大，质地较硬，表面有出血点。脾脏在病的早期显著肿胀，有少量出血点，后期萎缩。肾脏变软有出血点和坏死灶。膀胱有点状出血。脑轻度水肿，切面有出血点。肠道重度充血，肠黏膜有坏死灶。心包、肠腔和腹腔内有多量渗出液。

【诊断】 弓形体病的流行病学、临床症状和病理变化虽有一定的特点，但仍不能以此作为诊断的依据，必须查出虫体或特异性抗体。

（1）病原学诊断

①直接镜检 取肺、肝、淋巴结、脑脊髓液等涂片，经姬氏液染色后镜检；也可取淋巴结，研碎后加生理盐水过滤，经离心沉淀后取沉渣涂片，染色，镜检发现弓形虫速殖子（滋养体）、假包囊等虫体即可确诊，如图1-6、图1-7、图1-8所示。

②动物接种 取肝、淋巴结制成1∶10悬液，加双抗后置室温下1 h，摇匀，待较大组织沉淀后，取上清液接种小鼠腹腔，每只接种0.5～1 mL，经1～3周小鼠发病，可在腹腔中查到虫体。

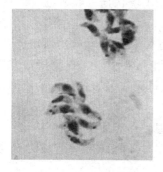 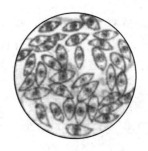 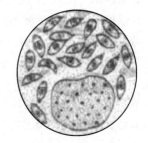

图1-6 弓形虫滋养体　　　图1-7 弓形虫包囊　　　图1-8 弓形虫假包囊

（2）血清学诊断

目前国内多用间接血凝试验，猪血清凝集价达到1∶64判为阳性，1∶256表示最近感染，1∶1024表示活动性感染。也有人试用PCR法进行诊断。

【治疗】 至今尚无理想的治疗药物。磺胺类药物合并乙胺嘧啶为治疗本病最常用的方法，两药协同可抑制弓形虫滋养体的繁殖，但对包囊无作用。SMZ－TMP、螺旋霉素也常用于本病的治疗。注意发病初期用药，否则不能抑制虫体进入组织形成包囊，结果使动物成为带虫者。

【防治】

(1)定期对猪场进行疫病监测,隔离或淘汰阳性猪,清除传染源。

(2)保持猪场、猪舍内卫生,及时清除粪便,发酵处理,定期消毒。

(3)饲养场内灭鼠,禁止养猫。防止猫粪污染饲料、饮水,对污染的地方用热水或7%氨水消毒。禁止用屠宰废弃物喂猪。

(4)病死动物及流产胎儿进行无害化处理,对患病动物及时隔离治疗。

(5)在该病的多发区域或易发季节,每吨饲料添加500 g磺胺嘧啶和25 g乙胺嘧啶,连喂1周,能有效地预防弓形体病的发生。

7. 非洲猪瘟

非洲猪瘟(ASF)是由非洲猪瘟病毒引起的猪的一种急性、热性、高度接触性动物传染病,以高热、网状内皮系统出血和高死亡率为特征。

世界动物卫生组织(OIE)将其列为A类动物疫病,我国将其列为一类动物疫病。

【流行特点】

本病仅感染猪和野猪,各品种及年龄猪均有易感性。感染非洲猪瘟病毒的家猪和野猪(包括病猪、康复猪和隐性感染猪)为主要传染源,病毒存在于急性病猪的血液、分泌物、排泄物及脏器中。有些慢性感染猪可终身带毒,并呈现间歇性病毒血症。本病通过直接接触或污染的饲料、饮水、用具等,经消化道和呼吸道感染。此外,非洲软蜱、猪虱等也可以传播本病。

不同毒株致病性有所差异,强毒力毒株可导致猪在4~10 d内病死率100%,中等毒力毒株造成的病死率一般为30%~50%,低毒力毒株仅引起少量猪死亡。

该病季节性不明显。

【临床症状】 OIE《陆生动物卫生法典》规定,家猪感染非洲猪瘟病毒的潜伏期一般为15 d。直接接触感染的潜伏期为5~19 d,钝缘软蜱叮咬感染的潜伏期一般不超过5 d。

最急性型 无症状突然死亡。

急性型 体温升高至42 ℃,精神沉郁,厌食,耳、四肢、腹部皮肤有出血点、发绀;眼、鼻有黏液脓性分泌物,呕吐,便秘,粪便表面有血液和黏液覆盖,或腹泻,粪便带血;步态僵直,呼吸困难,病程延长则出现神经症状;妊娠母猪在妊娠的任何阶段均可出现流产。

亚急性型 症状较轻,病死率较低,持续时间较长。体温波动无规律,常大于40.5 ℃。呼吸窘迫,湿咳。关节疼痛、肿胀。病程持续数周至数月,有的病例康复或转为慢性病例。

慢性型 呼吸困难,消瘦或发育迟缓,体弱。关节肿胀,局部皮肤溃疡、坏死。慢性型病猪通常可存活数月,但很难康复。

【病理变化】

最急性型 无特征性剖检病变。

急性型 内脏器官广泛出血。严重的肺水肿,肺充血和瘀点,气管和支气管有泡沫;脾脏显著肿大,一般情况下是正常脾的3~6倍,颜色变暗,质地变脆;淋巴结,主要是胃肝和肾淋巴结上面有出血,呈现大理石花斑;肾脏皮质和肾盂中通常出现出血瘀点。其他非典型病理变化还包括膀胱、心内膜、心外膜和胸膜有出血瘀点。

亚急性型　病猪呈现腹水、心包积液和胆囊、胆管壁的特征性水肿，以及肾周水肿；脾脏初始表现为部分充血性肿大，逐渐转归，留下一些病灶损害，最终消失；淋巴结，主要是胃肝和肾淋巴结，以及颌下腺、咽后、纵隔、肠系膜和腹股沟淋巴结出血、水肿和易碎，表现为深红色血肿；肾出血比急性型更强烈（瘀点和瘀斑）、更广泛（皮质、髓质和骨盆）。

慢性型　伴有干酪样坏死的肺炎；纤维素性心包炎；淋巴结可部分出血（主要是纵膈淋巴结）。

【诊断】非洲猪瘟与猪瘟及其他出血性疾病的症状和病变都很相似，在生产实践中很难区别，因而必须用实验室方法才能鉴别。现场如果发现尸体解剖的猪出现脾和淋巴结严重充血，形如血肿，则可怀疑为非洲猪瘟。

（1）病原学诊断

①病原学快速检测　可采用双抗体夹心酶联免疫吸附试验、聚合酶链式反应和实时荧光聚合酶链式反应等方法。

开展病原学快速检测的样品必须灭活，检测工作应在符合相关生物安全要求的省级动物疫病预防控制机构实验室、中国动物卫生与流行病学中心（国家外来动物疫病研究中心）或农业农村部指定的实验室进行。

②病毒分离鉴定　可采用细胞培养、动物回归试验等方法。

病毒分离鉴定工作应在中国动物卫生与流行病学中心（国家外来动物疫病研究中心）或农业农村部指定的实验室进行，实验室生物安全水平必须达到 BSL-3 或 ABSL-3。

（2）血清学检测

血清学检测应在省级动物疫病预防控制机构实验室、国家外来动物疫病研究中心或农业农村部指定的实验室进行。

酶联免疫吸附试验（ELISA）　用于检测血清样品中的病毒特异性抗体。

间接免疫荧光抗体试验（IFA）　检测血清样品，用于 ASF 感染猪确诊。

【治疗】

本病尚无有效的治疗药物和治疗方法。

【防治】

由于在世界范围内没有研发出可以有效预防非洲猪瘟的疫苗，但高温、消毒剂可以有效杀灭病毒，所以做好养殖场生物安全防护是防控非洲猪瘟的关键。

（1）严格控制人员、车辆和易感动物进入养殖场，进出养殖场及其生产区的人员、车辆、物品要严格落实消毒等措施。

（2）尽可能封闭饲养生猪，采取隔离防护措施，尽量避免与野猪、钝缘软蜱接触。

（3）严禁使用泔水或餐余垃圾饲喂生猪。

（4）积极配合当地动物疫病预防控制机构开展疫病监测排查，特别是发生猪瘟疫苗免疫失败、不明原因死亡等现象，应及时上报当地兽医部门。

（5）一旦发生非洲猪瘟，依据《中华人民共和国动物防疫法》《重大动物疫情应急条例》《国家突发重大动物疫情应急预案》《非洲猪瘟防治技术规范》等处置疫情。

二、以败血症为主症常见猪病的鉴别(见表 1-7)

表 1-7　以败血症为主症常见猪病鉴别表

病名		猪瘟	猪丹毒	猪肺疫	猪副伤寒	猪弓形体病	非洲猪瘟
病原体		猪瘟病毒	猪丹毒杆菌	多杀性巴氏杆菌	沙门氏杆菌	弓形虫	非洲猪瘟病毒
流行病学	发病季节	不分季节	多在夏、秋多雨季节流行	秋末春初,气候骤变时易发生	不分季节,饲养管理及卫生条件不良易发生	7—9 月发病较多	季节性不明显
	发病年龄	各种年龄	3～12 月龄	中、小猪	2～3 月龄	断奶后仔猪发病较多	各种年龄
	流行性	传播迅速,发病率高,呈流行性	地方流行性	散发或继发	散发或缓慢传播	猫作为终末宿主,可到处传播	传播迅速,发病率高
	死亡率	90%	急性型死亡率高,疹块型死亡率低	发病率高,死亡率低,可自愈	发病率和死亡率均较高	30%～40%	不同毒株致病性有所差异,强毒力毒株 100% 死亡
症状	体温	41 ℃	42 ℃或以上	41 ℃	41 ℃以上	40～42 ℃	可高达 42 ℃
	粪便	初便秘后腹泻		初便秘后下痢	持续下痢,粪便恶臭	初便秘后腹泻	初便秘后腹泻,粪便带血
	呼吸	有时咳嗽	较困难	呼吸困难呈犬坐姿势	并发肺炎	呼吸困难,腹式呼吸或犬坐姿势	呼吸困难
	皮肤	皮肤上有紫红色斑点,指压不褪色	皮肤上有红斑,指压褪色;病程较长,为紫红色疹块,指压不褪色	皮肤上有红色出血点	皮肤有紫色斑点	耳、尾部、四肢、胸部出现片状紫色瘀血斑	皮肤有出血点
	其他	化脓性结膜炎,有神经症状,怀孕母猪流产或死胎	眼睛清亮,慢性有关节炎	咽喉部肿胀	结膜炎,病末期十分瘦弱	眼结膜潮红,有神经症状。怀孕母猪流产或死胎	呕吐,眼、鼻有黏液脓性分泌物,有神经症状,妊娠母猪流产
病理变化	心	心内外膜出血,以左心耳为主	慢性型心瓣膜有疣状物	心内外膜有出血点	心内外膜有出血点	心脏肿大,有出血点和坏死灶	心内膜和心外膜有大量出血点
	肺		有红色肝变区,常见肺水肿	充血、水肿,慢性的肺变硬	肺水肿、间质增宽,呈玻璃样变性	肺脏肿大,切面流出泡沫性液体,气管内有血性泡沫样粘液

续表

病名		猪瘟	猪丹毒	猪肺疫	猪副伤寒	猪弓形体病	非洲猪瘟
病原体		猪瘟病毒	猪丹毒杆菌	多杀性巴氏杆菌	沙门氏杆菌	弓形虫	非洲猪瘟病毒
病理变化	胃肠	慢性大肠黏膜有纽扣大小的圆形溃疡	胃及十二指肠黏膜红肿及出血		肠黏膜有浅平的痂和不规则形溃疡	肠有溃疡和纤维素性炎症	胃、肠道粘膜弥漫性出血
	肝脾	脾脏边缘梗死	脾肿大呈紫红色	脾不肿大	肝肿大、充血、出血，有坏死点。脾肿大，呈蓝紫色，硬度似橡皮	有出血点及灰白色坏死灶，肝脏肿大	脾脏肿大，易碎，呈暗红色至黑色
	肾	有针尖大小出血点	肾肿大			有出血点及坏死灶	肾脏皮质和肾盂中通常出现出血瘀点
	淋巴结	切面周边出血，呈大理石样	充血、肿胀，切面多汁	淋巴结肿胀、出血	淋巴结肿胀、充血	肿大、充血和出血，切面多汁。呈黑紫红色，有的可见坏死灶	严重出血
治疗		无特效药	青霉素有特效，链霉素、土霉素、磺胺类药物有效	抗生素、磺胺类药物有效	抗生素、磺胺类药物有效	磺胺类药物有效	无特效药

计 划 单

学习情境 1	以败血症为主症的猪病		学时	12
计划方式	小组讨论制定实施计划			
序　号	实施步骤		使用资源	备注
制定计划说明				
计划评价	班　　级		第　　组	组长签字	
	教师签字		日　　期	
	评语：				

决策实施单

学习情境 1		以败血症为主症的猪病					
讨论小组制定的计划书，做出决策							
计划对比	组号	工作流程的正确性	知识运用的科学性	步骤的完整性	方案的可行性	人员安排的合理性	综合评价
	1						
	2						
	3						
	4						
	5						
	6						

制定实施方案

序号	实施步骤	使用资源
1		
2		
3		
4		
5		
6		

实施说明：

班　级		第　　组	组长签字	
教师签字			日　期	

评语：

作　业　单

学习情境 1	以败血症为主症的猪病
作业完成方式	以学习小组为单位，课余时间独立完成，在规定时间内提交作业
作业题 1	以败血症为主症猪病的鉴别诊断
作业解答	
作业题 2	分析猪瘟免疫失败的原因
作业解答	
作业题 3	案例分析：见本学习情境案例单案例 1.2； 要求：根据病例的发病情况、症状及病变，提出初步诊断意见和确诊的方法，并按你的诊断结果提出治疗方案及防治措施
作业解答	另附页
作业评价	

	班　　级		第　　组	组长签字		
	学　　号		姓　　名			
	教师签字		教师评分		日　期	
作业评价	评语：					

效果检查单

学习情境 1		以败血症为主症的猪病		
检查方式		以小组为单位，采用学生自检与教师检查相结合，成绩各占总分(100 分)的 50%		
序号	检查项目	检查标准	学生自检	教师检查
1	资讯问题	答案是否准确、回答是否正确		
2	计划书质量	综合评价结果		
3	初步诊断	方法是否正确、分析路径是否合理、结论是否正确、剖检后动物尸体处理是否正确		
4	实验室诊断	方法是否正确、材料准备是否齐备、操作是否规范、结论是否正确		
5	治疗方法	治疗方案是否正确、用药是否合理、能否应用药敏试验选择用药		
6	防治措施	是否具有较强的完整性、可行性		
7	免疫接种	免疫接种方法是否正确、疫苗的使用及保存是否正确		
8	团队合作	团队中是否明确分工，组员间是否密切合作		

检查评价	班　级		第　组	组长签字	
	教师签字			日　期	
	评语：				

评价反馈单

学习情境 1			以败血症为主症的猪病			
评价类别	项目		子项目	个人评价	组内评价	教师评价
专业能力 （60%）	资讯（10%）		查找资料，自主学习（5%）			
			资讯问题回答（5%）			
	计划（5%）		计划制定的科学性（3%）			
			用具材料准备（2%）			
	实施（25%）		各项操作正确（10%）			
			完成的各项操作效果好（6%）			
			完成操作中注意安全（4%）			
			使用工具的规范性（3%）			
			操作方法的创意性（2%）			
	检查（5%）		全面性、准确性（3%）			
			生产中出现问题的处理（2%）			
	结果（10%）		提交成品质量			
	作业（5%）		及时、保质完成作业			
社会能力 （20%）	团队协作 （10%）		小组成员合作良好（5%）			
			对小组的贡献（5%）			
	敬业、吃苦 精神（10%）		学习纪律性（4%）			
			爱岗敬业和吃苦耐劳精神（6%）			
方法能力 （20%）	计划能力 （10%）		制定计划合理			
	决策能力 （10%）		计划选择正确			

意见反馈
请写出你对本学习情境教学的建议和意见

评价 评语	班　级		姓　名		学　号		总　评	
	教师签字		第　组	组长签字			日　期	
	评语：							

●　●　●　●　● **拓展阅读与拓展视频**

第五版非洲猪瘟疫情应急实施方案　　　我国非洲猪瘟疫苗研究进展视频

完善疫情防控体制机制
健全公共卫生应急管理

学习情境 2

以消化系统症状为主症的猪病

●●●● 学习任务单

学习情境 2	以消化系统症状为主症的猪病	学　时	12
布置任务			
学习目标	1. 明确以消化系统症状为主症的猪病的种类及其基本特征； 2. 能够说出各病的主要流行特点、典型临床症状和主要剖检变化； 3. 能够通过流行病学调查、临床症状观察、病理剖检变化观察及与类症疾病鉴别，进行本类疾病的初步诊断； 4. 能够根据病原体的特性选择运用血清学试验及常规病原体鉴定方法，对传染病及寄生虫病做出诊断； 5. 能够对诊断出的疾病予以合理治疗； 6. 能够根据猪场具体情况，制定及实施防治措施； 7. 能够独立或在教师的引导下设计各项工作方案，分析、解决各方面工作中出现的一般性问题； 8. 培养学生安全生产和公共卫生意识，做好自身安全防护； 9. 提升重大动物疫病防控能力，增强防疫意识和法制观念，保障群众的养殖安全		
任务描述	对临床生产实践多发的以消化系统症状为主症的猪病做出诊断，予以治疗，制定及实施防治措施。具体任务如下： 1. 运用流行病学调查、临床症状观察、病理剖检变化观察、与类症疾病鉴别等方法，通过对病例的解析、推断，完成本类疾病的初步诊断； 2. 依据初步诊断结果，设计实验室检验方案，完成传染病、寄生虫病及普通病的实验室检验，做出正确诊断； 3. 对诊断出的疾病予以合理治疗； 4. 制定及实施防治措施		
学时分配	资讯：4学时　｜　计划：1学时　｜　决策：1学时　｜　实施：5学时　｜　考核：0.5学时　｜　评价：0.5学时		
提供资料	1. 信息单； 2. 教材； 3. 相关网站网址		
对学生要求	1. 按任务资讯单内容，认真准备资讯问题； 2. 按各项工作任务的具体要求，认真设计及实施工作方案； 3. 严格遵守动物剖检、实验室检验等技术操作规程，避免散播病原； 4. 严格遵守实验室管理制度，避免安全事故发生； 5. 严格遵守猪场消毒卫生制度，防止传播疾病； 6. 严格遵守猪场劳动纪律，认真对待各项工作； 7. 虚心向猪场技术人员学习，做到多请教多提高； 8. 以学习小组为单位，开展工作，展示成果，提升团队协作能力		

●●●●● 任务资讯单

学习情境 2	以消化系统症状为主症的猪病
资讯方式	阅读信息单及教材；进入本课程的精品课网站及相关网站，观看 PPT 课件、视频；图书馆查询；向指导教师咨询
资讯问题	1. 大肠杆菌引起仔猪以腹泻为主症的疾病有哪些？ 2. 仔猪黄痢和仔猪白痢在发病日龄上各有何特点？ 3. 仔猪黄痢和仔猪白痢的特征临床症状是什么？ 4. 仔猪黄痢和仔猪白痢各有哪些病理变化？有何特点？ 5. 如何进行仔猪黄痢和仔猪白痢的实验室诊断？ 6. 治疗仔猪黄痢和仔猪白痢通常可选择哪些药物？怎样选择敏感性药物？ 7. 预防仔猪黄痢和仔猪白痢常用哪些疫苗？如何进行免疫？ 8. 采取哪些有效的措施可以预防仔猪黄痢和仔猪白痢的发生？ 9. 猪梭菌性肠炎的病原体是什么？ 10. 猪梭菌性肠炎的发病日龄有什么特点？ 11. 猪梭菌性肠炎有哪些临床表现和病理变化？ 12. 如何进行猪梭菌性肠炎的实验室诊断？ 13. 怎样防治猪梭菌性肠炎？ 14. 猪痢疾的病原体是什么？ 15. 说出猪痢疾的流行特点、临床症状及剖检变化。 16. 如何进行猪痢疾的实验室诊断？ 17. 治疗猪痢疾可选择哪些药物？治疗时需注意哪些事项？ 18. 怎样防治猪痢疾？ 19. 猪增生性肠炎的病原体是什么？ 20. 猪增生性肠炎的流行特点、临床症状和剖检变化有哪些？如何确诊？ 21. 怎样防治猪增生性肠炎？ 22. 引起猪腹泻的常见病毒病有哪些？其病原体各是什么？ 23. 怎样鉴别猪传染性胃肠炎和猪流行性腹泻？ 24. 病毒病的实验室诊断包括哪些方法？ 25. 如何进行猪传染性胃肠炎和猪流行性腹泻的实验室诊断？ 26. 病毒病发生后有哪些治疗方法？ 27. 怎样防治猪传染性胃肠炎和猪流行性腹泻？ 28. 说出猪轮状病毒感染的流行病学特点、临床症状及剖检变化。 29. 如何进行猪轮状病毒的实验室诊断？ 30. 怎样防治猪轮状病毒感染？ 31. 引起猪球虫病的球虫有哪些？致病力最强的是哪几种？ 32. 引起猪球虫病的球虫生活史有什么特点？ 33. 猪感染球虫后有哪些临床表现？剖检可见哪些病理变化？ 34. 寄生虫病的实验室诊断方法是什么？ 35. 猪球虫病如何确诊？ 36. 治疗寄生虫病有特效的药物吗？如何选择？

续表

学习情境 2	以消化系统症状为主症的猪病
资讯问题	37. 治疗猪球虫病可选择哪些药物？ 38. 怎样防治猪球虫病？ 39. 猪蛔虫的成虫、虫卵及生活史各有什么特点？ 40. 猪蛔虫病有哪些临床症状？剖检可见哪些病理变化？ 41. 怎样进行猪蛔虫病的生前及死后诊断？ 42. 猪蛔虫病的常用驱虫药物是什么？ 43. 怎样防治猪蛔虫病？ 44. 猪鞭虫的成虫、虫卵及生活史各有什么特点？ 45. 说出猪鞭虫病的临床症状、剖检变化、诊断方法及防治措施。 46. 引起未断奶仔猪腹泻的疾病有哪些？ 47. 引起保育猪和育肥猪腹泻的疾病有哪些？ 48. 归纳总结以腹泻症状为主症的疾病的鉴别诊断点。 49. 归纳总结细菌感染的实验室诊断方法。
资讯引导	1. 王志远. 猪病防治. 北京：中国农业出版社，2010 2. 姜平等. 猪病. 北京：中国农业出版社，2009 3. 李立山等. 养猪与猪病防治. 北京：中国农业出版社，2006 4. 刘振湘等. 动物传染病防治技术. 北京：化学工业出版社，2009 5. 刘莉. 动物微生物及免疫. 北京：化学工业出版社，2010 6. 宣长和等. 猪病诊断彩色图谱与防治. 北京：中国农业科学技术出版社，2005 7. 潘耀谦等. 猪病诊治彩色图谱. 北京：中国农业出版社，2010 8. 猪 e 网：http://www.zhue.com.cn/ 9. 在线猪病诊断系统：http://www.fjxmw.com/zbzd/ 10. 中国养猪网：http://www.china-pig.cn/ 11. 中国猪网：http://www.pigcn.cn/

●●●●● 案 例 单

学习情境 2	以消化系统症状为主症的猪病
序号	案例内容
2.1	某养猪户饲养 15 头母猪，其中一头母猪 7 月 26 日产仔 11 头，第 2 d 两头仔猪发病，当晚死亡 1 头，第 3 d 全窝仔猪均发病，死亡 3 头，第 4 d 死亡 5 头，第 5 d 全部死亡。几天后第二头母猪又产下 12 头仔猪，产后第 2 d 又有 3 头仔猪发病并死亡 1 头。病猪腹泻，粪便大多呈黄色水样，内含凝乳小片，顺肛门流下。下痢严重的小母猪阴户尖端出现红色，后肢被粪液沾污，捕捉挣扎时，粪水由肛门冒出。病猪精神沉郁，不吃奶，脱水，两眼下陷，昏迷而死。有的病猪不见下痢，身体软弱，倒地昏迷而死。剖检可见，尸体消瘦，皮肤黏膜和肌肉苍白，颈部及腹下皮肤水肿。小肠黏膜呈急性卡他性炎症，十二指肠最明显，空肠、回肠次之。肠黏膜肿胀、充血、肠壁变薄，肠管松弛
2.2	某养猪户饲养生猪 82 头，部分仔猪发病，开始有个别猪出现气喘、咳嗽、腹泻等症状，对症采取药物治疗，效果不明显，并出现病猪增多，症状加重，并有发病死亡的现象。剖检可见，尸体较瘦，眼结膜苍白，皮肤发白。淋巴结肿大出血。胸腹腔、心包内有积液。肺脏肿大，表面有出血点或暗红色斑点。心肌松弛，有出血点。肝脏肿大，轻微黄染。脾脏肿大。肠管积气，剪开后肠管出血，部分严重出血，肠管内有黏稠的红褐色内容物，1 头猪肠管内有几十条 10～35 cm 长的乳白色、体表光滑，形似蚯蚓，前后两端稍细的圆柱状大型线形的虫体，并在多处扭转成团状，几乎要堵塞肠管
2.3	某种猪场存栏母猪 100 头，仔猪 500 多头，育肥猪 2 000 多头。2009 年 1 月 2 日将 400 多头仔猪转到保育猪舍，1 月 3 日开始刚转群的保育猪陆续出现腹泻，之后迅速向育肥猪、母猪传播。发生腹泻的主要是仔猪、保育猪和育肥猪，粪便呈灰褐色水样，圈舍内聚集了多量稀薄如水的粪便，少部分猪的肛门沾有稀便。猪的采食量明显减少，不到正常量的 50%，发病猪只被毛粗长，精神状态差。部分乳猪排黄色稀便，个别母猪有呕吐现象，不食或采食量明显降低

●●●● 相关信息单

项目1　以腹泻为主症猪病的防治

案例：案例单案例 2.1。

任务一　诊断

一、现场诊断

【材料准备】

体温计、解剖器械等。

【工作过程】

1. 检查

按学习情境1的方法进行流行病学、临床症状及剖检变化检查。根据本类疾病的特点，检查过程中，侧重了解猪群的发病日龄、发病顺序、发病率、死亡率、死亡的急慢及用药情况。特别注意病猪的体温变化、有无呕吐、排粪的姿势、粪便的数量及性状，是否有其他症状等。剖检时针对消化道病变进行重点观察。

2. 综合分析

依据发病特点、特征临床症状、主要剖检变化及与类症疾病鉴别，做出现场诊断。诊断结果要做到症状、病变、发病特点相统一。

案例发病特点分析

发病情况及流行病学调查	发病特点	提示疾病
①发病情况：一头母猪产仔11头，第2天两头仔猪发病，晚上死亡1头，第3天全窝仔猪均发病，死亡3头，第4天死亡5头，第5天全部死亡。几天后第二头母猪又产下12头仔猪，产后第2天又有3头仔猪发病并死亡1头； ②主要症状：病猪精神沉郁，排黄色稀粪，粪便中混有凝乳状小块，粪便带有腥臭味； ③免疫情况：母猪产前未接种疫苗； ④饲养管理情况：产房、猪舍、猪体卫生情况不良	①具有传染性； ②发病率高； ③死亡率高； ④病程短； ⑤主症腹泻； ⑥主要发生于哺乳仔猪，母猪无症状	仔猪以腹泻为主症传染病

案例症状特点分析

临床症状	症状特点	提示疾病
病猪腹泻，粪便大多呈黄色水样，内含凝乳小片，顺肛门流下。下痢严重的小母猪阴户尖端出现红色，后肢被粪液沾污，捕捉挣扎时，粪水由肛门冒出。病猪精神沉郁，不吃奶，脱水，两眼下陷，昏迷而死。有的病猪不见下痢，身体软弱，倒地昏迷而死	排黄色水样稀粪	仔猪黄痢 猪传染性胃肠炎 猪流行性腹泻 轮状病毒感染

案例剖检变化特点分析

剖检变化	主要剖检变化	提示疾病
病死猪被毛粗乱，消瘦，皮肤黏膜和肌肉苍白，颈部及腹下皮肤水肿。小肠黏膜呈急性卡他性炎症，十二指肠最明显，空肠、回肠次之。肠黏膜肿胀、充血、肠壁变薄，肠管松弛	小肠卡他性炎症	仔猪黄痢猪传染性胃肠炎猪流行性腹泻轮状病毒感染

鉴别诊断

提示疾病	与案例不同点	初步诊断
仔猪黄痢	无	仔猪黄痢
猪传染性胃肠炎猪流行性腹泻轮状病毒感染	腹泻均具有水样特点，但各年龄的猪同时出现腹泻，并多伴有呕吐症状	

3. 诊断结果

初步诊断为仔猪黄痢，确诊需进行大肠杆菌的分离与鉴定。

二、实验室诊断

【材料准备】

器材：显微镜、恒温培养箱、载玻片、接种环、酒精灯、吸水纸、擦镜纸等。

药品：革兰氏染色液、香柏油、二甲苯、血液琼脂平板、麦康凯琼脂平板、三糖铁琼脂斜面、生化试验培养基及相应试剂等。

【工作过程】

1. 采集病料

采集小肠内容物、肠黏膜刮取物、肠系膜淋巴结；败血症病例采集肝、脾、肾等内脏组织。

2. 镜检

以病料涂片，经革兰氏染色后镜检。大肠杆菌为两端钝圆、中等大小、无芽孢的革兰氏阴性杆菌，如图 2-1 所示。

3. 分离培养

取病料分别接种血液琼脂平板、麦康凯琼脂平板或其他肠道菌鉴别培养基，同时进行增菌培养。如分离培养没有成功，则钩取 24 h 及 48 h 的增菌培养物作划线分离培养。钩取麦康凯琼脂平板上的可疑菌落，接种三糖铁琼脂斜面和营养琼脂斜面进行初步生化试验鉴定和纯培养。

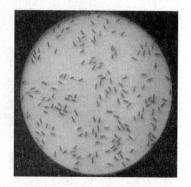

图 2-1　大肠杆菌

大肠杆菌在麦康凯琼脂平板上形成直径 1～3 mm、红色的露珠状菌落；在三糖铁琼脂斜面上生长，产酸，使斜面部分变黄，穿刺培养，于管底产酸产气，使底层变黄且混浊，不产生硫化氢。在其他培养基上的生长特性见表 2-1。对符合条件的进行生化试验及因子血清凝集试验等进一步鉴定。

4. 生化试验

结果见表 2-2。

表 2-1　大肠杆菌在鉴别培养基上的菌落特征

细　菌	鉴别培养基			
	麦康凯琼脂	远滕氏琼脂	伊红美蓝琼脂	SS 琼脂
大肠杆菌	红色菌落	紫红色有光泽菌落	紫黑色带金属光泽菌落	红色菌落

表 2-2　大肠杆菌生化试验结果

细菌	葡萄糖	乳糖	麦芽糖	甘露醇	蔗糖	吲哚试验	MR试验	VP试验	枸橼酸盐	H_2S试验	动力
大肠杆菌	⊕	⊕/－	⊕	⊕	v	＋	＋	－	－	－	＋

注："⊕"表示产酸产气；"＋"表示阳性；"－"表示阴性；"＋/－"表示大多数菌株阳性/少数阴性；"v"表示种间有不同反应。

　　如以上各项检测结果均符合大肠杆菌指征，则确诊为仔猪黄痢，否则应考虑其他以腹泻为主症的传染病。如为病毒感染，则细菌学检查阴性，需进行相应病原体的针对性检验。

5. 因子血清检查

　　条件允许可取纯培养物进行大肠杆菌因子血清凝集试验，结果如图 2-2 所示。引起仔猪黄痢的大肠杆菌血清型较多，常见为 $O_8：K_{88}$、$O_8：K_{99}$、$O_{60}：K_{88}$、$O_{138}：K_{81}$、$O_{141}：K_{88}$、$O_{151}：K_{99}$ 等。

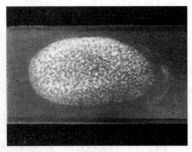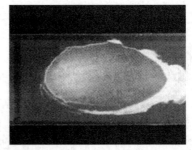

阳性　　　　　　　　　　　　　阴性

图 2-2　大肠杆菌因子血清凝集试验结果

任务二　治疗

1. 各学习小组，讨论制定仔猪黄痢的治疗方案。

2. 参考治疗方案

　　仔猪黄痢发病日龄小，病程短，药物治疗效果不佳。如发现一头仔猪出现腹泻，即马上对全窝哺乳仔猪进行药物预防性治疗，可减少损失。在使用抗菌药物治疗的同时，辅以止泻、补液和强心等对症治疗。

(1)每头注射氟苯尼考1.5 mL，同时口服诺氟沙星，1次/天。

(2)每头注射黄连素、穿心莲、博落回注射液1.5 mL，同时口服粘杆菌素1次/天。

(3)恩诺沙星加复合维生素注射液肌内注射，同时口服粘杆菌素。

对腹泻严重的仔猪，腹腔注射5%葡萄糖生理盐水补液，同时应用中药白头翁散拌料饲喂母猪。

任务三　防治

根据猪场已知情况，各学习小组讨论、制定仔猪黄痢的防治方案，实施防治措施。

项目2　剖检消化道查到虫体猪病的防治

案例：案例单案例2.2。

任务一　诊断

一、现场诊断

【材料准备】

体温计、解剖器械等。

【工作过程】

1. 检查

检查方法同前，注意了解病程及猪群饲养方式、侧重观察病猪体温变化及体况，剖检时针对消化道进行重点观察。

2. 综合分析

案例发病特点分析

发病情况及流行病学调查	发病特点	提示疾病
①发病情况：某猪场饲养生猪82头，其中3月龄左右仔猪56头，在围建的栅栏内散放粗养。养殖中逐渐发现部分仔猪有气喘、咳嗽、腹泻等症状，生长缓慢，与同龄猪大小相差悬殊，并有2头病猪死亡； ②主要症状：病猪被毛粗乱，瘦弱，食欲不振，异嗜，眼结膜苍白，腹泻。痉挛性腹痛，有的病猪卧地不起。主诉发病初期病猪咳嗽； ③用药情况：头孢、氟苯尼考治疗，不见好转； ④驱虫情况：所有猪只未进行过药物驱虫	①仔猪逐渐发病，病程缓慢； ②病猪消瘦，腹泻，结膜苍白，生长缓慢； ③死亡率低； ④猪群在围建的栅栏内散放粗养	寄生虫病

案例剖检变化特点分析

剖检变化	剖检变化特点	初步诊断
尸体较瘦，眼结膜苍白，皮肤发白。淋巴结肿大出血。胸腹腔、心包内有积液。肺脏肿大，表面有出血点或暗红色斑点。心肌松弛，有出血点。肝脏肿大，轻微黄染。脾脏肿大。肠管积气，剪开后肠管出血，部分严重出血，肠管内有黏稠的红褐色内容物，1 头猪肠管内有几十条 10～35 cm 长的乳白色、体表光滑、形似蚯蚓、前后两端稍细的圆柱状大型线形的虫体，并在多处扭转成团状，几乎要堵塞肠管	肠道内检到蛔虫	猪蛔虫病

3. 诊断结果

对剖检肠内检到蛔虫(见图 2-3)的病猪确诊为猪蛔虫病；其他病猪结合临床症状及病理变化怀疑为猪蛔虫病，确诊需进行实验室诊断。

二、实验室诊断

【材料准备】

器材：显微镜、天平、恒温培养箱、载玻片、盖玻片、镊子、烧杯、塑料杯或纸杯、胶帽吸管、平底管、玻璃棒、粪筛、火柴棍、特制铁丝圈等。

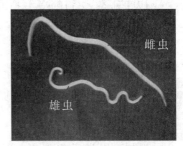

图 2-3　猪蛔虫成虫

药品：革兰氏染色液、瑞士染色液、血液琼脂平板、麦康凯琼脂平板、饱和食盐水、甘油等。

检样：病猪新鲜粪便。

【工作过程】

1. 细菌学检查

无菌采取病死猪的心血、肝、脾组织碎片，经革兰氏和瑞士染色后镜检；将病死猪的心血、肝、脾组织分别接种于鲜血琼脂平板和麦康凯琼脂平板培养基上进行细菌分离培养，于 37 ℃温箱中培养 24～48 h。根据细菌的检出情况确定有无细菌感染。单纯猪蛔虫病以上检查阴性。

2. 虫卵检查

取病猪新鲜粪便检查虫卵。直接涂片检查法主要用于较重的感染，在涂片中可检出不同发育阶段的虫卵；饱和盐水浮集法，多用于轻度的感染。

(1)直接涂片法

方法如图 2-4 所示。在载玻片上滴一些 50％甘油或清洁常水的等量混合液，以镊子或牙签挑取少量粪便加入其中，混匀，夹去较大的或过多的粪渣，最后使载玻片上留有一层均匀的粪液，覆上盖玻片，置低倍显微镜下检查。

(2)饱和盐水漂浮法

方法如图 2-5 所示。取粪便 1 g，加饱和食盐水 10 mL，混匀，筛滤，滤液注入直立的直径 1.5～2 cm 的平口试管或青霉素瓶中，补加饱和盐水溶液使试管充满，然后用滴管补加

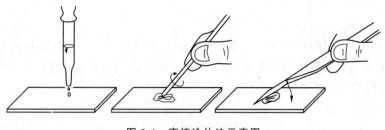

图 2-4　直接涂片法示意图

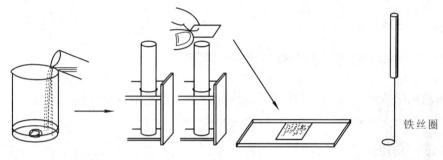

铁丝圈

图 2-5　漂浮法示意图

粪液，滴至液面凸出管口为止，管口覆以清洁盖玻片，并使液体和盖玻片接触，其间不留气泡，直立半小时后，平移此盖玻片于事先放有一滴甘油水的载玻片上镜检。

（3）结果

根据虫卵的检出情况及虫卵的特点（见表 2-3）、形态（见图 2-6、图 2-7），做出诊断。

表 2-3　猪蛔虫卵特点

虫卵名称	大小（μm）	形状	颜色	卵壳	卵盖	内容物
受精卵	（45～75）×（35～50）	宽椭圆	黄褐	很厚，外有 1 层凹凸不平的蛋白膜，两端有半月形空隙	无	1 个卵细胞
未受精卵	（88～94）×（39～44）	长椭圆	棕黄	厚，蛋白膜较薄，两端无空隙	无	许多大小不等的卵黄颗粒

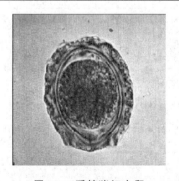

图 2-6　受精猪蛔虫卵

图 2-7　未受精猪蛔虫卵

【注意事项】

（1）直接涂片法

涂片的厚薄以可以隐约看见载玻片下面垫纸上的字迹为宜。此法的检出率低，需多检几片提高检出率。检查虫卵时，先用低倍镜顺序查盖玻片下所有部分，发现疑似虫卵时，再用高倍镜仔细观察。线虫卵色彩较淡，镜检时视野宜稍暗些。

（2）漂浮法

漂浮时间约 30 min 较为适宜。漂浮液必须饱和，盐类的饱和溶液须保存在不低于 13 ℃的情况下，才能保持较高的比重。

任务二　治疗

1. 各学习小组，讨论制定猪蛔虫病的治疗方案。

2. 参考治疗方案

全群猪用甲苯咪唑或丙硫咪唑，30 mg/kg 体重，混在饲料中喂服，连用 7 d，症状严重的同时注射抗生素如林可霉素，以防细菌感染引起的下痢。

任务三　防治

根据猪场的具体情况，各学习小组讨论、制定猪蛔虫病的防治方案，实施防治措施。

【必备知识】

一、以腹泻为主症的猪病

病　型		病　名	病原体
以腹泻为主症	细菌性传染病	仔猪黄痢	大肠杆菌
		仔猪白痢	
		仔猪副伤寒（肠炎型）	沙门氏菌
		猪梭菌性肠炎	魏氏梭菌
		猪痢疾	猪痢疾密螺旋体
		猪增生性肠炎	胞内劳森菌
	病毒性传染病	猪传染性胃肠炎	传染性胃肠炎病毒
		猪流行性腹泻	流行性腹泻病毒
		轮状病毒病	轮状病毒
	寄生虫病	猪球虫病	球虫
		猪蛔虫病	蛔虫
		猪鞭虫病	毛首线虫
	普通病	仔猪消化机能不全	
		营养因子缺乏	
		仔猪营养性腹泻	

1. 仔猪黄痢

仔猪黄痢是由大肠杆菌引起仔猪的急性高度致死性肠道传染病。临床上以排黄色稀便和急性死亡为特征，发病快、病程短，发病率和死亡率均高。引起仔猪黄痢的大肠杆菌血清型较多，常见为 $O_8∶K_{88}$、$O_8∶K_{99}$、$O_{60}∶K_{88}$、$O_{138}∶K_{81}$、$O_{141}∶K_{88}$、$O_{151}∶K_{99}$ 等，多具有 K_{88} 抗原。

【流行特点】　本病常发于 7 日龄以内的仔猪，以 1～3 日龄最为多见，育成猪、肥猪、母猪及公猪未见发病。带菌母猪经粪便排菌，污染猪舍地面、饲槽等，仔猪出生后，通过吸吮污染的母猪乳头和皮肤经消化道感染。同窝仔猪发病率在 90% 以上，死亡率很高，甚至全窝死亡。

【临床症状】　潜伏期短的生后 12 h 内发病，一般为 1～3 日龄发病，7 日龄的很少。最急性病例常无明显症状，仔猪出生后数小时内突然死亡。2～3 日龄仔猪感染病程稍长，排出水样或粥样黄色粪便，内含凝乳小片，常顺肛门流下。很快消瘦，昏迷死亡。

【病理变化】　最急性型的常无可见病变。病程稍长的，尸体严重脱水，小肠呈急性卡他性炎症，肠黏膜肿胀、充血或出血，肠壁变薄、松弛；胃内有酸臭的凝乳块，胃黏膜潮红、肿胀，少数有出血点；肠系膜淋巴结充血、肿大，切面多汁；心、肝、肾变性，严重者有出血点。

【诊断】　见本学习情境项目 1 中的任务一。

【治疗】　可选用氨苄青霉素、安普霉素、新霉素、磺胺间甲氧嘧啶、磺胺脒、卡那霉素、庆大霉素、环丙沙星、氟苯尼考、痢菌净等药物治疗。对已发病的仔猪皮下或肌内注射常量的 2～3 倍上述药物，2 次/d，连用 4～5 d。大肠杆菌的耐药菌株较多，最好通过药敏试验选择敏感药物进行治疗。辅以止泻、补液、补盐和强心等对症治疗。

【防治】

(1)做好猪舍平时的环境卫生和消毒工作，加强怀孕母猪产前产后饲养管理和护理。

(2)母猪临产前，对产房进行彻底清扫、冲洗和消毒。产仔后，先将母猪的乳头、乳房、胸腹部皮肤用 0.1% 高锰酸钾溶液或温水擦洗干净，逐个乳头挤掉几滴奶水后，再让仔猪哺乳。

(3)做好初生仔猪"开奶"前的用药工作。发生过本病的猪群，仔猪初生后，未吃初乳之前，全窝逐头口服抗菌药物，以后连服 2 d，或仔猪产出后，立即喂服微生态活菌制剂或肌内注射高免血清，均有预防效果。

(4)尽快让初生仔猪吃上初乳，增强初生仔猪对本病的特异性抵抗力。

(5)疫苗免疫。我国已相继制成大肠杆菌 K88ac－LTB 双价基因工程菌苗、大肠杆菌 K88－K99 双价基因工程菌苗和大肠杆菌 K88·K99·987P 三价灭活菌苗，均于预产期前 15～30 d 免疫。母猪免疫后，其血清和初乳中有较高水平的抗大肠杆菌抗体，能使仔猪获得很高的被动免疫保护率，但抗体水平保持较差。条件允许的可用本场分离的菌株制备大肠杆菌灭活苗免疫母猪。

2. 仔猪白痢

仔猪白痢由致病性大肠杆菌的某些血清型引起。临床上以排灰白色、腥臭、糊状稀粪为特征。本病发病率高但病死率低，主要影响仔猪的生长发育。引起仔猪白痢的大肠杆菌血清型主要是 $O_8∶K_{88}$、$O_5∶K_{88}$，还有一些与引起仔猪黄痢和水肿病的血清型相同。

【流行特点】　大肠杆菌在自然界分布很广，也经常存在于猪的肠道内，在正常情况下不引起发病。当仔猪的饲养管理不良，如猪舍卫生不好、阴冷潮湿、气候骤变、母猪的奶汁过稀或过浓等，造成仔猪抵抗力降低时，就会致病。临床上以10～30日龄的仔猪发病最多，1月龄以上的猪很少发生，发病率约50%，病死率较低。一年四季均可发生。

【临床症状】　仔猪突然发生腹泻，排出乳白色或灰白色的糊状便，常混有黏液，有特殊的腥臭味。病猪体温和食欲无明显变化。一般经过5～6 d死亡，或拖延2～3周及以上，绝大多数可康复。病死率的高低取决于饲养管理的好坏。

【病理变化】　病死仔猪无特殊病变。尸体外表苍白消瘦，肠内有不等量的食糜和气体，肠黏膜轻度充血潮红，肠壁菲薄，肠系膜淋巴结水肿，实质脏器无明显变化。

实验室诊断方法及防治措施参照仔猪黄痢。选择敏感药物及时治疗，多数可康复。

3. 仔猪副伤寒

肠炎型以腹泻为主症，相关知识见学习情境1。

4. 猪痢疾

猪痢疾由猪痢疾密螺旋体引起。临床以黏液或黏液出血性下痢为特征，剖检主要为大肠黏膜的卡他性出血性炎症。

【流行特点】　本病只发生于猪，最常见于断奶后的育肥猪，仔猪和成猪较少发病。康复猪带菌时间长达数月，因此，本病一旦传入猪群，很难消除，呈缓慢持续流行。本病的发生无季节性。各种应激因素，如阴雨潮湿、猪舍积粪、气候多变、拥挤、饥饿、运输及饲料变更等，均可促进本病的发生和流行。在大面积流行时，断乳猪的发病率可高达90%，如经合理治疗，病死率较低，一般为5%～25%。

【临床症状】

最急性型　在疾病暴发初期，可能有突发死亡的病猪。

急性型　病猪精神沉郁，食欲减退，体温达40～41 ℃，初期排黄色至灰色的软便，当持续下痢时，可见粪便中混有黏液、血液及纤维素碎片，使粪便呈油脂样或胶冻状，呈棕色、红色或黑红色，有恶臭。病猪弓背吊腹，脱水，消瘦，虚弱而死亡，或转为慢性型，病程1～2周。

慢性型　表现时轻时重的黏液出血性下痢，粪呈黑色，称为黑痢。病猪生长发育受阻，高度消瘦。部分康复猪经一定时间还可复发，病程在2周以上。

【病理变化】　病变主要限于大肠，以结肠、盲肠明显，呈卡他性出血性肠炎，小肠无明显病变。大肠壁和大肠系膜充血、出血及水肿，肠内容物稀薄，充满黏液、血液及组织碎片，黏膜可见纤维素沉着及坏死。病变部位不定，可能分布于整个大肠部分，或仅侵害部分肠段。病的后期，病变区扩大，呈广泛分布。其他器官无明显变化。

【诊断】　根据流行特点、临床症状和剖检变化可初步诊断，确诊需进行病原体的分离与鉴定。

(1)病原学诊断

采取病猪新鲜粪便，最好为带血丝的黏液、直肠拭子或大肠黏膜，涂片，以姬姆萨、草酸铵结晶紫或复红染色液染色，镜检，当多数视野可见3～5条及以上密螺旋体时，可确诊为猪痢疾。进一步检查可将病料接种到胰胨豆胨血液琼脂(TSA)培养基上，获得纯培养物后，进行生化试验鉴定。

（2）血清学诊断

可采用微量凝集试验、免疫荧光试验、间接血凝试验、琼脂扩散试验、酶联免疫吸附试验等，以凝集试验和酶联免疫吸附试验较好。

【治疗】 药物治疗有一定疗效，但容易复发。对于急性发病的猪只可采用饮水或注射给药，选用庆大霉素、泰乐菌素、林可霉素、新霉素、二甲硝基咪唑、杆菌肽、痢菌净和磺胺类药物等。

【防治】 目前尚无有效疫苗，在饲料中添加上述药物虽能控制本病，但停药后易复发，难以根除。控制本病主要依靠综合性防治措施，同时配合药物预防。

5. 猪梭菌性肠炎

猪梭菌性肠炎由 C 型产气荚膜梭菌引起，也称为仔猪红痢。临床上以血性下痢、病程短、病死率高、小肠后段的弥漫性出血或坏死性变化为特征。

【流行特点】 魏氏梭菌广泛存在于人畜肠道、土壤、下水道及尘埃中，在饲养管理不良时，容易发生本病。主要发生于 1～3 日龄新生仔猪，1 周龄以上很少发生，偶尔可在 2～4 周龄及断奶仔猪中见到。在同一猪群内各窝仔猪的发病率不同，最高可达 100%，病死率为20%～70%。猪场一旦发生本病，很难根除。

【临床症状】 最急性的生后第 1 天发病，症状多不明显，有的排血便，往往于当天或第 2 天死亡。急性发病仔猪排浅红褐色水样粪便，含灰色组织碎片，味腥臭，多于生后第3 天死亡。亚急性的开始排黄色软粪，以后粪便呈淘米水样，含有灰色坏死组织碎片，有食欲，但逐渐消瘦，于 5～7 日龄死亡。慢性的呈间歇性或持续性下痢，排灰黄色黏液状粪便，病程十几天，生长缓慢，最后死亡或被淘汰。

【病理变化】 病变常局限于小肠和肠系膜淋巴结，以空肠的病变最重。最急性型的空肠呈暗红色，肠腔内充满红色液体，肠系膜淋巴结呈鲜红色。急性型的肠黏膜以坏死变化为主，肠黏膜呈黄色或灰色，肠腔内有坏死性伪膜，有些病例的空肠有大段气肿。病程稍长者肠壁变厚，容易碎，坏死性伪膜更为广泛。

【诊断】 根据流行特点、临床症状和病理变化可初步诊断，确诊需进行实验室诊断。

（1）病原学检查 无菌采取病死猪心、肝、脾；刮取肠内容物和肠黏膜病变部位，按细菌感染的实验室检查方法进行检验，分离鉴定细菌，获得以下结果，可以确诊。

①形态染色 C 型产气荚膜梭菌为革兰氏阳性的粗短大杆菌，单在、成双存在，个别可形成 3～5 个短链，病料触片有明显荚膜，无芽孢。无鞭毛，不能运动。

②培养特性 在葡萄糖血液琼脂平板上，厌氧培养 18～24 h，长出半透明、表面光滑、边缘整齐的大菌落，形成内层透明、外层不完全溶血的双层溶血环。在 25 ℃以上温度时，菌落与空气接触后可变成绿色，是其特征。

③生化特性 在石蕊牛乳培养基中产酸、产气，使牛乳凝固，凝块变成多孔海绵状，呈"汹涌发酵反应"，是其特征，其他见表 2-4。

表 2-4 C 型产气荚膜梭菌生化试验结果

细菌	葡萄糖	乳糖	麦芽糖	甘露醇	蔗糖	吲哚试验	MR试验	VP试验	枸橼酸盐	H$_2$S试验
C 型产气荚膜梭菌	⊕	⊕	⊕	－	⊕	－	－	－	＋/－	＋

注："⊕"表示产酸产气；"＋"表示阳性；"－"表示阴性；"＋/－"表示大多数菌株阳性/少数阴性。

（2）肠内容物毒素检查　取刚死亡病猪的空肠内容物，加 1～2 倍生理盐水，混匀，3 000 r/min 离心 30～60 min，以灭菌滤器过滤，吸取滤液 0.2～0.5 mL，静脉注射一组体重为 18～22 g 小鼠，同时将 0.2～0.5 mL 滤液与 C 型魏氏梭菌抗毒素 0.1 mL 中和后，静注另一组小鼠，以作对照。如注射滤液的小鼠迅速死亡，而对照组不死，则可确诊为本病。

【治疗】　本病急剧，病猪常来不及治疗就已经死亡。

【防治】　对常发病猪场，给怀孕母猪注射 C 型产气荚膜梭菌甲醛氢氧化铝菌苗，是预防本病最好的方法。于临产前 1 个月进行免疫，2 周后强化免疫 1 次，可使仔猪通过哺乳获得被动免疫。产房彻底消毒，母猪临产前 10 d 经过 15% 来苏儿药浴后进入产房，临产时对母猪乳房进行彻底清洗及消毒。仔猪出生后注射魏氏梭菌抗毒素 3～5 mL，可有效预防本病的发生，但注射要早，否则效果不佳。

6. 猪增生性肠炎

猪增生性肠炎是由胞内劳森菌引起猪的一种接触性传染病。临床以血痢、脱水及生长缓慢为特征。

【流行特点】　本病多发于断奶后 6～20 周龄的生长育成猪。各种应激因素及抗生素类添加剂使用不当等，均可诱发本病的发生。临床发病的生长育肥猪死亡率 1%～5%，如无继发症，4～6 周可自然康复，有的长期不愈而成为僵猪。临床以慢性病例最为常见。

【临床症状】

急性型　较少见，主要发生于 4～12 月龄的成年猪，表现为急性出血性贫血，排血色、水样稀粪，病程稍长时排黑色柏油样稀粪、黄色稀粪。有些突然死亡的猪仅见皮肤苍白而粪便正常。

慢性型　最常见，多发于 6～20 日龄的生长猪。食欲减退，精神不振，间歇性下痢，粪便变软、变稀或呈糊状，有时混有血液或坏死组织碎片。病猪消瘦，皮肤苍白，有的可在发病 4～6 周后康复。

不显性型　无明显临床症状，但日增重和饲料报酬下降，生长缓慢。

【病理变化】　病变多见于小肠末端 50 cm 处以及邻近结肠上 1/3 处。肠管变粗，肠壁增厚，浆膜下和肠系膜常见水肿，肠黏膜形成横向和纵向皱褶，黏膜表面湿润而无黏液，有时附有颗粒状炎性分泌物，黏膜肥厚。

坏死性肠炎的病变还可见凝固性坏死和炎性渗出物形成灰黄色干酪样物，牢固地附着在肠壁上。

局限性回肠炎的肠管肌肉显著肥大，如同硬管，习惯上称"软管肠"。打开肠腔，可见溃疡面，常呈条形，毗邻的正常黏膜呈岛状。

增生性出血性肠病的病变同增生性肠病，但很少波及大肠，回肠壁增厚，小肠内有凝血块，结肠中可见黑色焦油状粪便。肠系膜淋巴结肿大，切面多汁。

【诊断】　根据典型的临床症状、病理变化可初步诊断，但确诊必须结合实验室诊断。胞内劳森菌难于人工培养，常规方法不适合活体检查。确诊需依靠病原检查方法。

采用免疫组化法检查出小肠或结肠增生的黏膜上皮细胞内的劳森菌，或 PCR 反应检查出病猪粪便中含有的劳氏胞内菌，即可确诊。

【治疗】　首选泰妙菌素。其次选用泰乐菌素、林肯霉素、硫酸粘杆菌素、四环素、二水杨酸亚甲基杆菌肽、氟甲砜霉素、喹诺酮类等。因本病发病较急，且迅速死亡，对发病猪只治疗效果甚微。猪场必须选择广谱的抗生素或采用联合用药的方式进行预防，可使用复合的兽药制剂进行预防。

【防治】

(1)加强饲养管理，实行全进全出和严格的消毒措施；减少转群、运输、温度、湿度、密度及更换饲料等方面的应激；实行引种 10 周隔离制度，在隔离期内每月在饲料中添加敏感的抗生素 7～10 d。

(2)做好免疫接种。口服猪增生性肠炎活疫苗，或肌内注射灭活疫苗。口服活菌苗前后 3 d 停用抗生素。对于猪场环境卫生良好及疾病压力不大的猪场，应用药物预防与疫苗接种结合，以提高防控效果。

7. 猪传染性胃肠炎

猪传染性胃肠炎由猪传染性胃肠炎病毒引起。临床上以呕吐、严重腹泻和脱水为特征。

【流行特点】　各种年龄的猪均有易感性，10 日龄以内的仔猪发病率和病死率均很高，其他多为隐性感染。本病多发于冬季。在新疫区呈流行性发生，传播迅速，1 周内可散播到各年龄组的猪群；在老疫区则呈地方流行性或间歇性的发生。

【临床症状】　哺乳仔猪吮乳后常出现呕吐，不久出现剧烈腹泻，排水样黄色或灰色粪便，带有未消化的凝乳块，味恶臭。日龄越小，病程越短，死亡率越高。5 日龄内仔猪的病死率常为 100%。

肥育猪发病率接近 100%。突然发生水样腹泻，粪便呈灰色或茶褐色，含有少量未消化的食物。在腹泻初期，偶有呕吐。病猪食欲不振，无力，增重明显减慢。病程约 1 周左右，极少发生死亡。

成猪多无症状。部分猪表现轻度水样腹泻，或一时性的软便，对体重无明显影响。

母猪常与仔猪一起发病。有些哺乳中的母猪，表现高度衰弱，体温升高，泌乳停止，呕吐，食欲不振，严重腹泻。妊娠母猪的症状往往不明显，或仅有轻微的症状。

【病理变化】　病变主要在胃和小肠。胃壁出血，胃内有凝乳块，胃底部黏膜充血，特别是胃大弯部较明显。小肠内充满黄绿色或灰白色液状物，含有泡沫和未消化的凝乳块。小肠绒毛萎缩，小肠壁变薄，肠管呈半透明状，肠系膜淋巴结肿胀呈淡黄色。剖检乳糜管中无脂肪。

【诊断】　根据流行病学和临床症状可做出初步诊断，确诊需进行实验室检查。

(1)小肠绒毛检查

剖检病死仔猪，取空肠纵向剪开，用生理盐水将内容物冲掉，在玻璃平皿内平铺，加少量生理盐水，在低倍镜下观察，可见空肠绒毛明显缩短，如图 2-8 所示。

(2)免疫荧光技术

取腹泻早期病猪空肠和回肠的刮取物，涂片，或以此段肠管做冰冻切片，进行直接或间接荧光抗体染色，在荧光显微镜下检查，见上皮细胞及沿着绒毛的胞浆膜上呈现荧光者为阳性。此外还可应用 RT-PCR

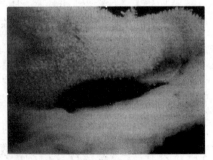

图 2-8　病猪肠绒毛萎缩(下)　正常对照猪的肠绒毛(上)

快速诊断法等。

【治疗】　本病尚无有效的治疗药物，病猪多因脱水引起代谢性酸中毒死亡。治疗过程中解毒、强心、补液是关键。

在患病期间大量补充葡萄糖氯化钠溶液，供给大量清洁饮水和易消化的饲料，可使较大的病猪加速恢复，减少仔猪死亡。口服四环素、磺胺、黄连素、高锰酸钾等可防止继发感染，减轻症状。对严重脱水者可人工喂水或补液。同时，要注意保暖，辅以中药治疗可缩短病程。

【防治】　平时加强饲养管理，防止本病传入。本病的常在猪场，免疫接种是防治本病的有效方法，怀孕母猪于产前 45 d 及 15 d 左右，接种猪传染性胃肠炎弱毒疫苗，哺乳仔猪通过吮食初乳获得被动免疫力；或生后 1～2 日龄仔猪口服无病原性的弱毒疫苗，每头 1 mL，4～5 d 后产生主动免疫；或用流行性腹泻和传染性胃肠炎二联灭活苗，在尾根与肛门中间的小窝部位即后海穴注射。此外，口服康复猪的抗凝血或高免血清 10 mL/d，连用 3 d，对新生仔猪有一定的防治效果。

8. 猪流行性腹泻

猪流行性腹泻由猪流行性腹泻病毒引起。临床上以呕吐、腹泻和脱水为特征。

【流行特点】　本病只发生于猪，各种年龄的猪均易感，以 1～5 日龄内仔猪感染率最高，症状严重，病死率也最高。主要发生于寒冷季节，以 11 月至次年 3 月间多发，有时呈地方性流行。传播速度比猪传染性胃肠炎稍有缓慢。

【临床症状】　主要表现水样腹泻，在吃食或吃奶后常有呕吐，年龄越小，症状越重。1 周龄以内新生仔猪发生腹泻后 3～4 d，因严重脱水而死亡，死亡率可达 50%～100%。断奶猪及母猪出现精神委顿，厌食，持续性腹泻，1 周后逐渐恢复正常，少数猪恢复后生长发育不良。肥育猪发生腹泻，1 周后康复，死亡率 1%～3%。成年猪症状较轻，有的仅表现呕吐，重者水样腹泻，3～4 d 后可自愈。

【病理变化】　病变仅限于小肠。小肠扩张，肠壁变薄，肠内充满黄色液体，肠系膜充血，肠系膜淋巴结水肿，小肠绒毛缩短。

【诊断】　根据流行病学、临床症状及剖检变化可做出初步诊断，确诊需进行实验室诊断。目前诊断方法有免疫电镜、免疫荧光、间接血凝试验、ELISA、中和试验、免疫酶组化法、RT-PCR 和原位杂交等。

【治疗】　本病目前尚无特效药物和有效疗法。对症治疗参照猪传染性胃肠炎。

【防治】　主要包括隔离、消毒、加强饲养管理、减少人员流动、采用全进全出制度等。免疫接种是目前预防猪流行性腹泻的主要手段。已发生 TGEV 和 PEDV 混合感染的地区，可选用 TGE-PED 二联苗，采用交巢穴或肌内注射，对怀孕母猪于产前 20～30 d 进行免疫，可使新生仔猪获得被动保护。

9. 轮状病毒病

轮状病毒病由轮状病毒引起。临床上以腹泻和脱水为特征。

【流行特点】　各种年龄的猪均可感染，感染率高达 90%～100%。在流行地区，由于大多数成年猪感染后获得免疫，故发病猪多是 8 周龄以下的仔猪，日龄越小，发病率越高，发病率一般为 50%～80%，病死率多在 10% 以内。多发生于晚秋、冬季和早春季节。

【临床症状】　病初精神沉郁，食欲不振，常于食后呕吐，继而发生腹泻，排黄色或灰褐色水样或糊状粪便，常因脱水在 3～7 d 内死亡。症状的轻重决定于发病猪的日龄、免疫状态和环境条件。新生仔猪腹泻严重，死亡率 100%；1～4 周龄仔猪发病率高，持续 1～3 d，死亡率为 7%～15%；3～8 周龄仔猪死亡率可达 50%；成年猪感染不呈现症状，但血清学检查，轮状病毒抗体阳性。

【病理变化】　主要病变在小肠，肠壁菲薄，半透明，内容物呈液状，有时小肠广泛出血，肠系膜淋巴结肿大。

【诊断】　根据流行特点、临床症状可做出初步诊断，确诊需进行实验室检查。在腹泻开始 24 h 内采取小肠、小肠内容物、粪便，进行病毒或病毒抗原检查。

（1）小肠绒毛检查

在普通显微镜下观察小肠黏膜，可见小肠绒毛萎缩。除猪轮状病毒感染外，猪传染性胃炎、猪流行性腹泻也有绒毛的萎缩现象。

（2）免疫荧光技术

刮取小肠绒毛做抹片，丙酮固定后用猪轮状病毒荧光抗体染色，在绒毛上皮细胞的胞浆内见到特异荧光为阳性。

（3）ELISA 技术

ELISA 技术是世界卫生组织推荐使用的标准方法，可以检测粪便上清液中的病毒抗原。

【治疗】　目前无特效治疗药物。发现病猪立即隔离，停止喂乳，在腹泻的最初 24～72 h，以葡萄盐水或复方葡萄糖溶液给病猪自由饮用，对于防止脱水有一定的效果。同时，进行对症治疗，如投用收敛止泻剂，使用抗菌药物防止继发细菌感染，一般都可获得良好效果。

【防治】　平时加强饲养管理，认真执行兽医卫生防疫制度。在流行地区，可用猪轮状病毒油佐剂灭活苗、猪轮状病毒弱毒双价苗对母猪或仔猪进行免疫接种。同时要使新生仔猪早吃初乳，接受母源抗体的保护，以减少发病和减弱病症。

10. 猪球虫病

猪球虫病是由艾美耳球虫和等孢球虫寄生于猪肠上皮细胞内所引起的一种原虫病。患病仔猪以严重腹泻、脱水和迅速死亡为主要特征；成年猪和种猪多为隐性感染。

【流行特点】　各年龄猪均可感染，以 7～15 日龄和断奶前后发病最多。一年四季都可发生，但夏秋两季发病率最高。仔猪舍拥挤和卫生条件恶劣，会提高发病率。常与传染性胃肠炎、大肠杆菌病和轮状病毒混合感染。

【临床症状】　以水样和脂样的腹泻为特征。初期排松软或糊状粪便，精神萎靡，厌食，脱水，2～3 d 后，粪便呈黄白色水样，有酸臭味，个别的有血便。患猪精神沉郁，被毛粗乱、皮肤苍白、明显消瘦，严重者吻突及腹下皮肤发绀，很快死亡。耐过仔猪生长发育受阻。成年猪多无明显症状，成为带虫者。

【病理变化】　主要病变在回肠和空肠。肠管膨胀，肠壁透明，肠黏膜充血和出血，肠腔内充满灰色稀薄的粪便，黏膜上覆盖黄色纤维素性坏死性假膜。其他脏器无肉眼可见病变。

【诊断】　根据流行特点、临床症状和剖检变化进行综合诊断，并刮取空肠和回肠黏膜抹片镜检或以饱和盐水漂浮法对病变部肠内容物进行检查，发现球虫卵囊即可确诊。

【治疗】　常用药物有磺胺二甲嘧啶、磺胺六甲氧嘧啶、氨丙啉、氯苯胍、尼卡巴嗪、阿克洛胺、百球清等，磺胺类药物是治疗球虫病的首选药。猪球虫感染呈良性经过，治疗的目的在于缓解症状，抑制球虫的发育，促使病猪迅速产生免疫力，早日康复。应有计划地交替使用或联合应用数种抗球虫药物进行治疗或预防，以免产生抗药性。

【防治】　防控本病主要是阻止母猪排出虫卵和杀灭环境中的虫卵。从母猪产仔前一周开始，直至整个哺乳期服用抗球虫药。母猪进入产房前，须对产房进行彻底消毒，同时限制饲养人员等进入产房，以免带入虫卵。对猪舍应经常清扫，将粪便和垫料进行无害化处理，地面用热水冲洗，或用含氨和酚的消毒剂喷洒，以减少环境中的卵囊数量。

11. 猪蛔虫病

猪蛔虫病是由猪蛔虫寄生于猪的小肠所引起的一种线虫病。引起仔猪发育不良，生长缓慢，易形成僵猪。幼虫移行引起肠、肝、肺部炎症，大量寄生可引起肠阻塞、肠破裂。

【流行特点】　以3～6月龄的仔猪感染严重，成年猪多为带虫者，是重要的传染源。本病一年四季均可发生。

【临床症状和病理变化】　猪蛔虫幼虫和成虫阶段引起的症状和病变各不相同。

(1)幼虫移行至肝脏时，引起肝组织出血、变性和坏死，形成云雾状的蛔虫斑，直径约1 cm。

(2)移行至肺时，引起蛔虫性肺炎，见学习情境3。

(3)成虫寄生在小肠时机械性地刺激肠黏膜，引起腹痛。蛔虫数量多时常凝结成团，堵塞肠道，导致肠破裂。有时蛔虫可进入胆管，造成胆管堵塞，引起黄疸等症状。

(4)成虫能分泌毒素，作用于中枢神经和血管，引起一系列神经症状。成虫夺取宿主大量的营养，使仔猪发育不良，生长受阻，被毛粗乱，常是造成"僵猪"的一个重要原因，严重者可导致死亡。

【诊断】　对2个月以上的仔猪，采用直接涂片法或饱和盐水漂浮法，做粪便虫卵检查。尸体剖检，在小肠内发现成虫即可确诊。为了发现哺乳期仔猪的早期蛔虫病，可取肺脏和肝脏，用幼虫检查法分裂幼虫，进行确诊。

【治疗】　阿维菌素、伊维菌素、多拉菌素、丙硫咪唑、甲苯咪唑、氟苯咪唑、左咪唑、噻嘧啶等药物驱虫，均有很好的治疗效果。

【防治】

(1)定期驱虫。规模化猪场，首先对全群猪驱虫，以后公猪每年驱虫2次；母猪产前1～2周驱虫1次；仔猪转入新圈时驱虫1次；后备母猪在配种前驱虫1次；新引进的猪驱虫后再合群。对散养猪，仔猪断奶前后驱虫1次，4～6周后再驱虫1次；母猪怀孕前和产仔前1～2周驱虫；育肥猪在3月龄和5月龄各驱虫1次。

(2)保持猪舍清洁卫生。经常清理猪舍，冲洗地面，防止粪便和垫草堆集发酵。

(3)产房和猪舍在进猪前彻底清洗和消毒，母猪转入产房前要用肥皂水清洗全身。

12. 猪鞭虫病

猪鞭虫病又称猪毛首线虫病，由毛首线虫寄生在猪的大肠内引起的寄生虫病。

【虫体特征及生活史】　虫体呈乳白色鞭状，前部细长丝状，约占虫长的2/3，为食道部，后部粗部为体部。雌虫在盲肠中产卵，虫卵随粪便排出体外，约经3周发育为感染性虫卵，猪吞食后经30～40 d，感染性虫卵发育为成虫，成虫寿命为4～5个月。

【临床症状】　主要危害仔猪。轻度感染时，仅有间歇性腹泻，轻度贫血，生长发育缓慢等症状。严重感染时，表现消瘦、贫血，排稀粪，粪便中混有黏液和血液，肛门周围常黏附有红褐色稀便。有的病猪呈顽固性下痢，严重时可引起死亡。

【病理变化】　主要可见盲肠和结肠黏膜充血、肿胀，表面覆有大量灰黄色黏液，黏液中及肠黏膜上有大量乳白色的鞭虫，严重感染者肠黏膜水肿、出血及坏死。感染后期肠黏膜发生溃疡和结节，结节中含有虫体或虫卵。

【诊断】

（1）生前诊断

主要依靠检查粪便中的虫卵及虫体，采取新鲜粪便，采用饱和盐水漂浮法，检查不同发育阶段的虫卵，鞭虫卵如图 2-9，大小为 $(52\sim61)\mu m\times(27\sim30)\mu m$，黄褐色，腰鼓形，卵壳厚，两端有透明的"塞"状构造，卵内含有 1 个卵胚。由于虫卵颜色、结构比较特殊，故易识别而确诊。

（2）死后诊断

主要依据尸检时发现特殊形态的虫体（见图 2-10）、寄居部位及引起病理损害而确诊。

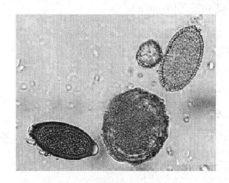
图 2-9　显微镜下鞭虫卵

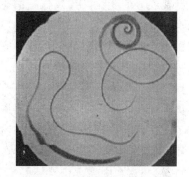
图 2-10　显微镜下的鞭虫成虫

【治疗】　羟嘧啶为驱鞭虫的特效药。此外，萘羟嘧啶、左咪唑、敌百虫、枸橼酸哌嗪或磷酸哌嗪等，均有较好的治疗效果。

【防治】　参照猪蛔虫病。

13.仔猪消化机能不全

【病因】　仔猪肠道在出生前是无菌的，在出生后 24 h 内逐步定植了大肠杆菌、乳酸菌、小梭菌、真杆菌和酵母菌等，形成肠道微生态系统。通常情况下，乳酸菌占优势有助于健康，因为它可以竞争性地抑制有害菌的增殖，从而降低有害菌的浓度、减少毒素产生，防止因病原菌造成的消化系统紊乱与腹泻。由于仔猪胃酸分泌很少，哺乳期间胃的酸性环境主要靠乳中的乳糖发酵产生乳酸，一旦断奶，乳糖来源终止，乳酸含量下降，胃内pH 升高，乳酸菌就会减少，致病性大肠杆菌等有害微生物会逐渐占优势，胃肠道内菌群失衡，导致腹泻的发生。断奶仔猪从吃初乳变成了以饲料为主，加上断奶应激，降低了消化酶的水平，影响营养成分的消化和吸收，因消化不良而腹泻。

【防治】　主要针对胃肠道内菌群平衡和提高消化酶含量和活性采取措施。

（1）添加酶制剂。弥补仔猪体内各种消化酶的缺乏，保证仔猪的正常消化功能，消除因消化不良引起的腹泻。

（2）添加有机酸。可以降低 pH，增加胃内酸度，提高胃蛋白酶的活性，有利于胃肠道内乳酸菌等有益菌的生长，可在一定程度上抑制大肠杆菌等有害菌的繁殖，保持肠道微生物平衡。

（3）添加乳清粉。乳清粉主要含乳糖和乳清蛋白，以及比例适宜的钙磷等矿物质元素和丰富的 B 族维生素。乳糖很容易被早期断奶仔猪所消化，并有促进消化道乳酸菌增殖，降低胃 pH，抑制有害微生物繁殖的作用，如在早期断奶仔猪饲料中添加 10%～20% 的乳清粉，对腹泻的防治有一定的作用。

14. 仔猪营养性腹泻

【病因】

（1）母猪因素

①母猪过肥或临产前饲喂大量精料，饲料中蛋白质或脂肪含量过高，使乳脂脂或乳蛋白含量过高，导致仔猪消化不良引起腹泻。

②初产、老年母猪由于泌乳不足，无法满足仔猪对免疫球蛋白和营养的需要，导致仔猪免疫力低下，营养消化不良，发生腹泻。

③母乳成分的变化，导致仔猪消化吸收不适应，引发腹泻。

（2）仔猪因素

①胃肠功能不健全，消化系统不完善，消化酶、胃酸分泌不足。

②肠道微生物区系平衡没有建立。

③免疫系统尚未发育完善。

④被毛稀疏，皮下脂肪少，体温调节能力差。

由于上述营养生理特点的限制，导致仔猪对营养物质的消化吸收率低，免疫水平低下，对环境变化敏感，从而使得营养性腹泻发病率高。

（3）日粮和饮水因素

①日粮营养搭配不合理。日粮中营养物质的缺失或搭配不合理也是引起仔猪腹泻的重要原因，如日粮的能量或蛋白质浓度过高，严重影响仔猪对营养物质的消化和吸收。此外，仔猪日粮中添加矿物质元素（铁、硒、铜）和维生素 B_1，对仔猪消化系统的发育及其他营养物质的吸收起着至关重要的作用，如高铜对脂肪的消化吸收有促进作用。因为铜可显著提高仔猪小肠脂肪酶和磷脂酶的活性，从而提高饲料脂肪的消化率，促进断奶仔猪健康生长，降低仔猪腹泻的发生。

②日粮电解质不平衡、pH 过高。日粮中电解质不平衡极易造成仔猪体内和消化道内电解质的不平衡，导致仔猪消化吸收紊乱，从而引起腹泻。断奶仔猪本身就因胃底腺不发达，胃与神经系统之间的联系尚未完全建立，胃腺功能差，导致胃内 pH 较高。再加上日粮中 pH 过高更会导致胃内酸度下降，为病原菌提供适宜的生存环境，进而大量繁殖，引起肠壁发炎、水肿，消化吸收能力降低，大量水分和营养物质积聚肠腔，从而引发仔猪腹泻、脱水，甚至死亡。

③日粮中蛋白质比例过高。饲粮中的蛋白质含量过高不仅引起仔猪消化不良，还会增加日粮抗过敏的发生。未消化的蛋白质进入仔猪后段肠道内，会被有害细菌降解产生氨、胺类、酚类、吲哚、硫化氢等腐败产物，导致腹泻的发生。

④日粮抗原的过敏反应。饲料抗原容易引发仔猪发生过敏反应，可使仔猪肠黏膜损

伤、绒毛变短、隐窝增生，吸收功能降低，从而引起腹泻。

（4）断奶应激

仔猪断奶后与母猪分离，产生心理应激，还要经历环境应激，新组合的群体在新的环境中需要一个适应过程，可能发生情绪焦虑、咬斗等现象，加上自然环境温度、湿度的变化，易导致消化系统功能紊乱而发生腹泻。

【防治】 仔猪营养性腹泻是多种因素共同作用的结果，在仔猪未发生腹泻时，针对导致仔猪营养性腹泻的原因采取相应的预防措施。

①在母猪妊娠期，加强对其的饲养管理，杜绝母源性腹泻的发生。

②配制合理的日粮，以提高仔猪对营养物质的消化率和利用。饲料添加剂促进仔猪肠道健康发育，有效降低营养性腹泻的发生。

③保持适宜的温度，仔猪应保持 20～22℃，可避免温度变化而引起的腹泻。

④保持适宜的湿度，将仔猪舍的湿度维持在 65%～75%。

⑤定期消毒，搞好环境卫生，加强仔猪舍通风。

⑥保证充足，清洁饮水。

15. 其他疾病

慢性猪瘟、猪伪狂犬病、仔猪低血糖、仔猪营养因子缺乏、猪弓形虫病等疾病也可出现腹泻症状，临床上应仔细观察其他系统的症状，加以鉴别（见表 2-5、表 2-6）。

二、以腹泻为主症猪病的鉴别

表 2-5 引起哺乳仔猪下痢疾病鉴别表

病名		猪传染性胃肠炎	猪流行性腹泻	轮状病毒病	仔猪白痢	仔猪黄痢	仔猪红痢	猪球虫病
流行病学	发病季节	寒冷季节	寒冷季节	12 月至翌年 3 月多发	四季发生	多发于产仔季节	产仔季节	高峰期在 8 月至 9 月
	发病年龄	各种年龄猪同时发生	任何年龄	1～5 周龄	10～30 日龄	7 日龄以内	3 日龄以内多发	8～15 日龄
	流行性	传播迅速	暴发	突然发生快速传播	地方性流行	地方性流行	地方性流行	散发逐渐增加
	发病率、死亡率	发病率高，仔猪死亡率高，大猪死亡率低	不一，但通常高		发病率中等，病死率低	发病率和死亡率均较高	死亡率高	发病率不一、死亡率低
症状	粪便	黄白色，水样，有特征性气味	水样	水样、糊状混有黄色凝乳样物，pH6.0～7.0	白色、灰白色、黄色，粥状，腥臭带泡沫	黄色粪便，后变成黄色水样，内含凝乳小块	水样，黄色血样、灰黏液样	灰黄色、水样，酸臭味，pH7.0～8.0
	病程	大多数猪在短期内康复	一般 3～7 d 康复		一般 3～5 d	病程急。出生后数小时或 3 d 内突然发病死亡	病程急。发病到死亡一般不超过 3 d	3～5 d 后慢慢转好

续表

病名		猪传染性胃肠炎	猪流行性腹泻	轮状病毒病	仔猪白痢	仔猪黄痢	仔猪红痢	猪球虫病
病理变化	胃肠	胃肠黏膜充血，肠壁变薄	与传染性胃肠炎相似		有时见小肠充血，肠内有白色糊状粪	炎症以小肠严重，肠黏膜充血、出血，肠内有黄水状粪	小肠出血、坏死，坏死段界限明显	小肠卡他，重症的肠黏膜上有淡白、黄色圆形结节

表 2-6　引起保育猪及生长育肥猪下痢疾病鉴别表

疾病	易发年龄	发病率、死亡率及流行季节	腹泻外观与其他症状	剖检变化
猪副伤寒	6月龄以下仔猪，以1～4月龄发生较多	一年四季均可发生，在多雨潮湿季节发病较多	剧烈腹泻，灰白色或黄绿色，混有血液、坏死组织或纤维素絮片，恶臭。慢性者反复下痢，耳根、胸前、腹下及后躯部皮肤呈紫红色	特征病变是坏死性盲、结肠炎，肠壁厚，覆盖麸皮样物质，脾稍肿，肺增大继发肝变区或化脓灶
猪传染性胃肠炎	各种日龄猪同时发生	10日龄以内仔猪病死率高，5周龄以上猪的死亡率低，成年猪几乎不死。冬、春季多发，高峰为1月至2月	特征症状表现为病猪口渴、呕吐、腹泻（喷射状）、脱水，仔猪粪便为黄色、绿色或白色，可含有未消化的凝乳块，有恶臭。成年猪有呕吐、灰色褐色水样腹泻	肠壁变薄呈半透明状，内容物稀薄呈黄色泡沫状；胃底黏膜充血、出血，甚至溃疡，内容物呈黄色，有白色凝乳块
猪流行性腹泻	各种年龄的猪都感染	哺乳仔猪、架子猪或肥育猪的发病率高。多发生于寒冷季节，以12月和翌年1月发生最多	水样腹泻、呕吐、严重脱水	肠管膨胀扩张，充满黄色液体，肠壁变薄，肠系膜淋巴结水肿，小肠绒毛缩短
轮状病毒病	多发生于8周龄以内的仔猪	发病率不一，可达75%，死亡率低，5%～20%。本病在晚秋、冬季和早春季节多发	粪便水样或糊状，色暗白或暗黑	胃壁弛缓，内充满凝乳块和乳汁，小肠管变薄、半透明，空肠、回肠内容物呈水样，肠系膜淋巴结水肿
猪增生性肠炎	主要发生在6～16周龄的生长育肥猪	发病率5%～25%，偶尔40%，死亡一般为10%，有时达40%～50%。饲养管理改变常为诱因	急性型血色水样下痢，排沥青样黑色粪便或血样粪便并突然死亡。慢性型主要表现间隙性下痢，粪便变软、变稀而呈糊样或水样	特征表现为小肠及回肠黏膜增厚、出血或坏死
猪痢疾	最常发生于8～14周龄幼猪	发病率和死亡率低。本病流行无季节性，持续时间长	粪便表面附有条状黏液，以后粪便黄色柔软或水样，直至粪便充满血液和黏液	大肠黏膜肿胀，覆盖黏液和带血块的纤维素，内容物稀薄，呈酱油色
猪鞭虫病	常发于2～4月龄幼猪	有时与猪痢疾并发使病情加重	常引起患猪带血下痢，表现为疲弱、贫血、食欲降低，生长缓慢	大肠黏膜出血及大量虫体

计　划　单

学习情境 2	以消化系统症状为主症的猪病		学时	12
计划方式	小组讨论制定实施计划			
序　号	实施步骤	使用资源	备注	

<table>
<tr><td rowspan="1">制定计划
说明</td><td colspan="4"></td></tr>
</table>

制定计划说明	

计划评价	班　级		第　　组	组长签字	
	教师签字			日　　期	
	评语：				

决策实施单

学习情境 2		以消化系统症状为主症的猪病					
讨论小组制定的计划书，做出决策							
计划对比	组号	工作流程的正确性	知识运用的科学性	步骤的完整性	方案的可行性	人员安排的合理性	综合评价
	1						
	2						
	3						
	4						
	5						
	6						

制定实施方案		
序号	实施步骤	使用资源
1		
2		
3		
4		
5		
6		

实施说明：

班　级		第　　组	组长签字	
教师签字			日　期	

评语：

作 业 单

学习情境 2	以消化系统症状为主症的猪病
作业完成方式	以学习小组为单位，课余时间独立完成，在规定时间内提交作业
作业题 1	引起哺乳仔猪腹泻疾病的鉴别诊断
作业解答	
作业题 2	引起保育猪和育成猪腹泻疾病的鉴别诊断
作业解答	
作业题 3	案例分析：见本学习情境案例单案例 2.3； 要求：根据病例的发病情况、症状及病变，提出初步诊断意见和确诊的方法，并按你的诊断结果提出治疗方案及防治措施
作业解答	另附页
作业评价	

作业评价	班　　级		第　　组	组长签字		
	学　　号		姓　　名			
	教师签字		教师评分		日　期	
	评语：					

效果检查单

学习情境 2		以消化系统症状为主症的猪病		
检查方式		以小组为单位，采用学生自检与教师检查相结合，成绩各占总分(100 分)的 50%		
序号	检查项目	检查标准	学生自检	教师检查
1	资讯问题	答案是否准确、回答是否正确		
2	计划书质量	综合评价结果		
3	初步诊断	方法是否正确、结论是否正确、剖检后动物尸体处理是否正确		
4	实验室诊断方案设计	是否按时完成、是否具有较强的可行性		
5	实验室诊断	方法是否正确、材料准备是否齐备、操作是否规范、结论是否正确		
6	治疗方法	方法是否正确、一般性用药是否合理、是否应用药敏试验选择用药		
7	防治措施	是否具有较强的完整性、可行性		
8	无菌操作	是否做到		
9	生物安全意识	现场及实验室工作是否做到		
10	团队合作	团队中有分工有合作，配合紧密		

检查评价	班　级		第　　组	组长签字	
	教师签字			日　期	
	评语：				

评价反馈单

学习情境 2		以消化系统症状为主症的猪病				
评价类别	项目	子项目		个人评价	组内评价	教师评价
专业能力 （60%）	资讯（10%）	查找资料，自主学习（5%）				
		资讯问题回答（5%）				
	计划（5%）	计划制定的科学性（3%）				
		用具材料准备（2%）				
	实施（25%）	各项操作正确（10%）				
		完成的各项操作效果好（6%）				
		完成操作中注意安全（4%）				
		使用工具的规范性（3%）				
		操作方法的创意性（2%）				
	检查（5%）	全面性、准确性（3%）				
		生产中出现问题的处理（2%）				
	结果（10%）	提交成品质量				
	作业（5%）	及时、保质完成作业				
社会能力 （20%）	团队协作 （10%）	小组成员合作良好（5%）				
		对小组的贡献（5%）				
	敬业、吃苦 精神（10%）	学习纪律性（4%）				
		爱岗敬业和吃苦耐劳精神（6%）				
方法能力 （20%）	计划能力 （10%）	制定计划合理				
	决策能力 （10%）	计划选择正确				
意见反馈						

请写出你对本学习情境教学的建议和意见

评价评语	班　级		姓　名		学　号		总　评	
	教师签字		第　组	组长签字			日　期	
	评语：							

●●●●● **拓展阅读**

秋冬季节猪消化道疾病的危害和防治

养殖减抗告别过度用药时代

学习情境 3

以呼吸系统症状为主症的猪病

●●●●● **学习任务单**

学习情境3	以呼吸系统症状为主症的猪病	学　时	14
布置任务			
学习目标	1. 明确以呼吸系统症状为主症的猪病的种类及其基本特征； 2. 能够说出各病的主要流行特点、典型的临床症状和病理变化； 3. 能够综合运用流行病学调查、临床症状观察、病理剖检变化观察、与类症疾病鉴别等方法，进行本类疾病的初步诊断； 4. 能够根据病原体的特性选择运用血清学实验及常规病原体鉴定方法，对传染病及寄生虫病做出诊断； 5. 能够对诊断出的疾病予以合理治疗； 6. 能够根据猪场的具体情况，制定及实施防治措施； 7. 能够独立或在教师的引导下设计工作方案，分析、解决工作中出现的一般性问题； 8. 培养学生安全生产和公共卫生意识，做好自身安全防护； 9. 提升重大动物疫病防控能力，增强防疫意识和法制观念，保障群众的养殖安全		
任务 描述	对临床生产实践多发的以呼吸系统症状为主症的猪病做出诊断，予以治疗，制定及实施防治措施。具体任务如下： 1. 运用流行病学调查、临床症状观察、病理剖检变化观察、与类症疾病鉴别等方法，通过对病例的解析、推断，完成本类疾病的初步诊断； 2. 依据初步诊断结果，设计实验室检验方案，完成传染病及寄生虫病的实验室检验，做出正确诊断； 3. 对诊断出的疾病予以合理治疗； 4. 制定及实施防治措施		
学时分配	资讯：5学时　计划：1学时　决策：1学时　实施：6学时　考核：0.5学时　评价：0.5学时		
提供资料	1. 信息单； 2. 教材； 3. 相关网站网址		
对学生要求	1. 按任务资讯单内容，认真准备资讯问题； 2. 按各项工作任务的具体要求，认真设计及实施工作方案； 3. 严格遵守动物剖检、检验等技术操作规程，避免散播病原； 4. 严格遵守实验室管理制度，避免安全事故发生； 5. 严格遵守猪场消毒卫生制度，防止传播疾病； 6. 严格遵守猪场劳动纪律，认真对待各项工作； 7. 虚心向猪场技术人员学习，做到多请教多提高； 8. 以学习小组为单位，开展工作，展示成果，提升团队协作能力		

●●●●● **任务资讯单**

学习情境 3	以呼吸系统症状为主症的猪病
资讯方式	阅读信息单及教材；进入本课程的精品课网站及相关网站，观看 PPT 课件、视频；图书馆查询；向指导教师咨询
资讯问题	1. 以呼吸系统症状为主症的常见猪病有哪些？ 　　2. 猪传染性胸膜肺炎的病原体是什么？其有何主要生物学特性？ 　　3. 猪传染性胸膜肺炎的流行病学特点是什么？ 　　4. 猪传染性胸膜肺炎与猪肺疫的剖检变化有哪些区别？ 　　5. 如何进行猪传染性胸膜肺炎的实验室诊断？ 　　6. 猪传染性胸膜肺炎的治疗方法及应注意的问题是什么？ 　　7. 采取哪些措施可以防治猪传染性胸膜肺炎？ 　　8. 副猪嗜血杆菌病的病原体是什么？其有何主要生物学特性？ 　　9. 副猪嗜血杆菌病的发病日龄及本病发生多与哪些因素有关？ 　　10. 副猪嗜血杆菌病的临床症状及病理变化各有什么特点？ 　　11. 怎样鉴别副猪嗜血杆菌病、猪肺疫和猪传染性胸膜肺炎？ 　　12. 发生副猪嗜血杆菌病时，如何进行实验室诊断？ 　　13. 抗生素治疗副猪嗜血杆菌病有效吗？可选择哪些药物？ 　　14. 副猪嗜血杆菌病的防治措施有哪些？较有效的方法是什么？疫苗免疫能达到理想预防效果吗？ 　　15. 猪支原体肺炎的病原体是什么？其有何主要生物学特征？ 　　16. 猪支原体肺炎的流行特点有哪些？ 　　17. 猪支原体肺炎的临床症状及病理变化各有什么特点？ 　　18. 猪支原体肺炎的实验室诊断方法有哪些？ 　　19. 猪支原体肺炎的治疗药物有哪些？ 　　20. 如何防治猪支原体肺炎？应用疫苗防治时应注意什么问题？ 　　21. 猪传染性萎缩性鼻炎的病原体是什么？其有何主要生物学特性？ 　　22. 猪传染性萎缩性鼻炎的流行病学特点是什么？ 　　23. 猪传染性萎缩性鼻炎的临床症状及病理变化是什么？ 　　24. 确诊猪传染性萎缩性鼻炎是否必须进行实验室诊断？实验室诊断方法有哪些？ 　　25. 猪传染性萎缩性鼻炎的治疗措施有哪些？是否容易治愈？ 　　26. 防治猪传染性萎缩性鼻炎可采取哪些措施？ 　　27. 猪巨细胞病毒有何主要生物学特性？ 　　28. 猪巨细胞病毒感染发病日龄有什么特点？ 　　29. 猪巨细胞病毒感染的临床症状及病理变化是什么？ 　　30. 如何确诊猪巨细胞病毒感染？ 　　31. 猪发生巨细胞病毒感染后危害严重吗？ 　　32. 如何防治猪巨细胞病毒感染？ 　　33. 猪繁殖与呼吸障碍综合征的病原体是什么？ 　　34. 猪繁殖与呼吸障碍综合征感染日龄有什么特点？

续表

学习情境 3	以呼吸系统症状为主症的猪病
资讯问题	35. 不同年龄猪感染猪繁殖与呼吸障碍综合征后症状是否一致？各有什么临床症状及病理变化？ 36. 如何治疗猪繁殖与呼吸障碍综合征？ 37. 怎么防治猪繁殖与呼吸障碍综合征？ 38. 断奶仔猪多系统衰竭综合征的病原体有什么特性？ 39. 断奶仔猪多系统衰竭综合征主要发生于多大的猪？其他相关疾病主要发生在多大的猪？ 40. 断奶仔猪多系统衰竭综合征和其他相关疾病的临床症状及病理变化是什么？ 41. 断奶仔猪多系统衰竭综合征和其他相关疾病的确诊方法是什么？ 42. 如何治疗断奶仔猪多系统衰竭综合征？ 43. 防治断奶仔猪多系统衰竭综合征和其他相关疾病应采取哪些措施？ 44. 猪流感的病原体是什么？ 45. 猪流感的流行特点是什么？其他动物能否感染？ 46. 猪流感的主要临床症状及病理变化是什么？ 47. 猪流感有特效的治疗药物吗？可采取哪些治疗方法？ 48. 如何防治猪流感？
资讯引导	1. 王志远. 猪病防治. 北京：中国农业出版社，2010 2. 姜平等. 猪病. 北京：中国农业出版社，2009 3. 李立山等. 养猪与猪病防治. 北京：中国农业出版社，2006 4. 刘振湘等. 动物传染病防治技术. 北京：化学工业出版社，2009 5. 刘莉. 动物微生物及免疫. 北京：化学工业出版社，2010 6. 宣长和等. 猪病诊断彩色图谱与防治. 北京：中国农业科学技术出版社，2005 7. 潘耀谦等. 猪病诊治彩色图谱. 北京：中国农业出版社，2010 8. 猪 e 网：http：//www.zhue.com.cn/ 9. 在线猪病诊断系统：http：//www.fjxmw.com/zbzd/ 10. 中国养猪网：http：//www.china-pig.cn/ 11. 中国猪网：http：//www.pigcn.cn/

●●●●● 案 例 单

学习情境 3	以呼吸系统症状为主症的猪病
序号	案例内容
3.1	某猪场 1 月份从附近散养户购回 45～55 日龄断乳仔猪 354 头，分别饲养在两幢猪舍，饲养密度较大。3 月中旬个别仔猪发病，表现打喷嚏、咳嗽、呼吸有鼾声、鼻腔流透明黏性至脓性分泌物，按一般性感冒治疗无效。随猪群发病数量增多，病猪表现摇头、不安，用鼻子掘地，或前肢抓鼻孔，或在硬物上摩擦。可看到猪圈里和墙壁上有血迹。有的病猪视力障碍，眼角流泪，眼眶下形成半月形泪斑。后期，鼻镜周围的皮肤发生皱褶，鼻缩短或偏向一侧。病猪体温正常，生长发育迟缓，甚至停滞。至 4 月初就诊前发病 208 头，死亡 15 头。该猪群已接种猪瘟、猪蓝耳病、猪丹毒疫苗。剖检 6 头病死猪，外观尸体极度消瘦，皮下血管充血。鼻甲骨萎缩，有 4 头猪鼻甲骨与鼻中隔失去原形。鼻腔中有不同量的黏液性或脓性液体。其他脏器可见气管黏膜充血并有黏液，肺脏严重充血，其中 3 头肺有肝样变，3 头胸腔积脓，肺与胸膜轻度粘连，脾头发紫，心肌松软
3.2	某猪场饲养基础母猪 280 头，仔猪 600 余头，育肥猪 500 余头。12 月中旬小部分 2～4 月龄仔猪出现咳嗽，5 d 后个别猪病情加重，出现死亡。至 1 月 16 日已死亡 6 头。猪场兽医应用青霉素、链霉素及安乃近肌内注射，连用 3 d 不见好转。病情扩散，死亡率升高。该猪群全群接种了猪瘟、猪蓝耳病、猪肺疫疫苗，母猪配种前接种了猪瘟疫苗。病猪体温升高达 40.5～41.5℃，精神委顿、食欲减退，喘气和咳嗽，咳嗽时站立不动，直至将呼吸道分泌物咳出或咽下为止。腹式呼吸，多卧地不起，呈犬卧或犬坐姿势，有的发生间歇性、连续性甚至痉挛性咳嗽。呼吸困难，口鼻流出带血性的泡沫样分泌物。鼻端、耳及上肢末端皮肤发绀。剖检病死猪可见，气管和支气管内充满泡沫样血色黏液性分泌物，肺炎区有紫红色的红色肝变区和灰白色灰色肝变区，切面呈大理石样，间质充满血色胶冻样液体。胸腔有浑浊的血色液体，肋胸和肺炎区表面有纤维素物附着，肺和胸膜粘连。肺脏膨大，有不同程度的水肿和气肿，两肺的心叶、尖叶、中间叶和膈叶的前缘，呈淡红色或灰红色半透明状，界限明显，左右对称，硬度增加，似鲜肌肉样。肺门和纵隔淋巴结肿大、充血、出血
3.3	杨某从外地引进 40 kg 左右育肥猪 160 头，引进一个月来猪群状态良好。11 月 5 日突然发病，病猪精神沉郁、食欲废绝、背毛竖立、畏寒、喜挤一堆。随病情发展，发病数量增多，病猪卧地不起，叫声嘶哑，呼吸困难，鼻腔和口腔流出淡黄色液体，体温升高到 40.5～42℃，耳、四肢、腹部皮下有出血点，眼结膜、口腔鼻腔黏膜发绀，拉干粪球并带黏液。就诊前已经死亡 7 头，现全群猪发病，猪场兽医曾用抗生素、磺胺类药物治疗，无效。共剖检 5 头病死猪，病变基本相似，全身淋巴结肿大呈暗红色、出血。切面呈大理石样花纹。肾肿大呈土黄色，表面有针尖大小出血点。脾脏肿大，边缘有紫黑色坏死带，肠道出血明显，盲肠和结肠有大小不一的纽扣状溃疡。胸腔及心包腔内有淡粉红色液体聚集，肺脏有不同程度干变区，周围伴有水肿、气肿。各级支气管含有多量薄膜状黏液，黏膜发炎。心脏扩张、心肌松弛、心内膜有出血点。膀胱和喉头器官有出血点，关节腔内有黄色积液。咽部肿胀有热感，切开颈部，皮肤可见皮下有胶冻样黄色液体，血管内流出暗红色血液无菌采取病死猪肝脏、淋巴结、脾脏等，触片后进行瑞氏染色，镜检可见两极浓染的球杆菌。病料划线接种血液琼脂平板和麦康凯琼脂平板，37℃恒温培养 24 h，在血液琼脂平板上可见灰白色圆形湿润、露珠状小菌落，菌落周围无溶血环；麦康凯琼脂平板上无细菌生长。无菌采取病死猪脾脏、扁桃体，制成冰冻切片，置纯丙酮液中，固定 15 min，以 0.01 mol/L pH7.2，PSB 液轻轻漂洗 3 次，每一次 5 min，自然干燥后，将猪瘟荧光抗体工作液滴加于载玻片表面，置湿盒内 37℃作用 30 min，取出，上述 PSB 液漂洗 3 次，用 0.5 mol/L，pH9.6 碳酸缓冲甘油封片镜检，在荧光显微镜视野中可见明亮的黄绿色荧光

续表

学习情境 3	以呼吸系统症状为主症的猪病
序号	案例内容
3.4	某养猪户去年 5 月 3 日从外县购进母猪 10 头，今年 6 月 6 日新生的 12 头仔猪出现咳嗽、气喘、打喷嚏。随病程发展，病猪呼吸困难或张口喘气，发出呼噜声（似拉风箱）且呈明显的腹式呼吸，流泪、眼角膜发炎或有脓性分泌物，精神萎靡，头下垂站在墙角或趴在地上。病程 1～3 星期不等，临死前全身发抖，眼角膜发绀。12 头仔猪每分钟呼吸次数都高于正常值，其中每分钟呼吸 100 次以上的有 2 头；体温升高，有 2 头达到 39℃。发病 3 周内死亡 4 头，死亡率高达 33.3%。剖检病死猪 2 头，剖开胸腔后见少量积液呈黄色，两肺显著膨大，重量增加。肺门淋巴结和纵隔淋巴结显著肿大，呈灰白色和浅红色，切面湿润。肺尖叶萎缩、肺病变部呈半透明状像鲜嫩的肌肉样，病情严重的半透明程度降低。气管及支气管黏膜红肿，充满黄色或黄白色脓样液体。肺与心包膜、肋膜等粘连。肝脏表面有红白相间的小点。心脏软，心腔有多量的瘀血。肾脏微肿、灰白。消化道变化不大，粪便干燥呈结节状。血液色泽为淡红色

●●●●● 相关信息单

项目1   以呼吸困难、咳嗽为主症猪病的防治(1)

案例：案例单案例3.1。

任务一   诊断

一、现场诊断

【材料准备】

体温计、解剖器械等。

【工作过程】

1. 检查

检查方法同学习情境1。根据本类疾病的特点，检查过程中，侧重了解猪群的发病时间、发病日龄、发病顺序、发病率、死亡率、死亡的急慢及用药情况。特别注意体温变化，鼻液的数量、性状、有无混杂物及其性质；颜面有无变化，有无咳嗽及咳嗽的性质；呼吸音的强度、性质及病理呼吸音；是否有其他症状等。剖检时针对呼吸道病变进行重点观察。

2. 综合分析

依据发病特点、特征临床症状、主要剖检变化及与类症疾病鉴别，做出现场诊断。诊断结果要做到症状、病变、发病特点相统一。

案例发病特点分析

发病情况及流行病学调查	发病特点	提示疾病
①发病情况：45～55日龄断乳仔猪354头，3月中旬发现个别仔猪发病，进入4月时，病猪迅速增多。发病数量达208头，先后死亡15头； ②主要症状：病猪打喷嚏、咳嗽、呼吸有鼾声，张口喘气，个别猪频频喷嚏，流鼻血； ③用药情况：按一般性感冒治疗无效； ④猪群免疫情况：接种了猪瘟、猪丹毒、猪蓝耳病疫苗； ⑤饲养管理情况：354头猪分别饲养在两栋猪舍，饲养密度较大	①发病率高； ②死亡率不高； ③具有传染性； ④主要表现打喷嚏和咳嗽； ⑤饲养密度大	以呼吸系统症状为主症传染病

案例症状特点分析

临床症状	症状特点	提示疾病
病初打喷嚏、咳嗽、呼吸有鼾声、鼻腔流透明黏性至脓性分泌物；随着病情的发展，病猪鼻子发痒、摇头、不安，用鼻子掘地，或前肢抓鼻孔，或在硬物上摩擦。可以看到猪圈里和墙壁上有血迹。有的病猪视力障碍，眼角流泪，眼眶下形成半月形泪斑。后期，鼻镜周围的皮肤发生皱褶，鼻缩短或偏向一侧。病猪体温正常，生长发育迟缓，甚至停滞	①打喷嚏、咳嗽； ②鼻流黏性或脓性分泌物，夹杂血丝； ③有明显的泪斑； ④鼻子发痒； ⑤鼻子发生歪斜； ⑥体温正常	猪传染性萎缩性鼻炎 猪传染性胸膜肺炎 副猪嗜血杆菌病 肺炎型链球菌病 猪肺疫 猪气喘病 猪繁殖与呼吸障碍综合征 猪流感

案例剖检变化特点分析

剖检变化	主要剖检变化	提示疾病
剖检6头病死猪，外观尸体极度消瘦，皮下血管充血。鼻甲骨萎缩，有4头猪鼻甲骨与鼻中隔失去原形。鼻腔中有不同量的黏液性或脓性液体。其他脏器可见气管黏膜充血并有黏液，肺脏严重充血，其中3头肺有肝样变，3头胸腔积脓，肺与胸膜轻度粘连，脾头发紫，心肌松软	①鼻甲骨萎缩变形； ②鼻腔中有黏液性或脓性液体； ③气管黏膜充血并有黏液； ④肺充血、肝样变； ⑤肺与胸膜粘连	猪传染性萎缩性鼻炎

3. 鉴别诊断　本案例剖检变化特点突出，根据鼻甲骨萎缩变形即可怀疑为猪传染性萎缩性鼻炎；结合临床无体温升高、病猪打喷嚏咳嗽、眼眶下形成半月形泪斑等示病症状，可以在全部的提示疾病中将本病提取出来，做出诊断，但确诊仍有赖于实验室诊断。

鉴别诊断

提示疾病	主要特征
猪传染性胸膜肺炎	①体温升高； ②病变常局限于肺和胸腔，呈特征性纤维素性坏死、纤维素性胸膜肺炎
副猪嗜血杆菌病	①体温升高，张嘴喘气； ②全身淋巴结水肿，切面为灰白色； ③腹膜、胸膜、心包膜有浆液性或化脓性纤维蛋白渗出物； ④典型的"绒毛心"； ⑤有非化脓性关节炎
肺炎型链球菌病	①体温升高； ②心内膜有出血点，心肌呈煮肉样； ③肝、脾、肾脏肿大，充血、出血
猪肺疫	①体温升高； ②皮下组织、黏膜、浆膜及淋巴结有出血点； ③咽喉部及周围组织胶冻样浸润； ④肺切面呈大理石样花纹，伴有心包及胸腹腔积液
气喘病	①无体温升高； ②主要症状是咳嗽、喘气； ③肺部病变对称，呈胰样或肉样病变，病灶周围无结缔组织包裹

续表

提示疾病	主要特征
猪繁殖与呼吸障碍综合征	①体温升高； ②呼吸困难多见于1月龄以内仔猪； ③育肥猪感染呼吸道症状轻微； ④剖检变化主要为间质性肺炎； ⑤妊娠母猪出现流产、产死胎、木乃伊胎
猪流感	①传播快； ②体温升高； ③病猪流鼻涕； ④抗菌药治疗无效

二、实验室诊断

【材料准备】

器材：显微镜、恒温培养箱、钢锯、外科刀、外科剪、无菌试管、无菌棉拭子、载玻片、接种环、酒精灯、擦镜纸、吸水纸等。

药品：革兰氏染色液、马丁琼脂平板、麦康凯琼脂平板、三糖铁琼脂斜面、生化试验培养基、香柏油、二甲苯等。

【工作过程】

1. 病理解剖学检查

将可疑病猪屠宰，在第一、二对臼齿之间与上颌垂直方向将鼻腔锯开，观察鼻甲骨的形状和鼻中隔变化。正常鼻甲骨左右对称、上下各有两个鼻甲骨，其中上鼻甲骨是一个完整的卷曲，下鼻甲骨为半个卷曲似鱼钩样，且鼻甲骨与鼻中隔之间间隙不大，见图3-1。如发现鼻甲骨萎缩或消失，见图3-2、图3-3，鼻中隔弯曲，见图3-4，即可确诊。

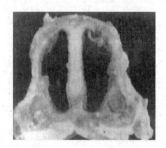

图3-1　正常鼻甲骨横切面　图3-2　右侧鼻甲骨上下卷曲轻度萎缩　图3-3　鼻甲骨消失

2. 细菌学检查

（1）采样

按图3-5所示的方法，先保定好动物，清洗鼻的外部，用无菌棉拭子（长约30 cm）插入患猪鼻腔较深部位轻轻转动，将沾有分泌物的棉拭子取出后，立即放入装有无菌PBS液的小试管内，尽快进行培养。

（2）分离培养

取病料分别接种改良麦康凯琼脂平板和马丁琼脂平板，观察细菌的生长情况及菌落特征。钩取可疑菌落进行镜检及纯培养，对纯培养物进行生化试验鉴定。

支气管败血波氏杆菌为革兰氏染色阴性球状杆菌，两极着色；在改良麦康凯琼脂平板上形成直径 1～2 mm，光滑、圆形、隆起、透明，略呈茶色菌落；较大的菌落，其中心较厚且凹陷，有的菌落在凹陷处有皱褶呈茶褐色，对光观察呈浅蓝色。

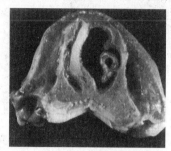

图 3-4　鼻中隔弯曲，鼻甲骨萎缩
左侧鼻腔闭塞，右侧扩张

图 3-5　鼻拭子采样方法

多杀性巴氏杆菌为革兰氏阴性球杆菌，经美蓝或瑞氏染色呈明显两极着色；在马丁琼脂平板上形成直径 1～2 mm，圆整、光滑、隆起、透明的小菌落单个或呈黏液状融合成菌苔。

（3）生化试验

结果见表 3-1、表 3-2。

表 3-1　支气管败血波氏杆菌生化试验结果

细菌	糖发酵试验	明胶试验	紫乳作用	分解蛋白胨	尿素酶试验	硝酸盐试验	吲哚试验	MR试验	VP试验	枸橼酸盐	H_2S试验
支气管败血波氏杆菌	−	不液化	产碱	产碱	＋	＋	−	−	−	＋	−/＋

注："＋"表示阳性；"−"表示阴性；"−/＋"表示大多数菌株阴/少数弱阳性。

表 3-2　巴氏杆菌生化试验结果

细菌	葡萄糖	甘露糖	蔗糖	单奶糖	鼠李糖	杨苷	吲哚试验	MR试验	紫乳作用	尿酶试验	H_2S试验
多杀性巴氏杆菌	＋	＋	＋	＋	−	−	＋	−	−	−	＋

注："＋"糖发酵试验中表示产酸不产气、其他试验中表示阳性；"−"表示阴性。

如以上各项检测结果均符合支气管败血波氏杆菌和多杀性巴氏杆菌指征，则确诊为猪传染性萎缩性鼻炎。

【思考问题】

目前在规模化猪场，疾病多且复杂，特别是呼吸道疾病十分突出，并发或继发感染的存在使疾病变得更加复杂。在实验室检查中，在进行相应病原体的针对性检验的同时，应多加考虑合并或继发感染病原体的检验。

任务二　治疗

【材料准备】

器材：恒温培养箱、镊子、接种环、酒精灯、记号笔、注射器、针头等。

药品：血清琼脂平板、血清肉汤培养基、抗生素药敏试纸片及相应抗生素等。

【工作过程】

1. 利用细菌的药物敏感性试验选择敏感药物

(1)含药纸片的准备

针对多杀性巴氏杆菌、支气管败血波氏杆菌，选购相应商业成品抗生素药敏试纸片。

(2)检验

钩取分离菌纯培养菌落4~5个，接种于血清肉汤培养基中，37 ℃培养4~6 h。用无菌棉拭子蘸取该肉汤培养液，在血清琼脂培养基表面均匀涂抹，接种1~2个血清琼脂平板。用灭菌镊子夹取抗生素药敏试纸片，按标记位置轻贴在已接种细菌的琼脂培养基表面，一次放好，不得移动。37 ℃恒温培养16~18 h，观察、记录并分析结果。根据抑菌环直径的大小判定各种药物的敏感度，见表3-3。

表 3-3　细菌对不同抗菌药物敏感度标准

抗菌药物	每片含药量(μL)	抑菌环直径(mm)		
		不敏感	中度敏感	高度敏感
青霉素	10	≤11	12~21	≥22
链霉素	10	≤11	12~14	≥15
新霉素	30	≤12	13~16	≥17
卡那霉素	30	≤13	14~17	≥18
庆大霉素	10	≤12	13~14	≥15
磺胺嘧啶	250	≤12	13~16	≥17
环丙沙星	5	≤15	16~20	≥21
诺氟沙星	10	≤12	13~16	≥17

对于复方药物可通过比较各药抑菌环直径的大小，在试验用药中选出最敏感的药物。

2. 制定治疗方案

以学习小组为单位，根据药敏试验结果，讨论制定治疗方案。

3. 参考治疗方案

(1)病猪用地塞米松或肾上腺素喷鼻，同时肌内注射敏感药物。

(2)0.1%高锰酸钾鼻内喷雾或滴鼻，特别是有流鼻血症状的病猪。

(3)全群猪用替米考星、磺胺甲氧嗪、K_3粉拌料，连用7 d。

任务三　防治

各学习小组讨论制定猪传染性萎缩性鼻炎的防治方案，实施防治措施。

项目2　以呼吸困难、咳嗽为主症猪病的防治(2)

案例：案例单案例3.2。

任务一　诊断

一、现场诊断

【材料准备】

体温计、解剖器械等。

【工作过程】

1. 检查

检查方法同前。根据病猪主要表现喘气、咳嗽及呼吸困难，检查时需特别注意体温变化，鼻液的数量、性状、有无混杂物及其性质；咳嗽的性质；呼吸音的强度、性质及病理呼吸音；是否有其他症状等。剖检时针对呼吸道病变进行重点观察。

2. 综合分析

依据发病特点、特征临床症状、主要剖检变化及与类症疾病鉴别，做出现场诊断。诊断结果要做到症状、病变、发病特点相统一。

案例发病特点分析

发病情况及流行病学调查	发病特点	提示疾病
①发病情况：猪场饲养基础母猪 280 头，仔猪 600 余头，育肥猪 500 余头。12 月中旬小部分 2～4 月龄仔猪出现咳嗽，5 d 后个别猪病情加重，出现死亡。至 1 月 16 日已死亡 6 头。病情扩散，死亡率升高； ②主要症状：病猪喘气和咳嗽，呼吸困难，多卧地不起，呈犬坐姿势； ③用药情况：肌内注射安乃近、青霉素、链霉素，连用 3 d，不见好转； ④猪群免疫情况：全群猪接种了猪瘟、蓝耳病、猪肺疫疫苗，母猪配种前接种了猪瘟疫苗	①发病率不高； ②死亡率不高； ③具有传染性； ④主要表现咳嗽和呼吸困难； ⑤病程较长	以呼吸系统症状为主症传染病

案例症状特点分析

临床症状	症状特点	提示疾病
病猪体温升高至 40.5～41.5 ℃，精神委顿、食欲减退，喘气和咳嗽，咳嗽时站立不动，直至将呼吸道分泌物咳出或咽下为止。腹式呼吸，多卧地不起，呈犬卧或犬坐姿势，有的发生间歇性、连续性甚至痉挛性咳嗽。呼吸困难，口鼻流出带血性的泡沫样分泌物。鼻端、耳及上肢末端皮肤发绀	①体温升高； ②喘气、咳嗽、呼吸困难； ③呈犬坐姿势； ④口鼻流出带血性的泡沫样分泌物	猪肺疫 猪传染性胸膜肺炎 肺炎型链球菌病 副猪嗜血杆菌病 猪气喘病 猪繁殖与呼吸障碍综合征 猪流感 猪蛔虫病 猪肺丝虫病

案例剖检变化特点分析

剖检变化	剖检变化特点	提示疾病
患猪流血色鼻液，气管和支气管内充满泡沫样血色黏液性分泌物。肺炎区有紫红色的红色肝变区和灰白色灰色肝变区，切面呈大理石样，间质充满血色胶冻样液体。胸腔有混浊的血色液体，肋膜和肺炎区表面有纤维素物附着，肺和胸膜粘连。肺脏膨大，有不同程度的水肿和气肿，两肺的心叶、尖叶、中间叶和膈叶的前缘，呈淡红色或灰红色半透明状，界限明显，左右对称，硬度增加，似鲜肌肉样。肺门和纵隔淋巴结肿大、充血、出血	①纤维素性胸膜肺炎； ②肺的心叶、尖叶、中间叶和膈叶的前缘，呈肉样变； ③肺与胸膜粘连，胸腔有大量血色液体	猪肺疫 猪传染性胸膜肺炎 肺炎型链球菌病 副猪嗜血杆菌病 猪气喘病

鉴别诊断

提示疾病	与案例不同点	初步诊断
气喘病 猪传染性胸膜肺炎	混合感染，符合案例的特点	气喘病与猪传染性胸膜肺炎混合感染（不完全排除猪肺疫）
猪肺疫	①潜伏期短，病程短； ②颈部水肿； ③咽喉部及周围结缔组织出血性、浆液性浸润； ④有败血症变化	
肺炎型链球菌病	①皮肤上有出血点； ②肝、脾、肾脏肿大，充血、出血； ③心内膜有出血点，心肌呈煮肉样	
副猪嗜血杆菌病	①全身淋巴结水肿，切面为灰白色； ②腹膜、胸膜、心包膜有浆液性或化脓性纤维蛋白渗出物； ③典型的"绒毛心"； ④呈非化脓性关节炎	
猪蛔虫病	①咳嗽数天内消失； ②无气喘症状； ③无纤维素性胸膜肺炎及肺脏肉样变	
猪肺丝虫病	剖检可在支气管内及膈叶病变部检到肺丝虫虫体	

3. 诊断结果

　　根据剖检所见特征性病理变化：两肺尖叶和心叶有对称性的肉样变，诊断为猪气喘病；根据病猪体温升高及纤维素性胸膜肺炎的病理变化，怀疑有猪传染性胸膜肺炎或猪肺疫合并感染。因无猪肺疫的特征病变，即颈部肿胀、咽喉部及周围结缔组织出血性浆液性浸润，故初步诊断为猪气喘病与传染性胸膜肺炎混合感染，但不完全排除猪肺疫，确诊有赖于实验室诊断。

二、实验室诊断

【材料准备】

器材：显微镜、恒温培养箱、二氧化碳培养箱、载玻片、接种环、酒精灯、擦镜纸、吸水纸等。

药品：革兰氏染色液、姬姆萨染色液、美蓝染色液、马丁氏肉汤、5%犊牛或绵羊血液琼脂平板、巧克力琼脂斜面、生化试验培养基及相关试剂、香柏油、二甲苯等。

菌种：葡萄球菌固体培养物。

【工作过程】

1. 采集病料

无菌采取支气管、鼻腔分泌物或肺脏病变部组织。

2. 镜检

病料涂片，分为两组，分别进行革兰氏染色和美蓝染色，镜检。胸膜肺炎放线杆菌及多杀性巴氏杆菌均为两极着色的球杆菌，革兰氏阴性。

3. 分离培养

将病料接种到5%犊牛或绵羊血液琼脂平板上，一组单纯划线接种，37 ℃培养24 h；另一组与葡萄球菌保姆株交叉划线接种，在10% CO_2条件下37 ℃培养24 h。

（1）如在单独划线接种的培养基上无明显菌落生长，在与葡萄球菌保姆株交叉划线的培养基上，在保姆株周围形成有β溶血的小菌落，远部菌落稀少或不生长，则挑取可疑菌落接种巧克力琼脂进行纯培养，并对纯培养物进行镜检及生化试验鉴定，符合以下条件则确检为胸膜肺炎放线杆菌。有条件可直接用纯培养物进行因子血清凝集实验。

①镜检　呈革兰氏阴性的小球杆菌。

②生化试验　结果见表3-4。

表 3-4　胸膜肺炎放线杆菌生化特性

细菌	葡萄糖	麦芽糖	蔗糖	果糖	触酶试验	尿素酶试验	靛基质试验	MR试验	VP试验	H_2S试验	CAMP试验
胸膜肺炎放线杆菌	＋	＋	＋	＋	＋	＋	－	－	－	＋	＋

注："＋"糖发酵试验中表示产酸不产气、其他试验中表示阳性；"－"表示阴性。

③因子血清凝集试验　取纯培养物，与胸膜肺炎放线杆菌1～12型因子血清做玻片凝集试验。我国以血清7型为主，2、3、4、5、8型也存在。

（2）如在两组培养基上均形成淡灰色、圆形、湿润、露珠样不溶血的小菌落，且无依赖葡萄球菌生长的趋势，则挑取可疑菌落进行纯培养，并对纯培养物进行下列鉴定，符合以下条件则确检为多杀性巴氏杆菌。

①形态　美蓝染色或瑞氏染色呈两极着色的球杆菌。革兰氏阴性。

②培养特性　巴氏杆菌在血液琼脂平板上形成淡灰色、圆形、湿润、露珠样小菌落，不溶血；在麦康凯琼脂平板上不生长。在血清琼脂平板上形成菌落经45°角折光观察可见荧光。菌落较小，中央呈蓝绿色荧光，边缘有红黄光带的为对 Fg 型，对猪强毒力；菌落较大，中央呈橘红色荧光，边缘有乳白色光带的为 Fo 型，对猪毒力弱。

③生化特性　结果见表 3-5。

表 3-5　多杀性巴氏杆菌生化试验结果

细菌	葡萄糖	乳糖	麦芽糖	甘露醇	蔗糖	单奶糖	鼠李糖	吲哚试验	H_2S 试验	紫乳作用	动力
巴氏杆菌	＋	－	－	＋	＋	＋	－	＋	＋	－	－

注："＋"糖发酵试验中表示产酸不产气、其他试验中表示阳性；"－"表示阴性。

任务二　治疗

1. 制定治疗方案

以学习小组为单位讨论制定本病治疗方案。

2. 参考治疗方案

(1)对典型的猪气喘病病例

①氟苯尼考加阿奇霉素配合地塞米松，肌内注射，1 次/天，连用 5 d。

②长效土霉素加氟苯尼考，肌内注射，1 次/天，连用 3 d。

(2)对猪气喘病继发猪肺疫病例

①盐酸环丙沙星配合头孢噻呋钠，肌内注射，1 次/天，连用 5 d。

②克林霉素配合氟苯尼考，肌内注射，1 次/天，连用 5 d。

(3)对猪气喘病继发猪传染性胸膜肺炎病例

①氟苯尼考配合头孢噻呋钠，肌内注射，1 次/天，连用 5 d。

②林可霉素和壮观霉素复方制剂配合氟苯尼考，肌内注射，1 次/天，连用 5 d。

(4)对全群猪用替米考星、强力霉素加倍量拌料；饮水中加入电解多维、复合维生素。同时圈舍注意通风换气。

【必备知识】

一、常见以呼吸系统症状为主症的猪病

病　型		疾病	病原体
以呼吸系统症状为主症	细菌性传染病	猪肺疫	多杀性巴氏杆菌
		猪传染性胸膜肺炎	胸膜肺炎放线杆菌
		副猪嗜血杆菌病	副猪嗜血杆菌
		猪传染性萎缩性鼻炎	支气管败血波氏杆菌(Bb)、产毒素多杀性巴氏杆菌(Pm)
		猪支原体肺炎	猪肺炎支原体
		猪克雷伯氏菌病	克雷伯氏菌

续表

病　型	疾　病	病原体
病毒性传染病	猪繁殖与呼吸障碍综合征	繁殖与呼吸障碍综合征病毒
	猪圆环病毒Ⅱ型感染	猪圆环病毒Ⅱ型
	猪流感	流感病毒
	猪巨细胞病毒感染	猪巨细胞病毒
	猪呼吸道综合征	多因子
寄生虫病	猪弓形体病	弓形虫
	蛔虫性肺炎	猪蛔虫
	猪后圆线虫病	猪后圆线虫
普通病	感冒	
	支气管肺炎	
	大叶性肺炎	

以呼吸系统症状为主症

1. 猪肺疫

猪肺疫是由多杀性巴氏杆菌引起的急性传染病。俗称"锁喉风"或"肿脖子瘟"。急性病例呈出血性败血症、咽喉炎和肺炎症状，慢性病例主要呈慢性肺炎症状。

【流行特点】　本病多发于 3～10 周龄的仔猪，成年猪少见。多为散发，有时呈地方流行性。一般无明显季节性，但恶劣的天气、饲养管理不良及其他各种因素引起猪只抵抗力下降均可促进本病的发生。常继发于猪瘟、伪狂犬病、气喘病、猪传染性胸膜肺炎等疾病。

【临床症状】　潜伏期 1～5 d，一般为 2 d 左右。

最急性型　无任何症状，突然发病，迅速死亡。病程稍长者表现体温升高到 41～42 ℃，食欲废绝，呼吸困难，可视黏膜发绀，皮肤出现紫红斑。咽喉部和颈部发热、红肿、坚硬，严重者延至耳根、胸前。病猪呼吸极度困难，常呈犬坐姿势，伸长头颈，有时可发出喘鸣声，口鼻流出白色泡沫，有时带有血色。一旦出现严重的呼吸困难，病情往往迅速恶化，很快死亡。病程 1～2 d，死亡率常高达 100%，自然康复者少见。

急性型　最常见。体温升高至 40～41 ℃，初期为痉挛性干咳，呼吸困难，口鼻流出白沫，有时混有血液，后变为湿咳。随病程发展，呼吸更加困难，呈犬坐姿势，胸部触诊有痛感。精神不振，食欲不振或废绝，皮肤出现紫红斑，后期衰弱无力，卧地不起，多因窒息死亡。病程 5～8 d，不死者转为慢性。

慢性型　主要表现为肺炎和慢性胃肠炎。时有持续性咳嗽和呼吸困难，有少许浆液性或脓性鼻液。关节肿胀，常有腹泻，食欲不振，营养不良，有痂样湿疹，发育停止，极度消瘦，病程 2 周以上，多数发生死亡。

【病理变化】

最急性型　全身黏膜、浆膜和皮下组织有出血点，尤以喉头及其周围组织的出血性水肿为特征。切开颈部皮肤，有大量胶冻样淡黄或灰青色纤维素性浆液。全身淋巴结肿胀、出血。心外膜及心包膜上有出血点。肺急性水肿。脾有出血但不肿大。皮肤有出血斑。胃肠黏膜出血性炎症。

急性型 除具有最急性型的病变外，其特征性的病变是纤维素性肺炎。主要表现为气管、支气管内有多量泡沫黏液。肺有不同程度肝变区，伴有气肿和水肿。病程长的肺肝变区内常有坏死灶，肺小叶间浆液性浸润，肺切面呈大理石样外观，胸膜有纤维素性附着物，胸膜与病肺粘连。胸腔及心包积液。

慢性型 身体极度消瘦、贫血。肺脏有肝变区，并有黄色或灰色坏死灶，外面有结缔组织，内含干酪样物质；有的形成空洞，与支气管相通。心包与胸腔积液，胸腔有纤维素性沉着，肋膜肥厚，常常与病肺粘连。有时在肋间肌、支气管周围淋巴结、纵隔淋巴结及扁桃体、关节和皮下组织见有坏死灶。

【诊断】 本病最急性型常无症状突然死亡，而慢性型症状、病变都不典型，且常与其他疾病混合感染，故依靠流行病学、临床症状、病理变化可怀疑本病，确诊依赖实验室诊断。

（1）方法 采取心血、颈部水肿液、肝、脾、淋巴结等，涂片或触片，经碱性美蓝或瑞氏染色后镜检，发现两极着色的球杆菌，结合临床症状和病史，可做出诊断。进一步检查可进行病原菌的分离培养及生化试验，必要时可进行动物试验。

（2）结果 巴氏杆菌在血液琼脂平板上形成淡灰色、圆形、湿润、露珠样小菌落，不溶血；在麦康凯琼脂平板上不生长。在血清琼脂平板上形成菌落经 45°角折光观察可见荧光。菌落较小，中央呈蓝绿色荧光，边缘有红黄光带的为对猪毒力强的 Fg 型；菌落较大，中央呈橘红色荧光，边缘有乳白色光带的为对猪毒力较弱的 Fo 型。

生化实验结果见表 3-5。

【治疗】 发现病猪及可疑病猪立即隔离治疗。

（1）抗生素治疗

可选择青霉素、链霉素、庆大霉素、四环素、氨苄青霉素、强力霉素、盐酸土霉素或磺胺类药物等进行治疗。巴氏杆菌易产生耐药性，如用药后无明显疗效，应立即换药。有条件的可通过药敏试验选择敏感药物进行治疗。

庆大霉素 1～2 mg/kg 体重，氨苄青霉素 4～11 mg/kg 体重，四环素 7～15 mg/kg 体重，均为 2 次/天肌内注射，直到体温下降，食欲恢复为止。

（2）高免血清治疗

病畜发病初期应用，效果良好。如将抗生素和高免血清联合应用，则疗效更佳。

【防治】

（1）增强猪体抵抗力，加强饲养管理，做好兽医防疫卫生工作，消除发病诱因。

（2）免疫接种。每年春秋两季定期进行免疫接种。我国目前使用的疫苗有：猪肺疫氢氧化铝菌苗，断奶后的猪，不论大小一律皮下或肌内注射 5 mL，注射后 14 d 产生免疫力，免疫期 6 个月。猪、牛多杀性巴氏杆菌病灭活疫苗，猪皮下或肌内注射 2 mL，注后 14 d产生免疫力，免疫期 6 个月。此外，国内还有用多杀性巴氏杆菌 679～230 弱毒株或 C20弱毒株制成的口服猪肺疫弱毒冻干菌苗，E0630 弱毒株、TA53 弱毒株和 CA 弱毒株制成的 3 种活疫苗，供肌内或皮下注射。

（3）发病时，立即将病猪和可疑感染猪隔离治疗。对假定健康猪进行紧急免疫接种，或应用药物及高免血清预防，待疫情稳定后，再用弱毒苗免疫 1 次。对污染环境及饲养管理用具等进行彻底消毒。病死猪尸体深埋或焚烧，粪便及废弃物堆积发酵。

2. 猪传染性胸膜肺炎

猪传染性胸膜肺炎是由胸膜肺炎放线杆菌引起猪的一种高度接触传染性呼吸道疾病。以急性出血性纤维素性胸膜肺炎和慢性纤维素性坏死性胸膜肺炎为特征。

【流行特点】　各种年龄、性别的猪均易感，但以 6 周龄至 6 月龄的猪多发，3 月龄猪最易感。多呈最急性型或急性型病程，突然死亡，传播迅速。发病率和死亡率通常在 50% 以上，最急性型的死亡率可高达 80%～100%。常发生于 4 月、5 月、9 月、10 月和 11 月。饲养环境突然改变、猪群的转移或混群、拥挤或长途运输、气候骤变等应激因素可使发病率和死亡率增加。

【临床症状】　潜伏期自然感染 1～2 d。

最急性型　多见于断乳仔猪。猪群中 1 头或几头仔猪突然发病，体温升高至 41.5 ℃ 以上，精神沉郁，拒食，有时出现短期的下痢和呕吐。呼吸高度困难，张口呼吸，湿咳，呈犬坐姿势，从口鼻流出泡沫样带血色的分泌物，心跳加快，并逐渐出现循环和呼吸衰竭，口、鼻、耳、四肢皮肤发绀，多于 24～36 h 死亡。个别猪无临床症状突然死亡。

急性型　多数猪同时发病。体温升高达 40.5～41.5 ℃，咳嗽，呼吸困难，呈犬坐姿势或卧地不起。鼻、耳、腿部及全身皮肤瘀血呈暗红色，常出现心脏衰竭，如果不及时治疗常因窒息死亡。病程 2～4 d，耐过者可逐渐康复，或转为亚急性或慢性。

亚急性和慢性型　多数由急性型转化而来。病猪食欲不振，体温正常或稍有升高，间歇性咳嗽，生长迟缓，消瘦。病程为 15～20 d。常因猪肺炎支原体、巴氏杆菌等其他微生物继发感染而使呼吸障碍表现明显。

【病理变化】

最急性型　胸腔和心包腔充满浆液性或血色渗出物，气管和支气管内充满红色泡沫状液体，气管黏膜水肿、出血。肺炎多为两侧性，常发生在心叶、尖叶及膈叶的一部分。肺充血、出血、水肿，间质充满血色胶样液体，病变部位与正常组织界限明显。后期肺脏坏死，颜色变暗，质地坚实，切面易碎。无纤维素性胸膜炎病变。

急性型　主要病变是纤维素性出血性及纤维素性坏死性支气管肺炎。病变区有纤维素渗出、坏死和不规则出血，肺间质增宽。纤维素性胸膜肺炎蔓延整个肺脏，肺和胸膜粘连。肺有小豆大至鸡蛋大的坏死灶和脓肿。心外膜粗糙，有红色颗粒状肉芽。肝脾肿大，色暗，有的腹腔出现大量纤维素性渗出物。

亚急性和慢性型　可见肺炎区硬实，表面有结缔组织化的粘连附着物，坏死性病灶与胸膜或心包粘连。

【诊断】　根据流行特点、临床症状及剖检变化可初步诊断，确诊需进行实验室诊断。

(1)病原学诊断

采取支气管、鼻腔分泌物或肺脏病变部组织，接种到 5% 犊牛或绵羊血液琼脂平板上，与葡萄球菌保姆株交叉划线接种，37 ℃ 培养 24 h，在保姆株周围形成有 β 溶血小菌落。挑取可疑菌落接种巧克力或 PPLO 琼脂进行纯培养，对纯培养物进行下列鉴定。有条件的可进行因子血清凝集试验。

①镜检　呈两极浓染的革兰氏阴性的小球杆菌或纤细杆菌。

②生化试验结果见表 3-6。

表 3-6　胸膜肺炎放线杆菌生化试验结果

细菌	尿素酶	过氧化氢酶	棉子糖	葡萄糖	阿拉伯糖	木糖	生长需要 NAD	甘露醇	麦芽糖	蔗糖	果糖
胸膜肺炎放线杆菌	+	+	−	+	−	+	+	+	+	+	+

注："＋"糖发酵试验中表示产酸不产气、其他试验中表示阳性；"－"表示阴性。

③因子血清凝集试验　取纯培养物，与胸膜肺炎放线杆菌 1～12 型因子血清做玻片凝集试验。我国以血清 7 型为主，2、3、4、5、8 型也存在。

（2）血清学诊断

可应用琼脂扩散试验、补体结合试验、间接血凝试验、ELISA 等。

【治疗】　早期应用抗生素治疗可减少死亡。目前首选氟苯尼考，此外，青霉素、氨苄青霉素、新霉素、四环素、泰妙菌素、泰乐菌素、磺胺类药物等也有明显疗效，但本菌易产生耐药性，最好通过药敏试验，选择敏感药物进行治疗。采用注射方式大量并重复给药。

发病猪群在饲料中拌支原净、强力霉素、氟甲砜霉素或北里霉素，连续用药 5～7 d，可防止新病例的出现。

【防治】

（1）加强饲养管理，严格卫生消毒措施，注意通风换气，保持舍内空气清新，减少各种应激因素的影响，保持猪群足够均衡的营养水平。

（2）加强猪场的生物安全措施。必须在引入种猪时需经隔离饲养并进行血清学检查，阴性猪方可入场。采用"全进全出"的饲养方式，出猪后栏舍彻底清洁消毒，空栏 1 周才可重新使用。

（3）对已污染本病的猪场应定期进行血清学检查，清除血清学阳性带菌猪，并制定药物预防计划，逐步建立健康猪群。在混群、疫苗注射或长途运输前 1～2 d，投喂敏感的抗菌药物，可控制猪群发病。

（4）做好免疫接种。由于胸膜肺炎放线杆菌各血清型间交互免疫性不强，对于没有确定血清型的猪场或发病地区，对母猪和 2～3 月龄仔猪接种需选用多价灭活苗。仔猪一般在 5～8 周龄时首免，2～3 周后二免；母猪在产前 4 周进行免疫接种。应用包括国内主要流行菌株和本场分离株制成的灭活疫苗，免疫效果更好。

3. 副猪嗜血杆菌病

副猪嗜血杆菌病又称格拉瑟氏病，是由副猪嗜血杆菌引起猪的一种多发性浆膜炎和关节炎。以胸膜炎、肺炎、心包炎、腹膜炎、关节炎和脑膜炎为特征。

【流行特点】　本病只感染猪，从 2 周龄仔猪至 4 月龄以内的保育猪、生长育肥猪均可发病，以 5～8 周龄的保育猪多见，尤其是断奶后 10 d 左右的仔猪。发病率在 10％～25％，严重的可达 60％，病死率高者可达 50％。当猪群反复遭受各种不良应激如寒冷、转群、换料、长途运输等刺激时，往往危害严重。

【临床症状】　主要临床特征是咳嗽、呼吸困难、关节肿胀、跛行、被毛粗乱。

急性型　常首先发生于膘情良好的猪。体温升高达 40～42.5 ℃，食欲减退，反应迟钝，咳嗽，呼吸困难，腹式呼吸，气喘。耳尖发绀，大部分病猪耳朵、腹部及四肢末端皮肤发绀，指压不褪色。鼻孔流出浆液性分泌物。关节尤其是跗关节和腕关节肿胀，疼痛，尖叫。患猪跛行，步态不稳，甚至瘫痪。有的惊厥，麻痹，肌肉颤抖，共济失调，2~3 d 死亡。

慢性型 主要表现食欲下降，发热，呼吸浅表，呈犬坐姿势，四肢末端和耳尖皮肤发绀。耐过猪被毛粗乱，咳嗽，气喘，跛行，最终多因衰竭而死亡。

母猪可发生流产，公猪有跛行。

【病理变化】 主要是腹膜、胸膜、心包膜、脑膜和关节滑膜（腕关节和跗关节）出现浆液性、化脓性、纤维蛋白渗出。胸腔大量积水，心包积液，心包膜粗糙增厚，心脏包裹一层厚厚的绒毛样被膜，与胸腔壁粘连。肺间质水肿、粘连。腹腔积满淡红色混浊腹水，有豆腐渣样淡黄白色的纤维素性渗出物附着于肠黏膜和肝脾表面，腹膜与腹腔脏器粘连。脾脏肿大，边缘呈锯齿状。关节腔滑液增多，有的呈胶冻状，内含纤维蛋白絮状物。全身淋巴结肿大，尤其腹股沟淋巴结，切面颜色一致为灰白色。

显微镜下观察渗出物，可见纤维蛋白、嗜中性粒细胞和少量的巨噬细胞。

【诊断】 结合流行特点、临床症状及剖检变化可初步诊断，确诊需进行实验室诊断。

（1）病原学诊断

①方法 对处于急性期的猪，在应用抗菌药物之前，采集其全身受损浆膜面上的炎性物质如脑脊髓液、心包液、心血等，涂片，经革兰氏染色后镜检，可见到革兰氏阴性、单在、球杆状或丝状多形性的菌体。进一步检查则将病料接种到适宜的培养基上，分离培养病原菌，获得纯培养后进行生化试验鉴定。

②结果 副猪嗜血杆菌在含有 NAD 或 V 因子的培养基上，经 37 ℃ 恒温培养 24~48 h，形成小而透明的菌落，在鲜血琼脂培养基上无溶血环。生化试验结果见表 3-7。

表 3-7 副猪嗜血杆菌生化试验结果

细菌	葡萄糖	蔗糖	果糖	半乳糖	D−甘露醇	接触酶	生长需要 NAD	H_2S	麦芽糖	D−山梨醇	氧化酶
副猪嗜血杆菌	＋	＋	＋	＋	−	＋	＋	−	−	−	−

注："＋"表示阳性；"−"表示阴性。

（2）血清学诊断

可用补体结合试验、间接血凝试验、酶联免疫吸附试验等。

【治疗】 猪场一旦得到正确诊断或猪群出现明显症状时，必须投入足够剂量的抗生素进行治疗。阿莫西林、氟喹诺酮类、头孢菌素、四环素、庆大霉素和磺胺类药物均有效。有条件的猪场应结合药敏试验结果，选择最敏感的药物治疗。对重症病猪采用口服之外的方式大剂量给药，并对整个猪群采用抗生素拌料进行预防。

【防治】

（1）加强饲养管理，消除各种应激因素，减少猪群流动，实施"全进全出"的生产模式，避免不同年龄的猪只混养。猪舍进行严格有效的清洁和消毒，空置一周时间再转入新的猪群。降低饲养密度，加强猪舍通风对流，提高舍内空气质量。冬天注意防寒保暖，夏天做好防暑工作。

（2）免疫接种。目前可选用副猪嗜血杆菌多价灭活菌苗。种公猪每半年免疫1次，每次每头肌内注射3 mL；母猪临产前6～7周首免，2周后二免，以后每胎次产仔前4～5周免疫1次，每次每头肌内注射3 mL；仔猪在7日龄首免，每头肌内注射1 mL，17～18日龄二免，每头肌内注射2 mL。

由于副猪嗜血杆菌的血清型较多，同一猪群甚至同一猪体内可能存在不同的血清型，该菌不同血清型甚至同一血清型的不同亚型间无交互免疫性，因此应用以上疫苗，不同猪场的保护率不同。

（3）药物预防。在应用疫苗的基础上，选用前述药物，对感染猪群进行全群抗菌药物治疗及预防。

（4）有效控制其他疾病。副猪嗜血杆菌是一种条件性病原菌，常与其他疾病混合感染，如慢性猪瘟、圆环病毒病、伪狂犬病、气喘病、传染性胸膜肺炎、繁殖与呼吸障碍综合征等。按照科学的免疫程序做好这些疫病的免疫接种，使猪群处于有效的免疫状态，对防控副猪嗜血杆菌病具有重大意义。

4. 猪传染性萎缩性鼻炎

猪传染性萎缩性鼻炎是由支气管败血波氏杆菌（Bb）和产毒素多杀性巴氏杆菌（Pm）联合感染引起猪的一种慢性呼吸道传染病。特征是鼻甲骨（尤以下卷曲部分）发生萎缩，表现慢性鼻炎和颜面部变形。

【流行特点】 各年龄猪均可感染，以仔猪的易感性最强，发病率一般随年龄的增长而下降。1周龄以内仔猪感染可引起原发性肺炎，并可导致全窝仔猪死亡；5周龄内的仔猪感染多发生鼻炎，并引起鼻甲骨萎缩；断奶后感染则只表现鼻炎。带菌母猪通过接触，经呼吸道感染仔猪。本病在猪群中传播比较缓慢，多为散发或地方流行性。饲养管理不良可促进本病的发生。

【临床症状】 本病早期临诊症状，多见于6～8周龄仔猪。初期打喷嚏和吸气困难，流出浆液性、黏液性或脓性鼻汁，有的鼻孔流血，鼻黏膜潮红充血。病猪不安，在采食时，常用力摇头，以甩掉鼻腔分泌物，有时以鼻端拱地，或在饲槽、墙角等硬物上摩擦鼻部。在出现鼻炎症状的同时，眼结膜常发炎，从眼角不断流泪，常在眼眶下部形成半月形的泪痕湿润区，被尘土沾污后黏结形成黑色痕迹，称为"泪斑"（见图3-6），是特征性的症状。

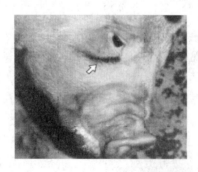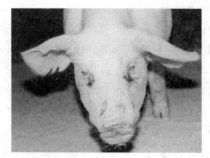

图3-6　眼角黑色泪斑

有些病例，在鼻炎症状发生后几周，症状消失，并不出现鼻甲骨萎缩。大多数病猪，进一步发展引起鼻甲骨萎缩及颜面部变形。如为两侧同时萎缩，则鼻腔长度减小形成短鼻猪，或鼻向上翘；如一侧损害严重，则鼻端常弯向严重一侧形成歪鼻猪(见图3-7)，以至上下颌咬合不全。由于鼻甲骨萎缩，额窦不能正常发育，使两眼间宽度变小和头部轮廓发生变形。病猪鼻背皮肤粗厚，体温一般正常，生长发育停滞，多数成为僵猪，严重的影响育肥和繁殖。

有些病猪由于某些继发细菌通过损伤的筛骨板侵入脑部而引起脑炎，发生鼻甲骨萎缩的猪群往往同时发生肺炎；并出现相应的症状。

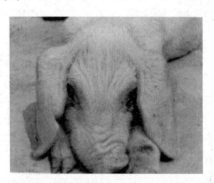

图3-7　鼻部向一侧歪曲及颜面部变形

【病理变化】　病变多局限于鼻腔和邻近组织。病的早期可见鼻黏膜及额窦充血和水肿，有多量黏液性、脓性、干酪性渗出物蓄积。随病情发展，鼻软骨和鼻甲骨发生软化和萎缩。大多数病例，最常见的是下鼻甲骨的下卷曲受损害，在两侧第一和第二对前臼齿间的连线上将鼻腔横断锯开，可见鼻甲骨上下卷曲及鼻中隔失去原有的形状，弯曲或萎缩。鼻甲骨严重萎缩时，使腔隙增大，上下鼻道的界限消失，鼻甲骨结构完全消失，常形成空洞。

【诊断】　根据典型临床症状，不难做出诊断。但在病的早期或对症状较轻的病例，须借助其他方法进行诊断。

(1)X线检查

对早期病例有价值，作鼻面部X线摄影，能查出鼻甲骨有无萎缩。

(2)病理剖检诊断

本法最适用。在第一和第二对前臼齿间的连线上将鼻腔横断锯开，其横断面上可发现典型的病理变化。

(3)细菌学诊断

采集鼻腔拭子，分别接种改良麦康凯琼脂平板和马丁琼脂平板，分离培养和鉴定Bb及Pm。对急性病例有较高的检出率。

(4)血清学诊断

猪感染2~4周后，血清中出现凝集抗体，一般可维持4个月，可用已知Bb抗原检查被检猪血清中的Bb凝集抗体。但感染仔猪需在12周龄后才能检出抗体。

【治疗】

(1)对早期有鼻炎症状的病猪，定期向鼻腔内注入卢格氏液、1%~2%硼酸、0.1%高锰酸钾等消毒剂或收敛剂，有一定效果。

(2)每吨饲料加入金霉素100 g，或加入磺胺二甲基嘧啶100 g、金霉素100 g、青霉素

50 g 混合剂，连续饲喂 3~4 周。

支气管败血波氏杆菌和产毒素多杀性巴氏杆菌对磺胺类药物等多种抗菌药物敏感，但由于药物到达鼻黏膜的药量有限，以及黏液对细菌的保护作用，难以彻底清除呼吸道内的细菌，因此要求足量持续用药。

【防治】

(1)无本病的健康猪场，坚决贯彻自繁自养，加强检疫工作及切实执行兽医卫生措施。必须引进种猪时，要到非疫区购买，并在购入后隔离观察 2~3 个月，确认无本病后再合群饲养。

(2)对有病猪场，实施严格检疫。淘汰病猪，对与病猪或可疑病猪接触过的猪只，隔离饲养观察 3~6 个月。母猪所产仔猪，不与其他猪接触，仔猪断奶后仍隔离饲养 1~2 个月。从仔猪群中挑选无症状的仔猪留作种用，以不断培育新的健康猪群。

(3)改善饲养管理。采用全进全出的饲养方式，降低饲养密度，防止拥挤，改善通风条件，减少空气中有害气体。保持猪舍清洁、干燥、防寒保暖，做好清洁卫生工作，严格执行消毒卫生防疫制度。

(4)免疫接种。目前有 3 种疫苗，Bb(Ⅰ相菌)灭活菌苗；Bb－T＋Pm 灭活二联苗；Bb－T＋Pm 毒素灭活苗。后两种疫苗效果较好，可于母猪产仔前 2 个月及 1 个月分别接种，保护仔猪几周内不感染；亦可给 1~3 周龄仔猪免疫接种，间隔 1 周进行二免。种公猪每年接种 1 次。

5. 猪克雷伯氏菌病

猪克雷伯氏菌病由克雷伯氏菌属引起的感染。以呼吸困难为特征。

【流行特点】　克雷伯氏菌广泛分布于土壤、水和谷物中，并存在于正常人和动物的消化道和呼吸道中，为条件致病菌。可致人和猪、牛、兔、麝、大熊猫、鸡、鸭、甲鱼等多种动物发生肺炎、肠炎、子宫炎、腹膜炎，甚至败血症。实验动物中，对小鼠有高度的致病力，家兔的易感性较低，豚鼠有抵抗力，麝鼠易感。

【临床症状】　发病仔猪表现精神沉郁，食欲减少或不食，体温高 41~42 ℃。耳部和胸下皮肤红紫色，眼结膜发白。咳嗽、喘、流出黏液性鼻液，表现呼吸困难，呈腹式呼吸，仔猪发病严重时呈犬坐姿势。病仔猪表现腹泻，肛门周围及后肢沾满粪便和污物。有的出现神经症状，如后肢麻痹、不能站立，卧地不起。病程 4~5 d 死亡。死前鼻、口流出淡红色泡沫。有的幸存者生长发育受阻，发生长期腹泻，最后形成僵猪。

【病理变化】　呈败血症变化。尸体血液不凝固，尸僵不全，血液呈暗红色。肺气管、支气管内充满粉红色泡沫，肺脏淋巴结充血、出血。心脏内外膜、肾脏有出血点。肝脏肿大，呈暗红色，见有坏死灶。脾脏边缘也有坏死灶。胸腔内积有粉红色的渗出液，肺脏与胸膜粘连。肌肉苍白，腹部皮下组织为黄色浆液性浸润。

【诊断】　根据流行病学、临床症状和病理变化可怀疑本病，确诊需进行实验室诊断。

(1)病原学诊断

①方法　采取病死仔猪的肺、肝、脾、淋巴等病料涂片，革兰氏染色，镜检，可见革兰氏阴性、不能运动、无芽孢、有荚膜的杆菌，进一步检查可进行分离培养、纯培养、生化试验及动物试验。

②结果　克雷伯氏菌在血液琼脂培养基上长出不溶血、黏液状的丰满菌落，易拉成

丝，有助鉴别；在麦康凯琼脂培养基上长出红色菌落。

生化试验结果见表 3-8。

表 3-8　克雷伯氏菌生化试验结果

细菌	侧盏化醇	氧化酶	乳糖	葡萄糖	麦芽糖	甘露醇	山梨醇	阿拉伯糖	鼠李糖	木糖	尿素酶试验	枸橼酸盐	M－R试验	V－P试验	吲哚试验
克雷伯氏菌	＋	－	⊕	⊕	⊕	⊕	⊕	⊕	＋	＋	＋	＋	－	＋	－

注："⊕"表示产酸产气；"＋"表示阳性；"－"表示阴性；"＋/－"表示大多数菌株阳性/少数阴性。

③动物试验　取分菌离株的纯培养物，稀释后给 6 只健康小白鼠接种，每只 0.2 mL，24 h 内相继死亡。剖检死亡的小白鼠，可见其肝坏死、脾有严重出血，肝、脾触片，血液涂片，革兰氏染色，镜检，可见到大量革兰氏阴性、两端钝圆、散在或两两相连的杆菌，菌体粗大、有明显的荚膜。可从死亡小白鼠心血和肝脏分离到接种菌。

（2）血清学诊断

用本菌的因子血清，可鉴定其血清型。

【治疗】　用于治疗本病的药物主要为卡那霉素、链霉素、庆大霉素、先锋霉素、新霉素、SD、SME、呋喃唑酮等，而对红霉素、青霉素 G、氨苄青霉素等有抗药性。

【防治】　本病目前尚无疫苗，预防本病需要加强饲养管理，减少仔猪的各种应激。在搞好圈舍清洁卫生的同时，结合消毒进行灭鼠、灭蝇，可达到控制和净化的目的。对仔猪要经常观察，一旦发现疾病，应立即隔离、治疗，以防蔓延和扩大。

6. 猪支原体肺炎

猪支原体肺炎又称猪地方性肺炎，俗称气喘病。是由猪肺炎支原体引起猪的一种慢性呼吸道传染病。主要特征是咳嗽和气喘，肺脏呈"肉样"和"虾肉"样变。

【流行特点】　不同年龄、性别、品种的猪均易感，以哺乳仔猪、断奶猪最易感，发病率和死亡率均高；其次是怀孕后期和哺乳期的母猪；育肥猪发病率低，症状也较轻；成猪多呈慢性或隐性经过。病原体随病猪和带菌猪的咳嗽、喷嚏等排于外界，形成飞沫，易感猪经呼吸道而感染。病猪即使症状消失，仍长达半年至一年向外排菌成为长期传染源。本病一年四季均可发病，但在寒冷、多雨、潮湿或气候骤变时发病率较高。健病猪直接接触尤其是猪舍通风不良，猪群拥挤时最易流行。

【临床症状】　以 X 线检查发现肺炎病灶为标准，潜伏期一般为 11～16 d，最短 3 d，最长可达 1 个月以上。

急性型　多见于新疫区和新发病的猪群，以仔猪、妊娠和哺乳母猪多发。病猪呼吸困难，呼吸次数 60～120 次/min，严重者张口呼吸（见图 3-8），发出喘鸣声，呈腹式呼吸。口鼻流出泡沫，咳嗽次数少而低沉，有时出现痉挛性阵咳。体温一般正常，病程 1～2 周，死亡率较高。

慢性型　老疫区多见，架子猪、育肥猪、后备猪多发。病猪咳嗽和气喘，反复干咳、频咳，在清晨进食或活动时最为明显。有不同程度的呼吸困难，呼吸加快，呈腹式呼吸。体温、食欲无明显变化。病猪生长发育缓慢，甚至停滞。病程数月，长者达半年以上。

隐性型　常由以上两型转变而来，病猪在饲养状况良好时，不表现任何症状，或偶有

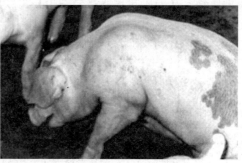

图 3-8 病猪张口呼吸，呈犬坐姿势

咳嗽、气喘，生长发育正常，但 X 线检查或剖检可见肺部有不同程度的病变。在老疫区的猪中占较高比例。如饲养管理不当，则可转为急性或慢性型，甚至引起死亡。

【病理变化】 病变主要见于肺、肺门淋巴结和纵隔淋巴结。在两侧肺的心叶、尖叶、膈叶前下缘及中间叶，发生对称性实变。实变区大小不一，呈淡红色或灰红色半透明状，界限明显，硬度增加，似鲜肌肉样，俗称"肉变"，挤压切面，自小支气管内流出黏性混浊的灰白色液体。随病程延长，病变部变为浅红色、灰白色或灰红色，半透明状程度减轻，形似胰脏，俗称"胰变"或"虾肉样变"。肺门和纵隔淋巴结肿大、切面多汁外翻，边缘轻度充血，呈灰白色。单纯气喘病时，其他内脏器官无明显变化，继发细菌感染时，引起肺和胸膜的纤维素性、化脓性和坏死性病变。

【诊断】 根据流行病学、临床症状和病变特征可做出诊断，确诊应从肺部病灶分离出病原，但较困难。

(1)病原学诊断

采取肺组织接种于马丁氏肉汤培养基，连续传代后再用固体培养基进行分离培养，获得纯培养物后，对纯培养物进行染色、生化试验等鉴定。

(2)X 线诊断

对隐性感染猪及早期病猪通过 X 线透视可做出诊断。病猪的肺野心侧区和心膈角区呈现不规则云絮状的阴影，密度中等，边缘模糊，肺野的外周区无明显变化。阴性猪应隔 2～3 周后复检。

(3)血清学诊断

微粒凝集试验、间接血凝试验、微量补体结合试验、免疫荧光、ELISA 等方法可用于诊断。

【治疗】 药物治疗与加强病猪的饲养管理相结合，早期应用，可收到较好的效果。常用土霉素盐酸盐、泰乐菌素、硫酸卡那霉素、泰妙菌素、林可霉素、喹诺酮类药物等。以注射给药，特别是胸腔内注射或肺内注射效果更好。为缓解喘息可注射 3% 盐酸麻黄素，或 2.5% 氨茶碱等。有些喹诺酮类药物口服可引起猪减食，使用时应注意。

常用有效方法是同时交替使用土霉素和卡那霉素，土霉素 50 mg/kg 体重肌内注射，首次加倍、卡那霉素 2 万～4 万 IU/kg 体重肌内注射，2 次/天。

【防治】

(1)主要是采取综合性防治措施。坚持自繁自养，全进全出。必须引种时应到未污染的地区或猪场，引入猪隔离观察 3 个月，有条件的应用 X 线检查 2～3 次，确认无病方可混群。平时注意加强饲养管理，喂给营养全价的配合饲料，避免突然变换饲料和喂给霉败变质饲料。猪舍保持清洁、干燥、通风，注意防寒保暖，避免过于拥挤。定期做好消毒工作。

（2）对于存在本病的猪场，主要是以康复母猪培育无病仔猪，建立健康猪群。主要措施是，在母猪产前 15～20 d 连续 5 d 使用对支原体有效的药物。对仔猪选用猪支原体肺炎乳兔化弱毒冻干苗、168 株无细胞培养弱毒苗，15 日龄首免，3 月龄时留作种用的猪进行二免。或 7 日龄首免，21 日龄二免，3 月龄时留作种用的猪进行三免。免疫接种时注意疫苗一定要注入胸腔内（见图 3-9），注射疫苗前 15 d 及后 60 d 内不得使用对支原体有抑制作用的药物。目前还有猪气喘病灭活疫苗，效果不如弱毒苗，但可肌内注射。

健康猪群的鉴定标准是：观察猪群 3 个月以上，未发现有气喘病，放入 2 头易感仔猪同群饲养，也不被感染；1 年内整个猪群未发现气喘病，所宰杀的肥猪、死亡猪，检查肺部均无气喘病病变；母猪连续生产两窝仔猪，从哺乳、断奶后到架子猪，经观察无气喘病症状，1 年内每月经 X 线检查全部无气喘病病变。

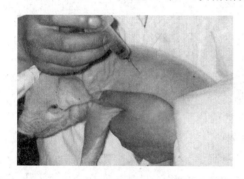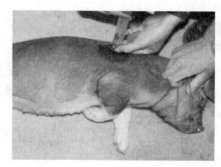

图 3-9　胸内注射接种疫苗

7. 猪繁殖与呼吸障碍综合征

1 月龄仔猪表现出典型的呼吸道症状。呼吸困难，有时呈腹式呼吸，食欲减退或废绝，体温升高至 40 ℃以上，腹泻。被毛粗乱，共济失调，渐进性消瘦，眼睑水肿。少部分仔猪可见耳部、体表皮肤发绀。断奶前仔猪死亡率可达 80%～100%，断奶后仔猪死亡率 10%～25%。耐过猪生长缓慢，易继发其他疾病。

生长猪和育肥猪仅表现出轻度的临诊症状，有不同程度的呼吸系统症状。少数病例可表现出咳嗽及双耳背面、边缘、腹部及尾部皮肤出现一过性的深紫色。感染猪易发生继发感染，并出现相应症状。

其他相关内容见学习情境 7 必备知识。

8. 猪圆环病毒 2 型感染

猪圆环病毒 2 型感染是由猪圆环病毒 2 型（PCV2）引起的一系列疾病的总称，包括猪断奶后多系统衰竭综合征（PMWS）、猪皮炎-肾病综合征（PDNS）、繁殖障碍、肺炎、肠炎、先天性震颤等。主要特征为病猪体质下降、消瘦、呼吸困难、咳喘、腹泻、贫血和黄疸等。

【流行特点】　猪是 PCV2 的天然宿主，各年龄猪均可感染。PMWS 流行广泛，猪群中血清阳性率常高达 20%～80%。主要发生在哺乳期和保育期的仔猪，尤其是 5～12 周龄的仔猪，发病率为20%~60%，病死率为5%~35%；PDNS主要发生于保育和生长育肥猪，一般呈散发，死亡率低；母猪繁殖障碍主要发生于初产母猪，木乃伊胎占所产仔猪总数的15%，死胎占8%；传染性先天性震颤多见于初产母猪所产的仔猪，多见于1周龄内仔猪。

本病通过水平和垂直两种方式传播。以散发为主，有时可呈暴发。由于圆环病毒能破坏猪的免疫系统，造成免疫抑制，引起继发性免疫缺陷，因而PCV2常与猪繁殖与呼吸障碍综合征病毒、细小病毒、伪狂犬病病毒及副猪嗜血杆菌、猪肺炎支原体、猪胸膜肺炎放线杆菌、多杀性巴氏杆菌和链球菌等混合或继发感染，使病死率升高。各种环境因素如拥挤、空气污浊、各种年龄的猪混养及其他各种应激因素均可使病情加重。

【临床症状】

猪断奶后多系统衰竭综合征　最常见症状是病猪消瘦或生长迟缓，还可见呼吸困难、淋巴结肿大、腹泻、贫血和黄疸。个别病例有咳嗽、发热、胃溃疡、中枢神经系统障碍和发生突然死亡。部分症状可能与继发感染有关，或者完全是由继发感染所引起。急性发病猪群病死率可达10%。

猪皮炎与肾病综合征　多发生在8~20周龄的生长育肥猪和保育后期猪。病猪精神萎靡，体重迅速下降，耳部、背部、下腹部和后躯臀部皮肤上出现急性红、粉红甚至是紫癜性的皮疹，常融合成条带和斑块，呈圆形或不规则的隆起，有的隆起部中央化脓，后期结痂变为深褐色或黑色坏死灶，病灶可扩展到胸或耳。发病温和的猪体温正常，行为无异，常自行康复。发病严重者出现跛行、发热、厌食或体重减轻。

繁殖障碍　PCV2感染母猪可引起繁殖障碍，主要表现流产，产死胎、木乃伊胎和产弱仔，仔猪断奶前死亡率升高。

肺炎　此病主要危害6~14周龄的猪，与PCV2有关，尚有其他病原参与。发病率在2%~30%，死亡率在4%~10%。眼观病理变化为弥漫性间质性肺炎，颜色灰红色。组织学变化表现为增生性和坏死性肺炎。

肠炎　PCV2感染可以引起肉芽肿性肠炎，病猪表现为腹泻、消瘦。

仔猪先天性震颤　症状的严重程度差别较大，从轻微震颤到不自主跳跃。当受到刺激时震颤加重，在卧下和睡觉时震颤减轻或停止。每窝感染猪的数量不等。出生后会吃乳的，一般经3周左右康复，不能吃乳的则死亡。

【病理变化】　肉眼可见的病理损伤变化很大，常见的变化包括肺脏肿胀、间质增宽、质地坚硬似橡皮，并有大小不等的褐色实变区；全身淋巴结特别是腹股沟、纵隔、肺门和肠系膜淋巴结显著肿大，切面呈灰黄色，或有出血；肾脏肿大，呈灰白色，皮质部散在或弥漫性分布白色坏死灶；脾脏轻度肿胀；肝脏可能有中等程度的黄疸；胃肠道有时呈现不同程度的损伤，胃的食管部黏膜苍白、水肿和非出血性溃疡，肠道尤其是回肠和结肠段肠壁变薄，肠管内液体充盈。继发细菌感染的病例可出现相应疾病的病理变化，如胸膜炎、心包炎、腹膜炎、关节炎等。

猪皮炎与肾病综合征的病例在后肢、会阴部乃至全身出现明显的坏死性皮炎；肾脏苍白、极度肿胀，皮质部有出血或瘀血斑点。

【诊断】　根据临床症状及剖检变化很难诊断，确诊依靠实验室诊断。

（1）病原学诊断

①病毒的分离与鉴定 采取肺脏、淋巴结、肾脏、血清等，接种无 PCV 污染的 PKL5 细胞。PCV2 在细胞培养中不产生细胞病变，病料盲传 1～3 代后，进行 PCV2 抗原或核酸的检测，加以鉴定。

②检测病毒抗原 可采用 PCR、原位核酸杂交、间接免疫荧光试验、间接免疫过氧化物酶试验等直接检测病料中的 PCV2 核酸或抗原。

（2）血清学诊断

检测猪血清中的 PCV2 抗体，可采用 ELISA、免疫荧光抗体技术、免疫过氧化物酶单层试验等。由于 PCV1 和 PCV2 之间存在交叉反应，已有的方法不能完全区分 PCV1 和 PCV2 感染，国内已建立了利用基因工程表达的 PCV2 重组蛋白作为抗原的 ELISA 抗体检测方法。

目前，在临诊上多种病原的合并感染十分普遍，在检测 PCV2 的同时，应同时检测其他病原体，如猪繁殖与呼吸障碍综合征病毒、猪伪狂犬病毒、猪细小病毒、副猪嗜血杆菌等。

【治疗】 本病无特效治疗药物，主要是对症治疗。应用头孢噻呋钠、氟苯尼考、磺胺间甲氧嘧啶、青霉素等可防止继发感染。

【防治】 迄今为止还没有控制和消灭仔猪断奶后多系统衰竭综合征及 PCV2 感染所致其他疾病的有效措施，也没有切实有效的商品化疫苗和药物用来防御 PCV2 感染。而且 PCV2 对常规消毒剂抵抗力很强，给猪场的净化工作带来了困难。目前，控制猪断奶后多系统衰竭综合征主要是采取综合性的控制措施。

（1）改变和完善饲养方式，做到养猪生产各阶段的全进全出，避免将不同日龄的猪混群饲养，从而减少和降低猪群之间 PCV2 的接触感染机会。

（2）建立猪场完善的生物安全体系，将消毒卫生工作贯穿于养猪生产的各个环节。最大限度地降低猪场内污染的病原微生物，减少或杜绝猪群继发感染的概率。由于 PCV2 对一般的消毒剂抵抗力强，因此，在消毒剂的选择上应考虑使用广谱的消毒药。

（3）加强猪群的饲养管理，降低猪群的应激因素。做好猪舍的通风换气，改善猪舍的空气质量，降低氨气浓度。保持猪舍干燥，降低猪群的饲养密度。

（4）提高猪群的营养水平。提高猪群的蛋白质、氨基酸、维生素和微量元素等水平，提高饲料的质量，提高断奶猪的采食量，给仔猪饲喂湿料或粥料，保证仔猪充足的饮水，可以在一定程度上降低猪断奶后多系统衰竭综合征的发生率和造成的损失。

（5）采用完善的药物预防方案，控制猪群的细菌性继发感染。

（6）做好猪场猪瘟、伪狂犬病、猪细小病毒感染、气喘病等疫苗的免疫接种。规模化猪场应提倡使用猪气喘病灭活疫苗免疫接种，有利于提高猪群呼吸道和肺脏的免疫力，可减少呼吸道病原体的继发感染。

9. 猪流感

猪流感是由猪流感病毒引起的猪的一种急性、高度接触性呼吸道传染病。主要特征是突然发病、发热、咳嗽、呼吸困难、衰竭和迅速康复。

【流行特点】 不同年龄、性别和品种的猪均有易感性。一年四季均可发生，但其流行有明显的季节性，在天气多变的早春、初秋及冬季易发。本病主要通过飞沫经呼吸道传播，传播迅速，2～3 d 内可波及全群。该病发病率高，病死率通常不超过 4%。

【临床症状】 猪群发病突然，传播快，可迅速波及全群。病猪体温升高达 40～42 ℃，食欲废绝或减退，精神极度委顿，卧地不起，呼吸急促，呈腹式呼吸，阵发性咳嗽，眼和鼻流出黏液性分泌物。病程 3～7 d，多数可自行康复，病死率 1%～4%。若出现继发感染则病情加重，死亡率升高。个别病猪可转为慢性，猪只生长发育受到影响。妊娠母猪感染可发生流产、产弱胎或产仔数减少。

【病理变化】 病变主要集中在呼吸器官。鼻、咽、喉、气管和支气管黏膜充血、肿胀，表面覆盖有黏稠的液体，小支气管和细支气管内充满泡沫样渗出液。肺脏病变主要在心叶和尖叶，呈紫色，间质增宽，与正常组织界限明显。脾脏轻度肿大。肺部及纵隔淋巴结明显肿大、充血、水肿。严重病例可发展为支气管肺炎、纤维素性胸膜肺炎。胃肠黏膜发生卡他性炎症，胃黏膜严重充血，特别是胃大弯部。流产胎儿肺发育不良。

【诊断】 根据流行病学特点、临诊症状和病理剖检变化可做出初步诊断。确诊需进行实验室诊断。

(1)病原学诊断

①病原分离与鉴定　生前采取发病 2～3 d 急性病猪的鼻腔分泌物、气管或支气管渗出液；死后采取急性病死猪的脾脏、肝脏、肺脏、肺区淋巴结等组织。病料加抗生素处理后接种 9～11 日龄鸡胚羊膜腔和尿囊腔中，或接种 MDCK 细胞。37 ℃孵育 3～4 d，收集尿囊液和羊膜腔液，用病毒血凝和血凝抑制试验鉴定病毒的血清亚型。

②检测猪流感病毒抗原　可采用 RT－PCR 直接检测病料中的猪流感病毒，也可应用抗原捕获 ELISA、免疫组化等技术检测分泌物或组织中的猪流感病毒。

(2)血清学诊断

最常用血凝抑制试验。分别于发病猪群的急性期和发病后 2～3 周恢复期采取双份血清，如果恢复期血清的 HI 抗体效价比急性期血清高 4 倍，即可诊断为猪流感。

【治疗】 对病猪可试用金刚烷胺、利巴韦林，同时应用抗生素或磺胺类药物控制继发感染，用解热镇痛药等对症治疗。

【防治】

(1)加强平时的饲养管理，保持猪舍清洁、干燥，在阴雨潮湿和气候多变的季节注意防寒保暖。尽量不要在寒冷多雨、气候骤变的季节长途运输猪只。

(2)建立、健全猪场的卫生消毒措施。对猪舍和饲养环境定期消毒，可用 0.03% 的百毒杀或 0.3%～0.5% 的过氧乙酸喷洒消毒。

(3)引进猪必须严格隔离，并进行血清学检测，防止引入带毒的血清学阳性猪。

(4)免疫接种。国外已研制出猪流感灭活疫苗，并已商品化和投放市场。但由于流感病毒抗原复杂且易变异，亚型多且亚型间缺乏交互保护性，因此给疫苗的应用带来很大困难。

(5)猪场暴发猪流感时，应及时隔离病猪，同时加强对猪群的护理，改善饲养环境条件，对猪舍及其污染的环境、用具及时严格消毒，以防止本病的蔓延和扩散。

10. 猪巨细胞病毒感染

猪巨细胞病毒感染是由猪巨细胞病毒(PCMV)感染引起。

【流行特点】 本病主要发生于新生仔猪，成年猪多为隐性感染。病毒通过鼻、眼分泌物、尿和娩出液体传播，也可通过公猪精液传播，并可透过胎盘传给仔猪。环境条件差，温度波动过大易引发本病。PCMV 几乎存在于全世界所有猪群，但多为亚临床感染，少见发病。

【临床症状】　若无并发症，3 周龄以上的猪通常不表现临床症状；2 周龄左右的仔猪发病后表现打喷嚏、咳嗽、流泪、鼻腔分泌物增多，因鼻腔堵塞出现吮乳困难，病死率在20％左右，多在发病后 3～4 周恢复正常。

【病理变化】　不明显，少数病猪可见到鼻炎和肠胃炎的变化。

【诊断】　PCMV 鼻炎仅发生在新生仔猪当中。仔猪如果表现喷嚏症状，首先应考虑萎缩性鼻炎，可采集病猪鼻腔拭子，检查有无巴氏杆菌存在。根据病程很短，鼻炎不具有进行性，且不导致鼻腔变形等特点，可对本病做出初步诊断，确诊需进行实验室诊断。

（1）病原学诊断

①病毒分离与鉴定　采集胎儿或新生仔猪的鼻汁或鼻腔、喉头、结膜等拭子以及肺、肾、淋巴结等，接种肺泡巨噬细胞或输卵管类成纤维细胞，进行病毒分离。接种后培养7～14 d，观察细胞病变，感染的细胞核和细胞浆内（主要为空泡内）发现结晶状排列的病毒。

②包涵体检查　对全身感染的病猪，采取鼻黏膜或其刮削物作组织染色标本检查，根据在鼻黏膜管状腺见到特征性成丛的膨大细胞及嗜碱性核内"鹰眼形"包涵体，可做出诊断。在组织切片中发现嗜碱性核内包涵体和巨细胞可做出诊断。在急性感染的幼龄仔猪的肾和脑等组织，也可见到包涵体。

（2）血清学诊断

对可疑猪采集血清样品，用间接免疫荧光试验或酶联免疫吸附试验检测 PCMV 抗体。

【治疗】　无特效疗法，应用抗生素以防继发感染。如果断奶仔猪出现喷嚏并且生长缓慢，可在饲料中投用如金霉素、土霉素、磺胺三甲氧苄氨嘧啶或泰乐菌素等药物，连用 14 d。

【防治】　不从疫区引种，在引进种猪时进行血清学检查，以防带来新的传染源或带病毒的猪。在良好的饲养管理条件下，本病对猪群并不构成严重威胁。

11. 猪呼吸道病综合征（PRDC）

猪呼吸道病综合征（PRDC）是一种多因子性疾病，它是由病毒、细菌、不良的饲养管理条件及易感猪群等综合因素相互作用而引起的疾病综合征，是生长育成猪普遍存在的疾病。其危害是饲料转化率降低，生长缓慢，治疗费用增加，推迟上市，猪的质量下降，严重病例可导致死亡等严重经济损失。

【发病原因】　本病主要由二类病原引起：一是潜在的原发病原，常包括猪繁殖与呼吸障碍综合征病毒、猪肺炎支原体、猪流感病毒、伪狂犬病病毒、猪圆环病毒、猪呼吸道冠状病毒和支气管败血性波氏杆菌等多种病原体；二是继发病原，主要有猪链球菌 2 型、副猪嗜血杆菌、多杀性巴氏杆菌、胸膜肺炎放线杆菌、猪附红细胞体等，是导致病猪死亡严重的主要原因。

猪肺炎支原体是本病的导火线，它的存在使猪繁殖与呼吸障碍综合征等病毒以及胸膜肺炎放线性杆菌等细菌的侵袭感染更加容易。

猪呼吸道病综合征的发病率和猪群的饲养管理条件密切相关，包括：饲养密度过高、通风不良、温差大、湿度高、频繁转群、混群，日龄相差太大的猪只混群饲养、断奶日龄不一致、没有采用全进全出的饲养模式等。

除上述原因外，猪群免疫和保健工作不够全面、后备猪免疫计划不合理，导致猪群群体免疫水平不稳定、营养和疫病等因素造成猪群免疫力和抵抗力下降等，都可引起猪呼吸道病综合征的暴发和流行。

本病多暴发于6～10周龄保育猪和13～20周龄的生长育成猪，通常称为18周龄。发病率一般为25％～60％，病死率为20％～90％，猪龄越小死亡率越高。

【临床症状】 病猪精神沉郁，采食量下降或无食欲，表现严重的腹式呼吸，气喘急促，呼吸困难，咳嗽、眼分泌物增多，出现结膜炎症状。急性发病的猪体温升高，可发生突然死亡。大部分猪由急性转变为慢性，病猪生长缓慢或停滞，消瘦，死亡率、僵猪比例升高。哺乳仔猪以呼吸困难和神经症状为主，死亡率较高；生长育成猪主要表现发热、咳嗽，采食量下降，呼吸困难。如饲养管理条件较差，猪群密度过大或出现混合感染，发病率和临床表现更为严重。病猪在药物的辅助下逐渐康复，死亡率较低。

【病理变化】 所有病猪均出现不同程度的肺炎。6～10周龄的保育猪剖检可见弥漫性间质性肺炎以及淋巴结的广泛肿大，肺出血、硬变，个别肺有化脓灶。病猪肺部有不同程度的混合感染，有些病猪有广泛性多发性浆膜炎（胸腔、腹腔很多纤维蛋白渗出，并造成粘连），有些肺部病变与猪支原体肺炎相类似。此外，小部分病猪可见肝肿大出血、淋巴结、肾、膀胱、喉头有出血点，部分猪出现末端紫色。1～3周发病的哺乳仔猪剖检可见心、肝、肺有出血性病变。

【防治】 该病病因复杂，防治上应坚持预防为主，采取综合性防治措施，尽量减少损失。

(1)坚持自繁自养的原则，防止购入隐性感染猪。确实需要引进种猪时，应远离生产区隔离饲养3个月，并经检疫证明无病，方可混群饲养。尽量减少仔猪寄养，避免不同来源的猪只混群。

(2)从分娩、保育、到生长育成均严格采用"全进全出"的饲养方式，做到同一栋猪舍的猪群同时全部转出，缩小断奶日龄差异，避免把日龄相差太大的猪只混群饲养，在每批猪出栏后猪舍须经严格清洁消毒，空置几天后再转入新的猪群。

(3)做好清洁卫生和消毒工作，将卫生消毒工作落实到猪场管理的各个环节，最大限度地控制病原的传入和传播。

(4)提供猪群不同时期各个阶段的营养需要，保持猪群合理、均衡的营养水平。

(5)调整饲养密度。饲养密度与猪呼吸道病的发病率密切相关，保持合理的饲养密度可有效地控制猪呼吸道病，提高猪群的生长速度和饲料利用率。

(6)尽量减少猪群转栏和混群的次数，尽量减少各种应激因素，使猪群生活在一个舒适、安静、干燥、卫生、洁净的环境。

(7)加强猪舍通风对流，保持舍内空气的新鲜度。控制好舍内的温度，做到夏天防暑降温、冬天防寒保温，尽量使每天早晚的温差不要太大，分娩舍和保育舍要求猪舍内小环境保温、大环境通风。

(8)药物防治。该病重在预防，猪群发病后，治疗效果一般不理想。在疫病发生早期应及时将病料送有关部门进行诊断。并及早采取措施投药对猪群进行预防和对病猪及早治疗，以减少细菌二次感染引起的死亡。因猪肺炎支原体是重要的导火线，而细菌是造成病猪死亡的主要原因，有条件的猪场应定期进行抗生素药敏试验，筛选出敏感药物对猪肺炎支原体和其他细菌感染进行预防和治疗。

（9）采取本场在暴发该病时不发病的健康老母猪或健康商品猪血清，在仔猪断奶前一周腹腔注射 3～5 mL/头，有一定预防效果。

12. 弓形体病

本病亦引起感染猪呼吸困难，呈腹式呼吸或犬坐姿势，具体内容见学习情境 1 必备知识。

13. 蛔虫性肺炎

【临床症状】　幼虫移行至肺时，引起蛔虫性肺炎。病猪咳嗽、呼吸增快、体温升高至40 ℃左右，食欲减退，精神沉郁，伏卧在地，不愿走动，1～2 周后症状减轻或消失。幼虫移行时还引起嗜酸性粒细胞增多，以感染后 14～18 d 为最明显。出现荨麻疹和某些神经症状类的反应。

【病理变化】　初期肝组织出血、变性和坏死，形成云雾状的蛔虫斑，有肺炎病变，肺组织致密，肺表面有大量出血点和暗红色斑点。肝、肺和支气管等处可发现大量幼虫。

实验室诊断、治疗及防治措施见学习情境 2 必备知识。

14. 猪后圆线虫病

又称猪肺丝虫病，由后圆科后圆属线虫寄生于猪的支气管和细支气管引起的寄生虫病。特征是引起支气管炎和肺炎。严重时造成仔猪大批死亡，若发病不死，也严重影响仔猪的生长发育和降低肉品质量。

【流行特点】　本病主要危害幼猪。后圆线虫的发育是间接的，需以蚯蚓作为中间宿主，故本病在夏秋季节多发。猪的感染一般为 20％～30％，高的可达 50％左右。

【症状与病变】　轻度感染症状不明显，但影响生长发育。严重感染时，表现强有力的阵咳，呼吸困难，病猪贫血，食欲废绝，病愈后生长缓慢。剖检肉眼见病变不明显，肺膈叶腹面边缘有楔状肺气肿区，支气管增厚、扩张，靠近气肿区有坚实的灰色小结。支气管内有虫体及黏液。

【诊断】　根据流行病学、临床症状可怀疑本病。进行粪便虫卵检查发现虫卵、剖检发现虫体即可确诊，如图 3-10、图 3-11 所示。

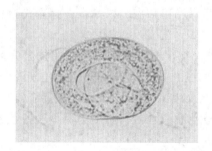

图 3-10　含有幼虫的虫卵

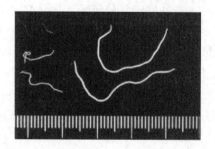

图 3-11　肺丝虫成虫，左为雄虫，右为雌虫

【治疗】　可应用左咪唑、伊维菌素、丙硫咪唑等药物驱虫。

【防治】　猪场注意排水畅通，保持干燥，铺水泥地面，防止蚯蚓进入猪舍和运动场。猪舍、猪场定期消毒，避免粪便堆积，及时清除并发酵处理。流行地区定期驱虫，春秋季节各 1 次。

15. 感冒

感冒是由寒冷刺激所引起的以上呼吸道黏膜炎症为主症的急性全身性疾病。临床以体温升高、咳嗽、羞明流泪和流鼻涕为特征，无传染性。一年四季可发，但多发于早春和晚秋气候多变之时，仔猪多发。

【病因】 突然遭寒潮侵袭，风吹雨打，贼风侵袭；猪舍防寒差，潮湿阴暗，过于拥挤，营养不佳；长途运输，体质下降，抵抗力减弱；天气突变，忽冷忽热，使上呼吸道的防御机能降低。

【临床症状】 精神沉郁，低头耷耳，眼半闭喜睡，食欲减退，鼻干燥，结膜潮红，羞明流泪，有白色眼眵，体温 40 ℃ 以上，耳尖、四肢发凉，皮温不均，畏寒战栗，喜钻草堆，呼吸加快，咳嗽，打喷嚏，流清水鼻液，常便秘，个别拉稀，重症食欲废绝，眼结膜苍白，卧地不起。一般以 3～5 d，全身症状好转，多取良性经过。

【诊断】 根据受寒病史，体温升高，流泪、寒战、流鼻液、微咳、无传染性等特征可确诊。注意与流行性感冒鉴别。

【治疗】 以解热镇痛为主，为了防止继发感染，适当抗菌消炎。可肌内注射安乃近、氨基比林等；发热程度较重的可注射青霉素、链霉素。

16. 猪支气管肺炎

猪支气管肺炎是发生于个别肺小叶或几个肺小叶及其相连接的细支气管的炎症，又称为小叶性肺炎或卡他性肺炎。一般多由支气管炎的蔓延所引起。临床上以出现弛张热型，呼吸次数增多，叩诊有散在的局灶性浊音区和听诊有捻发音，肺泡内充满由上皮细胞、血浆与白细胞等组成的浆液性细胞性炎症渗出物为主要特征。本病以仔猪和老龄猪更常见，多发于冬、春季节。

【发病原因】

(1)主要是受寒冷刺激，猪舍卫生不良，饲养不良，应激因素，使机体抵抗力降低，内源性或外源性细菌大量繁殖以致发病。

(2)因饲养管理不当，机体抵抗力下降可引发此病，但多由支气管炎转变而来。

(3)异物及有害气体刺激，亦可致病。

(4)继发或并发于其他疾病，如仔猪的流行性感冒、猪肺疫、猪丹毒、猪副伤寒、肺丝虫等。

【临床症状】 病猪表现精神沉郁，食欲减退或废绝，结膜潮红或蓝紫，体温升高至 40 ℃ 以上，呈弛张热，有时为间歇热；脉搏随体温变化而改变，初期稍强，以后变弱；呼吸困难，并且随病程的发展逐渐加剧；咳嗽为固定症状，病初表现为干短带痛的咳嗽，继之变为湿长但疼痛减轻或消失，气喘，流鼻汁，初为白色浆液，后变为黏稠灰白色或黄白色。

胸部听诊 在病灶部分肺泡呼吸音减弱，可听到捻发音，以后由于渗出物堵塞了肺泡和细支气管，肺泡呼吸音消失，可能听到支气管呼吸音，而在其他健康部位，则肺泡音亢盛。

胸部叩诊 一般在胸前下三角区内，病灶浅在的，可发现一个或数个局灶性的小浊音区。

X 光检查 肺纹理增强，呈现大小不等的灶状阴影，似云雾状，有的融为一片。

【病理变化】 眼观支气管肺炎的多发部位是心叶、尖叶和膈叶的前下缘，病变为一侧性或两侧性，发炎部位的肺组织质地变实，呈灰红色，病灶的形状不规则，散布在肺的各处，呈岛屿状，病灶的中心常可见到一个小支气管。肺的切面上可见散在的病灶区，呈灰红色或灰白色，粗糙突出于切面，质地较硬，用手挤压见从小支气管中流出一些脓性渗出物。支气管黏膜充血、水肿，管腔中含有带黏液的渗出物。有些支气管肺炎由于发生的原因和条件不同，因而具有不同的异物，例如吸入性肺炎、真菌性肺炎等。

【诊断】　根据咳嗽、弛张热型，胸部叩诊有岛屿状浊音区，胸部听诊有捻发音、啰音，肺泡呼吸音减弱或消失；血液学检查，粒细胞总数增多；X线检查出现散在的局灶性阴影等，可以诊断。

在类症鉴别上应注意与细支气管炎和大叶性肺炎相区别。

【治疗】　本病的治疗原则是抑菌消炎、祛痰止咳、制止渗出、对症治疗、改善营养、加强护理等。

（1）抑菌消炎　临床上主要应用抗生素和磺胺类药物，治疗前最好采取鼻液做细菌药敏试验，选择敏感药物。可用磺胺嘧啶钠、青霉素、链霉素、四环素、庆大霉素、卡那霉素、先锋霉素和喹诺酮类（如环丙沙星、恩诺沙星）等药物。

（2）祛痰止咳　当病猪频繁出现咳嗽而鼻液黏稠时，可口服溶解性祛痰剂，常用氯化铵及碳酸氢钠。若频发痛咳而分泌物不多时，可用镇痛止咳剂，常用的有复方樟脑酊或磷酸可待因。也可用盐酸吗啡、咳必清等止咳剂。

（3）制止渗出　氯化钙液或葡萄糖酸钙有利于制止渗出和促进渗出液吸收，具有较好的效果。溴苄环己铵能使痰液黏度下降，易于咳出，从而减轻咳嗽，缓解症状。

（4）对症治疗　体质衰弱时，可静脉输液；心脏衰弱时，可皮下注射安钠咖。

【防治】　预防本病主要是加强饲养管理和环境卫生。猪舍要干燥，光线充足。在换季时要注意猪舍的保暖。保证饲料质量，提高猪体的抵抗能力。

17. 猪大叶性肺炎

猪大叶性肺炎又称格鲁希性生肺炎或纤维素性肺炎，大多由病原微生物引起，以肺泡内纤维蛋白渗出为主要特征。临诊表现为高热稽留、流铁锈色鼻液、大片肺浊音区及定型经过。

【发病原因】

（1）肺炎链球菌、链球菌、绿脓杆菌、巴氏杆菌等可引起猪的大叶性肺炎。

（2）当动物受寒、感冒，吸入有害气体，长途运输时，机体抵抗力下降，呼吸道黏膜的病原微生物即可致病。

（3）猪瘟、猪肺疫等疾病也可继发大叶性肺炎。

【临床症状】　精神沉郁，食欲废绝，结膜充血、黄染；呼吸困难、频率增加，呈腹式呼吸；体温升高达41～42 ℃，呈稽留热型，脉搏增加。充血期胸部听诊呼吸音增强或有干啰音、湿啰音、捻发音，叩诊呈过清音或鼓音；在肝变期流铁锈色鼻液，大便干燥或便秘，可听到支气管呼吸音，叩诊呈浊音；溶解期可听到各种啰音及肺泡呼吸音，叩诊呈过清音或鼓音，肥猪不易检查。

【病理变化】　典型病例病程明显分为4个阶段，即充血水肿期、红色肝变期、灰色肝变期和溶解期。

充血水肿期　肺脏略增大，有一定弹性，病变部位肺组织呈褐红色，切面光泽而湿润，按压流出大量血样泡沫，切面光泽而湿润，按压流出大量血样泡沫，切取一小块投入水中，呈半沉于水状态。

红色肝变期　肺脏肿大，质地变实，呈暗红色，类似肝脏，所以称肝变，切取一小块投入水中，完全下沉。

灰色肝变期　病变部呈灰色（灰色肝变）或黄色肝变，肿胀，切面为灰黄色花岗岩一样，质地坚实如肝。投入水中完全下沉。

溶解期　病肺组织较前期缩小，质地柔软，挤压有少量脓性混浊液流出，色泽逐渐恢复正常。

【诊断】　主要根据稽留热型，铁锈色鼻液，不同时期肺部叩诊和听诊的变化即可诊断。血液学检查，粒细胞总数显著增加，核左移。X线检查肺部有大片浓密阴影，有助于诊断。

【治疗】　该病的治疗基本同支气管肺炎，主要是抗菌消炎、制止渗出、促进渗出物吸收。该病发展迅速，病情加剧，在选用抗菌消炎药时，要特别慎重，先做药敏试验再选择抗菌药，并且不要轻易换药。

【防治】　加强饲养管理，增强猪的抗病能力，避免受寒冷刺激，一旦发现各种传染性原发病，要积极治疗，以防并发猪大叶性肺炎和相互感染。

二、以呼吸困难、咳嗽为主症猪病的鉴别

1. 引起未断奶仔猪打喷嚏的疾病

主要有猪传染性萎缩性鼻炎、猪巨细胞病毒病、猪伪狂犬病。

2. 引起断奶仔猪咳嗽、呼吸困难的疾病

主要有副猪嗜血杆菌病、断奶仔猪多系统衰竭综合征、猪蛔虫病。

3. 引起各年龄猪咳嗽、呼吸困难的疾病

主要有猪肺疫、猪传染性胸膜肺炎、猪传染性萎缩性鼻炎、猪气喘病、猪链球菌病、猪繁殖和呼吸障碍综合征、猪流感、猪伪狂犬病、弓形体病、猪应激综合征等具体见表3-9。

表 3-9　以呼吸困难、咳嗽为主症的常见猪病鉴别表

病　名	易发年龄	症状特征	剖检变化
猪肺疫	所有年龄，以3～10周龄仔猪多见	体温升高，呼吸困难，咽喉部颈部肿胀，皮肤发绀，死亡率高	败血症和纤维素性胸膜肺炎
副猪嗜血杆菌病	2周龄到4月龄易感，以3～6周龄仔猪多见	体温升高，呼吸困难，关节肿胀，跛行，皮肤发绀，渐进性消瘦	单个或多个浆膜面浆液性和化脓性纤维蛋白渗出物
猪支原体肺炎	所有年龄，以哺乳仔猪和断奶仔猪易感性高	体温不高，呼吸高度困难、痉挛性咳嗽，发病率高、死亡率低	肺脏呈胰样或肉样变
猪传染性胸膜肺炎	所有年龄，以6～8周龄多发	体温升高，咳嗽，呈犬坐张口呼吸，口鼻流出带血的泡沫，皮肤发绀，死亡率较高	主要为胸膜炎和肺炎

续表

病　　名	易发年龄	症状特征	剖检变化
肺炎型链球菌病	所有年龄，新生仔猪、哺乳仔猪多发	体温升高，咳、喘，关节炎，淋巴结脓肿，脑膜炎，皮肤发绀，有出血点	内脏器官出血，脾肿大，关节炎，淋巴结化脓
猪传染性萎缩性鼻炎	所有年龄，常见于2～5月龄	无明显体温变化，咳嗽、喷嚏、眼下有泪斑，面部变形	鼻甲骨萎缩，有肺炎变化
猪繁殖与呼吸障碍综合征	所有年龄，以怀孕母猪和1月龄以内仔猪最易感	体温升高，仔猪呼吸困难，皮肤发绀，1月龄内的死亡率高，母猪常流产、早产、死产，种猪繁殖障碍，育肥猪似流感症状	间质性肺炎，肺有出血斑及肝变，末梢循环发暗；胎盘大块状出血，胎膜上有血泡
断奶仔猪多系统衰竭综合征	断奶后2～3周仔猪	进行性消瘦，生长迟缓；呼吸困难、喘气；淋巴结明显肿大；少数猪腹泻；有的皮肤苍白、贫血、发黄	消瘦、贫血，有时黄疸，有肺炎实变；全身淋巴结水肿，切面呈灰黄色；肾脏水肿，有白色坏死
猪流感	所有年龄	发病急，传播快，体温升高，咳、喘，呼吸困难，流鼻涕、流泪，结膜潮红	上呼吸道黏膜充血、出血；肺充血水肿
猪巨细胞病毒感染	小于1周龄严重，超过3周龄症状不明显	体温不高，幼龄猪轻度鼻炎，妊娠母猪产死胎，存活者贫血，下颌和跗关节水肿	轻度鼻炎，皮下水肿，小点出血，心包和胸腔积液，肺水肿，淋巴结肿大
蛔虫性肺炎	3～6月龄仔猪	初期咳嗽	肝脏有白斑、肺脏有出血性斑点、小肠中有虫体
猪伪狂犬病	孕猪和新生猪为最易感	体温升高，呼吸困难，腹泻、呕吐，有中枢神经系统症状，孕猪发生流产、死胎	扁桃体、肺、肝、脾、肾及胃肠道有坏死灶，肾脏针尖状出血，脑膜充血、出血
弓形虫病	所有年龄	体温升高，呼吸困难，有神经症状，后期体表有紫斑及出血	皮肤有出血，间质性肺炎、脾肿大
肺丝虫病	幼猪多发	咳嗽，呼吸困难	支气管内有虫体和黏液
猪应激综合征	所有年龄	呼吸急促，体温升高	肌肉苍白、松软或有渗出，肺充血水肿
中暑	所有年龄，大猪多发	呼吸急促，体温升高，兴奋不安或意识丧失	脑及脑膜充血水肿，肺充血水肿

【拓展知识】

1. 猪胸腔穿刺

猪胸腔穿刺用于胸腔疾病的诊断与胸水的排除。

【穿刺部位】　选择在右侧第 7 肋间(或左侧第 8 肋间)胸外静脉上方约 2 cm 处为胸腔穿刺部位。

【操作方法】

(1)术者左手将术部皮肤稍向前方向移动,右手持套管针或 18～16 号长针头,靠肋骨前缘垂直刺入 3～5 cm。

(2)当套管针刺入胸腔后,左手把持套管,右手拔出内针,即可流出积液或血液,放液时不宜过急,用拇指堵住套管口,间断地放出积液,防止胸腔减压过急,影响心肺功能。如针管堵塞不流时,可用内针疏通,直至放完为止。

放完积液后,需要洗涤胸腔时,可将装有消毒药的输液瓶的乳头管或注射器连接到套管口(或注射针),高举输液瓶,药液即可流入胸腔,反复冲洗 2～3 次,即将其放出,最后注入治疗性药物。

【注意事项】

(1)穿刺或排液过程中,防止空气进入胸腔内。

(2)排除积液和注入消毒药以及治疗药物时应缓慢进行,同时注意观察病畜有无异常表现。

(3)穿刺时防止损伤肋间血管与神经。

(4)刺入时,应手指控制套管针的刺入深度,防止过深,刺伤心肺。

(5)穿刺过程若出血,应充分止血,改变穿刺位置。

2. 猪肺内注射

猪肺内注射用于治疗胸、肺的感染。

【注射部位】　肩胛骨后缘,倒数第 6～8 肋间与髋关节连线交点为胸腔注射部位,注射时选择单侧给药即可,若一次不愈,可在另一侧相应部位再注射一次。

【操作方法】　站立保定,确定注射部位并用碘酊消毒。用注射器连接 3～5 cm 长的 9～12 号针头,抽吸药物后向胸腔垂直刺入 2～3 cm 以注入肺内为标准,并快速注入药物。为防止将药物注入肺外,刺入后可轻轻回针,看是否有气泡进入注射器内,如有气泡则说明针头未达到肺内,而在胸前。如针头到达肺内,则有少许血丝进入注射器。注完药物后迅速拔针并消毒。

【注意事项】　注入药物后,鼻腔和口腔可能流出少量泡沫,但很快就能恢复。注射针头不宜过粗,以免对肺组织造成大的损伤而引起意外。

计　划　单

学习情境 3	以呼吸系统症状为主症的猪病		学时	14
计划方式	小组讨论制定实施计划			
序　号	实施步骤		使用资源	备注
制定计划说明				
计划评价	班　级		第　　组	组长签字	
	教师签字		日　　期		
	评语：				

决策实施单

学习情境 3		以呼吸系统症状为主症的猪病					
讨论小组制定的计划书，做出决策							
计划对比	组号	工作流程的正确性	知识运用的科学性	步骤的完整性	方案的可行性	人员安排的合理性	综合评价
	1						
	2						
	3						
	4						
	5						
	6						

制定实施方案

序号	实施步骤	使用资源
1		
2		
3		
4		
5		
6		

实施说明：

班　级		第　组	组长签字	
教师签字			日　期	

评语：

作　业　单

学习情境 3	以呼吸系统症状为主症的猪病
作业完成方式	以学习小组为单位，课余时间独立完成，在规定时间内提交作业
作业题 1	引起未断奶仔猪呼吸困难和咳嗽的疾病的鉴别
作业解答	
作业题 2	引起断奶仔猪到成年猪呼吸困难和咳嗽的疾病的鉴别诊断
作业解答	
作业题 3	案例分析：见本学习情境案例单案例 3.3、案例 3.4； 要求：根据病例的发病情况、症状及病变，提出初步诊断意见和确诊的方法，并按你的诊断结果提出治疗方案及防治措施
作业解答	另附页

作业评价	班　　级		第　　组	组长签字		
	学　　号		姓　　名			
	教师签字		教师评分		日　期	
	评语：					

效果检查单

学习情境 3	以呼吸系统症状为主症的猪病			
检查方式	以小组为单位，采用学生自检与教师检查相结合，成绩各占总分(100 分)的 50％			
序号	检查项目	检查标准	学生自检	教师检查
1	资讯问题	答案是否准确、回答是否正确		
2	计划书质量	综合评价结果		
3	初步诊断	方法是否正确、结论是否正确、剖检后动物尸体处理是否正确		
4	实验室诊断	方法是否正确、材料准备是否齐备、操作是否规范、结论是否正确		
5	治疗方法	方法是否正确、一般性用药是否合理、是否应用药敏试验选择用药		
6	防治措施	是否具有较强的完整性、可行性		
7	免疫接种	免疫程序是否合理、免疫接种方法是否正确、疫苗的使用及保存是否正确		
8	团队合作	团队中是否分工明确，合作密切		

检查评价	班　　级		第　　组	组长签字	
	教师签字			日　　期	
	评语：				

评价反馈单

学习情境 3		以呼吸系统症状为主症的猪病				
评价类别	项　目	子项目	个人评价	组内评价	教师评价
专业能力（60%）	资讯（10%）	查找资料，自主学习（5%）			
		资讯问题回答（5%）			
	计划（5%）	计划制定的科学性（3%）			
		用具材料准备（2%）			
	实施（25%）	各项操作正确（10%）			
		完成的各项操作效果好（6%）			
		完成操作中注意安全（4%）			
		使用工具的规范性（3%）			
		操作方法的创意性（2%）			
	检查（5%）	全面性、准确性（3%）			
		生产中出现问题的处理（2%）			
	结果（10%）	提交成品质量			
	作业（5%）	及时、保质完成作业			
社会能力（20%）	团队协作（10%）	小组成员合作良好（5%）			
		对小组的贡献（5%）			
	敬业、吃苦精神（10%）	学习纪律性（4%）			
		爱岗敬业和吃苦耐劳精神（6%）			
方法能力（20%）	计划能力（10%）	制定计划合理			
	决策能力（10%）	计划选择正确			
意见反馈					

请写出你对本学习情境教学的建议和意见

评价评语	班　级		姓　名		学　号		总　评	
	教师签字		第　组	组长签字			日　期	
	评语：							

● ● ● ● ● **拓展视频**

铸就伟大抗疫精神，弘扬伟大抗疫精神

坚持三个坚定不移不动摇

学习情境 4

以神经系统症状为主症的猪病

●●●●● 学习任务单

学习情境 4	以神经系统症状为主症的猪病	学　时	7
布置任务			
学习目标	1. 明确以神经系统症状为主症的猪病的种类及其基本特征； 2. 能够说出各病的主要流行特点、典型的临床症状和病理变化； 3. 能够综合运用流行病学调查、临床症状观察、病理剖检变化观察、与类症疾病鉴别等方法，进行本类疾病的初步诊断； 4. 能够根据病原体的特性选择运用血清学试验及常规病原体鉴定方法，对传染病及寄生虫病做出诊断； 5. 能够对诊断出的疾病予以合理治疗； 6. 能够根据猪场的具体情况，制定及实施防治措施； 7. 能够独立或在教师的引导下设计工作方案，分析、解决工作中出现的一般性问题； 8. 培养学生安全生产和公共卫生意识，做好自身安全防护； 9. 提升重大动物疫病防控能力，增强防疫意识和法制观念，保障群众的养殖安全		
任务描述	对临床生产实践多发的以神经系统症状为主症的猪病做出诊断，予以治疗，制定及实施防治措施。具体任务如下： 1. 综合运用流行病学调查、临床症状观察、病理剖检变化观察、与类症疾病鉴别等方法，通过对病例的解析、推断，完成本类疾病的初步诊断； 2. 依据初步诊断结果，设计实验室检验方案，完成传染病的实验室检验，做出正确诊断； 3. 对诊断出的疾病予以合理治疗； 4. 制定及实施防治措施		
学时分配	资讯：2 学时　计划：1 学时　决策：1 学时　实施：2 学时　考核：0.5 学时　评价：0.5 学时		
提供资料	1. 信息单； 2. 教材； 3. 相关网站网址		
对学生要求	1. 按任务资讯单内容，认真准备资讯问题； 2. 按各项工作任务的具体要求，认真设计及实施工作方案； 3. 严格遵守动物剖检、实验检验等技术操作规程，避免散播病原； 4. 严格遵守实验室管理制度，避免安全事故发生； 5. 严格遵守猪场消毒卫生制度，防止传播疾病； 6. 虚心向猪场技术人员学习，做到多请教多提高； 7. 遵守猪场劳动纪律，认真对待各项工作		

●●●● 任务资讯单

学习情境 4	以神经系统症状为主症的猪病
资讯方式	阅读信息单及教材；进入本课程的精品课网站及相关网站，观看 PPT 课件、视频；图书馆查阅；向指导教师咨询
资讯问题	1. 仔猪水肿病的病原体是什么？ 2. 多大日龄的猪容易发生仔猪水肿病？ 3. 仔猪水肿病的主要临床症状及病理变化是什么？ 4. 仔猪水肿病的实验室诊断方法有哪些？ 5. 治疗仔猪水肿病可选择哪些药物？治疗中应注意哪些问题？ 6. 如何预防仔猪水肿病的发生？ 7. 猪李氏杆菌病的病原体是什么？其有何主要生物学特性？ 8. 猪李氏杆菌病的发病特点有哪些？ 9. 猪李氏杆菌病临床有几种类型？各有哪些临床症状及病理变化？ 10. 猪李氏杆菌病的实验室诊断方法有哪些？如何进行诊断？ 11. 怎样防治猪李氏杆菌病？ 12. 猪伪狂犬病的病原体是什么？其有何主要生物学特性？ 13. 猪伪狂犬病的流行特点是什么？ 14. 不同年龄猪发生伪狂犬病症状是否相同？各表现什么症状？ 15. 如何确诊猪伪狂犬病？ 16. 猪伪狂犬病血清学诊断方法中哪种实践中多用？ 17. 如何防治猪伪狂犬病？ 18. 哪个阶段的猪容易发生脑膜炎型链球菌病？ 19. 猪脑膜炎型链球菌病的主要临床症状是什么？ 20. 如何治疗猪脑膜炎型链球菌病？ 21. 副猪嗜血杆菌病的临床症状及剖检变化有哪些？ 22. 如何防治副猪嗜血杆菌病？ 23. 哪些疾病常引起断奶仔猪出现神经症状？能使各年龄的猪出现神经症状的疾病有哪些？ 24. 归纳总结常见的以神经症状为主症猪病的鉴别要点。
资讯引导	1. 王志远．猪病防治．北京：中国农业出版社，2010 2. 张宏伟．动物疫病．北京：中国农业出版社，2009 3. 姜平等．猪病．北京：中国农业出版社，2009 4. 李立山等．养猪与猪病防治．北京：中国农业出版社，2006 5. 陈焕春．规模化猪场疫病控制与净化．北京：中国农业出版社，2000 6. 史秋梅等．猪病诊治大全．北京：中国农业出版社，2003 7. 在线猪病诊断系统：http://www.fjxmw.com/zbzd/ 8. 中国养猪网：http://www.china-pig.cn/ 9. 中国猪网：http://www.pigcn.cn/ 10. 猪 e 网：http://www.zhue.com.cn/

●●●●● 案 例 单

学习情境 4	以神经系统症状为主症的猪病
序号	案例内容
4.1	某猪场存栏猪 3 016 头，其中母猪 80 头、种公猪 6 头，其他为育成猪、哺乳仔猪、断乳仔猪。8 月上旬，仔猪发病，至 8 月 19 日，有 143 头哺乳仔猪发病，死亡 114 头；128 头断乳仔猪发病，死亡 64 头；妊娠母猪 50 头，15 头流产。该猪场曾接种猪伪狂犬病疫苗，但未加强免疫接种。猪病体温升高至 40～42 ℃，结膜潮红，粪便干硬，呕吐，步态不稳，倒地四肢划水状态，肌肉痉挛。有的呈"犬"坐式。四肢内侧、耳、腹下皮肤有的发绀。发病后 3～7 d，大批哺乳仔猪相继死亡，断乳仔猪病程稍长。妊娠母猪出现咳嗽，并发生流产、死胎。剖检病死猪可见肝、脾肿大，质脆，有坏死灶。肾瘀血，肿大，有出血点。肺充血、水肿，有出血点。淋巴结明显肿大。脑积液，脑膜充血、出血，脑组织出血、水肿。肠充血、瘀血，肠黏膜潮红，胃底部弥漫性出血。一侧扁桃体轻度出血
4.2	某养猪专业户饲养哺乳仔猪 70 头，仔猪在断奶后 50 d 时，部分仔猪突然发病。主要表现眼睑水肿，眼结膜水肿、潮红，体温 40～41.5 ℃；皮肤呈紫红色，盲目走动或不规律转圈，后站立不稳，共济失调，倒地抽搐，四肢呈划水样（或游泳状），叫声嘶哑，心跳急速，呼吸快而浅，严重者呼吸极为困难，窒息而死。随着病程延长，病猪精神极度沉郁，两眼无神，食欲减退，全身无力，行动迟缓，扎堆，不愿活动，喜欢趴卧；耳朵发绀，眼结膜潮红，后期苍白，鼻、口腔有分泌物；在肩前、腹下背下有针尖大小出血点，肛门有黏液性分泌物；有的猪便秘或腹泻交替出现，后肢关节肿大，有的出现溃疡跛行。剖检病死猪，可见颜面浮肿，眼结膜显著潮红、肿胀；下颌淋巴结水肿、出血，喉头水肿且有黏液，略有点状出血；胃黏膜脱落出血，胃壁增厚，切开胃大弯处，肌层与黏膜断面有 3～5 mm 的透明胶冻样水肿物；肠系膜、肠浆膜、肠黏膜充血、水肿、出血；心包腔、胸腹腔有淡红黄色稍混浊的渗出液；全身淋巴结水肿、出血；肺大部分出血、坏死；肝脏表面有大小不等的灰白色云雾样病灶，胆囊肿大；肾充血，表面有出血性花纹；脾略有肿胀，表面有多量出血小丘和黑红色出血性梗死灶；心肌有灰白条纹，质地变软，心冠状沟脂肪、心内外膜有出血斑点
4.3	2007 年 8 月 6 日某养猪户饲养 48 头小猪，体重约 25 kg，傍晚有 11 头小猪突然发病。畜主选用黄连素、氨基比林治疗，效果甚微，次日死亡 5 头。患猪精神高度沉郁，体温稍高或正常，食欲废绝。眼结膜充血，头部下颌间发生水肿，严重的全身水肿。病初表现兴奋不安，反应过敏，共济失调，肌肉震颤，口吐白沫，盲目行走或转圈等神经症状，不久惊厥倒地抽搐，不断划动四肢，行走摇摆，步态不稳。后期卧地不起，骚动不安，最后嗜睡或昏迷。患猪叫声嘶哑，眼睑剧烈肿胀，眼裂成一条缝隙，四肢下部及两耳发绀，便秘或腹泻，体表淋巴结肿大明显，呼吸急促，后期常张口呼吸，最后因衰竭死亡。病程数小时至 1～2 d。死亡率高达 45%。剖检病死猪可见胃壁与肠系膜、胃大弯部水肿，有的发生于贲门部并扩展至食道与胃底部，有时可见散在的局限性水肿。肠系膜水肿，多见于结肠系膜和小肠系膜，水肿液量多且透明，切开时呈胶冻状。全身淋巴结肿大，切面多汁，各实质脏器有出血点（斑），胸、腹腔积液

●●●● 相关信息单

项目　以神经系统症状为主症猪病的防治

案例：见案例单案例4.1。

任务一　诊断

一、现场诊断

【材料准备】

体温计、解剖器械等。

【工作过程】

1. 检查

检查方法同学习情境1。根据本类疾病的特点，检查过程中，侧重了解猪群的发病时间、发病日龄、发病顺序、发病率、死亡率、死亡的急慢及用药情况；特别注意病猪的体温变化、运动情况及行为的变化，是否有其他症状等；剖检时对猪的各组织器官及神经系统的病变进行重点剖检观察。

2. 综合分析

依据发病特点、特征临床症状、主要剖检变化及与类症疾病鉴别，做出现场诊断。

案例发病特点分析

发病情况及流行病学调查	发病特点	提示疾病
①发病情况：猪场存栏猪3 016头，其中种母猪80头、种公猪6头，其他为育成猪、哺乳仔猪、断乳仔猪。8月上旬，仔猪发病，至8月19日，有143头哺乳仔猪发病，先后死亡114头；128头断乳仔猪发病，先后死亡64头；妊娠母猪50头，先后流产15头； ②主要症状：病猪肌肉震颤，站立不稳，倒地时四肢划动，有的转圈； ③用药情况：发病后用青霉素、链霉素、氟哌酸及磺胺类药物治疗无效，并在治疗过程中陆续死亡； ④猪群免疫情况：该场曾接种猪伪狂犬病疫苗，但未加强免疫接种	①典型神经症状； ②发病率高，死亡率高，年龄越小病死率越高； ③哺乳仔猪、断奶仔猪及母猪均发病； ④传染性强	以神经症状为主症传染病

案例症状特点分析

临床症状	症状特点	提示疾病
病猪精神不振、食欲减退，体温升高至 40～42 ℃。结膜潮红、口角有黏液。粪便干硬，呕吐。鸣叫、步态不稳，倒地四肢呈划水状态，全身肌肉痉挛。四肢内侧、耳、腹下皮肤有的发绀。有的呈"犬"坐式。发病后 3～7 d 大批哺乳仔猪相继死亡，断乳仔猪病程稍长。妊娠母猪出现咳嗽，并发生流产、死胎	①体温 40 ℃以上； ②步态不稳、四肢划动、肌肉痉挛； ③皮肤发红，"犬"坐姿式； ④便秘，呕吐； ⑤妊娠母猪流产	仔猪水肿病 猪李氏杆菌病 副猪嗜血杆菌病 猪链球菌病 猪伪狂犬病

案例剖检变化特点分析

病理剖检变化	剖检特点	提示疾病
肝脏、脾脏肿大质脆，有数量不等、大小不一的白色坏死灶。肾瘀血，肿大，呈褐色或土黄色，有针尖大出血点。肺充血、水肿，有出血点，呈斑驳状。淋巴结明显肿大。脑积液，脑膜充血、出血，脑组织出血水肿。肠充血、瘀血，肠壁黏膜潮红，胃底部弥漫性出血。一例扁桃体轻度出血	①肝、脾肿大，有白色坏死灶； ②肾脏瘀血，肿大，有针尖大小出血点； ③肺充血、水肿，有出血点； ④脑膜充血、出血； ⑤胃肠黏膜有卡他性或出血性炎症	猪伪狂犬病 猪李氏杆菌病

鉴别诊断

提示疾病	与案例不同点	初步诊断
猪伪狂犬病	无明显不同点	猪伪狂犬病
猪李氏杆菌病	①以幼龄和妊娠母猪易感； ②抗生素治疗有效	
副猪嗜血杆菌病	①以断乳仔猪多发，受害严重； ②典型"绒毛心"； ③腹膜、胸膜、心包膜有浆液性或化脓性纤维蛋白渗出物	
猪链球菌病	①以新生仔猪和哺乳仔猪发病、死亡率高； ②有败血症和关节炎症状，无妊娠母猪流产； ③心内外膜有出血点，心肌松软； ④胸腹腔液体增多，有纤维素性渗出物	
仔猪水肿病	①断奶前后健壮仔猪多发，发病率低、病死率高，母猪不发病； ②头颈部水肿、眼睑水肿； ③体温不高，无咳嗽和妊娠母猪流产； ④胃壁水肿，结肠系膜呈胶冻状	

3. 诊断结果

初步诊断为猪伪狂犬病，确诊依赖于实验室诊断。

二、实验室诊断

【材料准备】

器材：注射器、灭菌镊子、灭菌剪刀、研钵、离心机、离心管、灭菌毛细滴管、载玻片、牙签等。

药品：生理盐水、青霉素、链霉素等。

诊断液：猪伪狂犬病 gE 鉴别诊断乳胶凝集试验试剂盒。

实验动物：家兔。

【工作过程】

1. 应用家兔接种试验检测疑似病料中的猪伪狂犬病病毒。

（1）方法

无菌采取病死猪脑组织、扁桃体、淋巴结，混合后剪碎，经匀浆用灭菌生理盐水配成1∶5悬液，反复冻融 2～3 次后，以 3 000 r/min 离心 10 min，取上清液加入青霉素和链霉素，最终浓度分别为 100 IU/mL 和 100 μg/mL，置 4 ℃ 冰箱中作用 12 h，作为待检样品。吸取待检样品接种家兔，每只 1～2 mL，颈部皮下注射。

（2）结果观察和判定

伪狂犬病毒感染阳性：于接种后 24～48 h 注射部位出现奇痒，家兔啃咬注射局部，尖叫，口吐白沫，最终死亡，见图 4-1。

家兔局部发痒，啃咬接种部位　　　　　病料接种部位被咬伤出血

图 4-1　家兔接种实验阳性

伪狂犬病毒感染阴性：接种家兔仍健活。

2. 应用猪伪狂犬病 gE 鉴别诊断乳胶凝集试验检测被检动物血清或全血中抗 gE 蛋白抗体。此法简便、快速、特异、敏感。

（1）核实试剂盒内含物

伪狂犬病病毒 gE 蛋白致敏乳胶抗原、伪狂犬病病毒致敏乳胶抗原、伪狂犬病病毒标准阳性血清、注射 gE 基因缺失疫苗血清、载玻片、吸头、使用说明书。

（2）检测

取被检血清或全血 1 滴，置于载玻片上，加伪狂犬病病毒 gE 蛋白致敏乳胶抗原，用牙签混匀，搅拌并摇动 1～2 min，于 3～5 min 内观察结果。

（3）对照试验

对照试验的设立	结果
伪狂犬病病毒标准阳性血清加 Gg 蛋白致敏乳胶抗原	阳性
注射 Gg 基因缺失疫苗血清加 Gg 蛋白致敏乳胶抗原	阴性
伪狂犬病病毒标准阳性血清加伪狂犬病病毒致敏乳胶抗原	阳性
注射 Gg 基因缺失疫苗血清加伪狂犬病病毒致敏乳胶抗原	阳性

（4）判定

在对照组试验成立的条件下进行判定。

"＋＋＋＋"全部乳胶凝集，颗粒聚于液滴边缘，液体完全透明。

"＋＋＋"大部分乳胶凝集，颗粒明显，液体稍混浊。

"＋＋"约一半乳胶凝集，但颗粒较细，液体较混浊。

"＋"有少许颗粒，液体混浊。

"－"液体呈均匀乳状。

以出现"＋＋"以上凝集者判为阳性。

【注意事项】

（1）严格按猪伪狂犬病 gE 鉴别诊断乳胶凝集试验诊断试剂盒使用说明书要求贮存。

（2）乳胶抗原为乳白色液体，如出现分层，使用前轻轻摇匀即可。

任务二　防治

1. 各学习小组讨论、制定猪伪狂犬病的防治方案，实施防治措施。

2. 供参考免疫程序

选用猪伪狂犬病基因缺失灭活。种用仔猪在断奶时首免，间隔 4～6 周进行加强免疫，以后每隔 6 个月免疫一次，在产前免疫一次，可获得很好的效果；育肥用的仔猪在断奶时免疫一次，直至出栏。

【必备知识】

一、以神经系统症状为主症的猪病

	病　型	病　名	病原体
以神经症状为主症	细菌性传染病	猪李氏杆菌病	李氏杆菌
		副猪嗜血杆菌病（脑膜炎型）	副猪嗜血杆菌
		猪链球菌病（脑膜炎型）	链球菌
		猪水肿病	大肠杆菌
	病毒性传染病	猪伪狂犬病	伪狂犬病病毒
		猪狂犬病	狂犬病病毒
	中毒病	亚硝酸盐中毒	
		食盐中毒	

1. 猪李氏杆菌病

·猪李氏杆菌病是由产单核细胞李氏杆菌引起的多种家畜、家禽、啮齿类动物和人共患的一种散发性传染病。主要表现为脑膜脑炎、败血症，妊娠母畜流产。

【流行特点】 本病多种畜、禽易感，家畜中绵羊、猪、家兔发病较多，牛、山羊次之，犬、猫、马属动物很少发病。家禽中鸡、火鸡、鹅较易感，鸭发病较少。许多野兽野禽和鼠类也易感，是本病重要的贮藏宿主。各年龄猪均可发病，以幼龄和妊娠母猪多发。通常呈散发，病死率较高。主要发生在冬季及早春。青饲料缺乏、发酵不完全，气候突变，寄生虫病和沙门氏菌感染常是本病发生的诱因。

【临床症状】 临床分为败血型、脑膜脑炎型和混合型。

败血型 多发生于仔猪。病猪体温升高，精神沉郁，食欲减退或废绝，口渴，有的咳嗽、腹泻、皮疹、呼吸困难，耳部和腹部皮肤发绀。病程1～3 d，病死率高。妊娠母猪常发生流产。

脑膜脑炎型 多见于断奶仔猪，也见于哺乳仔猪。其脑炎症状与混合型相似，但较缓和，病猪体温、食欲、粪便一般正常，病程长。

混合型 常见，多发生于哺乳仔猪，主要表现脑膜脑炎症状。突然发病，体温高达41～42 ℃，吮乳减少或不吃，共济失调，肌肉震颤，转圈、盲目进退，抵物不动。有的头颈后仰，两前肢或四肢张开呈观星姿势，后肢麻痹不能站立。严重的阵发性痉挛，口吐白沫，四肢乱划，反应性增强，给予轻微刺激就发出惊叫。病程1～3 d，长者4～9 d，幼猪死亡率高，成年猪多能耐过。

【病理变化】 死于败血症的猪，脾肿大；肝表面有灰白色坏死灶，肺充血、水肿，气管与支气管有出血性炎症，心内外膜出血，胃、小肠黏膜充血，肠系膜淋巴结肿大。发生流产的可见母猪子宫内膜充血及广泛性坏死，胎盘子叶出血坏死，胎儿皮下水肿，体腔液体增加。

有神经症状的猪，脑及脑膜充血、水肿，脑脊液增加、混浊，脑干变软、有小脓灶。

【诊断】 根据流行特点、临床症状及剖检变化可初步诊断，确诊需进行实验室诊断。

(1)病原学诊断

无菌采取血液、脑脊髓液、脑、肝、脾等病变组织；流产胎儿胃内容物或母畜阴道分泌物，按细菌感染的检查方法进行检验，取得以下结果即可确诊。

①镜检 见到革兰氏阳性呈"V"形排列的细小杆菌。

②分离培养 在血平板上的菌落周围呈β溶血；在0.05%亚硒酸盐胰蛋白胨琼脂平板上长成圆形、隆起、湿润、黑色的菌落；在麦康凯琼脂平板上不生长；在1%葡萄糖血清肉汤中使培养基均匀混浊，形成颗粒状沉淀。

③生化试验 发酵葡萄糖、鼠李糖、果糖，产酸不产气；靛基质及H_2S试验阴性；不液化明胶；MR和VP试验均为阳性。

④动物接种 用病料或24 h肉汤培养物1滴，滴入幼兔或豚鼠一侧结膜囊内，另一侧作对照，观察5 d，一般在接种24～26 h内发生化脓性结膜炎，或不久发生败血症死亡。

(2)血清学诊断

荧光抗体技术可做快速诊断，还可应用凝集试验和补体结合试验。

【治疗】 早期大剂量应用磺胺类药物，或与青霉素、四环素等并用，有良好的治疗效果。氨苄青霉素和庆大霉素混合使用，效果更好，同时配合对症治疗，病猪兴奋不安时，可内服水合氯醛或肌内注射苯巴比妥钠。脑炎型一般治疗无效。

【防治】 重在加强饲养管理和检疫，应着重搞好环境卫生，正确处理粪便，不喂霉败的青贮饲料。消灭猪舍附近的鼠类，防止其他疾病感染，驱除体外寄生虫，增强猪的抵抗力。一旦发病，应全群检疫，将病畜隔离治疗，同时以四环素混料，全群连用 5 d。彻底消毒污染的场舍、用具等，被污染的水源可用漂白粉消毒，病猪尸体一律深埋或焚烧，防止人员感染本病。

2. 副猪嗜血杆菌病（脑膜脑炎型）

具体内容见学习情境 3 必备知识。

3. 猪链球菌病（脑膜脑炎型）

猪链球菌病多见于仔猪，病猪体温升达 40.5～42.5 ℃，主要表现运动失调、转圈、磨牙、空嚼，或突然倒地，口吐白沫，四肢呈游泳状划动，后肢麻痹，前肢爬行，最后昏迷而死亡。病程短者几小时，长者 1～2 d。

其他内容见学习情境 1 必备知识。

4. 仔猪水肿病

仔猪水肿病是由致病性大肠杆菌引起断奶前后仔猪的一种急性、高度致死性、散发性传染病。以头部水肿、共济失调、惊厥、麻痹，剖检时胃壁、肠系膜等水肿为特征。常见的血清群有 O_8、O_{45}、O_{138}、O_{139}、O_{141} 等，我国以 O_{139} 为主。

【流行特点】 主要发生于断奶前后的仔猪，以营养良好和体格健壮的仔猪多发，常突然发生，病程短，致死率高。多发生在春、秋两季，呈散发。本病的发生与饲料和饲养方式的改变、饲料单一或喂给大量浓缩的精饲料等有关。

【临床症状】 仔猪断奶后 1～2 周内，突然发病，精神沉郁，减食或不食，体温一般正常。四肢无力，共济失调，肌肉震颤，盲目行走，有的前肢跪地，后肢直立，有的倒地四肢划动如游泳状，后肢或全身瘫痪。皮肤敏感，触之惊叫，叫声嘶哑。病猪常见眼睑、面部水肿，见图 4-2，重者延至颈部或腹部皮下。病程 1～2 d，最长达 7 d。发病率 10%～30%，病死率约 90%。

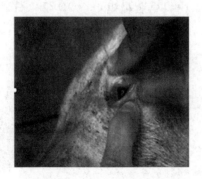

图 4-2 眼睑水肿

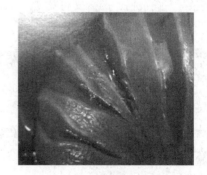

图 4-3 胃壁水肿

【病理变化】 特征病变是全身多处组织水肿，以胃壁水肿最常见。胃壁水肿多见于胃大弯部和贲门处，切面流出无色或混有血液而呈茶色的渗出液，或呈胶冻状，严重者可厚达 2～3 cm，见图 4-3。肠系膜、胆囊、肠系膜淋巴结水肿、出血，切面多汁。小肠黏膜有弥漫性出血。结肠肠系膜呈胶冻状，肠黏膜红肿、出血。眼睑、颜面部、头颈部皮下有不同程度水肿。喉头、肺、脑等组织水肿。胸腹腔、心包有多量积液。

【诊断】　根据流行病学、临床症状、病理变化可做初步诊断。确诊需由小肠内容物分离病原性大肠杆菌。

【治疗】　临床治疗较困难，主要采取综合治疗及对症疗法。以抗菌消炎、保肝解毒、强心、利尿消肿为治疗原则。同栏仔猪一头发病，整栏治疗。

早期应用抗水肿病血清，使用阿莫西林、先锋霉素、土霉素、磺胺类、恩诺沙星、硫酸卡那霉素等抗大肠杆菌药物，对病程长者有一定疗效。

【防治】　加强断奶前后仔猪的饲养管理，提早补料，训练采食；不突然改变饲料和饲养方法，饲料喂量逐渐增加，少喂勤添，防止饲料单一或过于浓厚，注意补充维生素和矿物质。在发病地区，仔猪断奶前后在饲料中添加氟苯尼考、呋喃西林、土霉素、SM、大蒜等进行预防，并少喂精料，亦可注射仔猪水肿病灭活苗。

5. 猪伪狂犬病

猪伪狂犬病是由伪狂犬病毒引起的猪的一种急性传染病。感染猪临床特征为体温升高，呼吸系统症状；仔猪神经症状；成年猪常为隐性感染；妊娠母猪感染后可引起流产、死胎及呼吸系统症状；无奇痒。

【流行特点】　本病易感动物广泛，家畜中以猪、牛最易感。母猪感染后6～7 d乳中便有病毒，持续3～5 d，仔猪可因哺乳而感染，妊娠母猪可经胎盘感染胎儿。本病多发于冬、春季节，常呈地方性流行。隐性感染猪群常因受到应激因素的刺激而引起本病的暴发。

【临床症状】　潜伏期一般3～6 d，短的36 h，长的可达10 d。因猪年龄不同，症状和死亡率有很大的不同，但一般不出现奇痒。

新出生的仔猪感染后，表现眼周围发红，闭目昏睡，体温升高至41～42 ℃，呼吸困难，从口角流出带泡沫的黏液，有的腹泻、呕吐。两耳后倾，初期鸣叫，后期叫声嘶哑。眼睑和嘴角水肿，腹部有粟粒大紫色斑点，有的全身紫色。病初步态不稳，有的后退行走，继而倒地，头颈后仰，四肢划动，见图4-4。常见间歇抽搐，病猪肌肉痉挛，角弓反张，持续4～10 min，而后又可站立，见图4-5、图4-6。病程最短4～6 h，最长5 d。出现神经症状的仔猪死亡率100%。

图4-4　头颈后仰，四肢划动　　　图4-5　四肢麻痹，运动失衡　　　图4-6　角弓反张

20日龄以上的仔猪感染后，症状与上相似，但病程稍长，病死率在40%～60%。断奶前后的仔猪，有明显黄色水样稀便者，病死率可达100%。2月龄以上的猪，症状较轻，随年龄增长，神经症状减少，多表现沉郁和呼吸困难、咳嗽等。

妊娠母猪感染后，体温升高 0.5 ℃左右，精神沉郁，食欲减退或废绝，咳嗽、腹式呼吸，便秘。流产、死产、木乃伊胎。流产、死胎发生率高达 50%，弱仔表现呕吐、腹泻，痉挛，角弓反张，通常在 24～36 h 内死亡。

【病理变化】 鼻腔卡他性或化脓性出血性炎症，扁桃体水肿并出现坏死灶。咽喉黏膜水肿，有纤维素性坏死性假膜覆盖；肺水肿，有小叶性间质性肺炎。心肌松软，心包及心肌有出血点。肝脏、脾脏和肾脏有小点出血或坏死灶。有不同程度的卡他性或出血性胃肠炎，胃底黏膜出血。淋巴结充血肿大。子宫内感染后可发展为溶解坏死性胎盘炎。流产胎儿的体腔内有棕褐色液体，肾及心肌出血，肝、肾有灰白色坏死灶。有神经症状者，脑膜充血、出血和水肿，脑脊髓液增多。

【诊断】 根据本病的特征症状和剖检变化可初步诊断，确诊需进行实验室诊断。

(1)病原学诊断

生前采取扁桃体和咽部黏膜，检查黏膜上皮细胞中有无包涵体；死后可采取脑、延髓、小脑、海马角及内脏，进行病毒的分离鉴定及动物试验，亦可制作冰冻切片，经荧光抗体染色后，在神经节细胞的胞浆核内发现荧光，即可确诊。

PCR 试验具有快速、敏感、特异性强等优点，能同时检测大批量的样品，并且能进行活体检测，适合于临诊诊断。

①病毒的分离鉴定 病料接种猪肾传代细胞、仓鼠肾传代细胞，于接种后 24～72 h 内出现典型的细胞病变，再用已知血清做中和试验，以确诊本病。

②动物接种试验 将病死动物的脑组织制成 10 倍乳剂，加双抗处理，1～2 mL 皮下接种家兔，2～5 d 后接种部位出现剧痒，家兔不停啃咬奇痒部位，使该部脱毛、出血，最后麻痹而死，可以确诊。还可接种猫、小鼠、9～11 日龄鸡胚等，均出现规律性结果。

(2)血清学诊断

应用最广泛的有中和试验、酶联免疫吸附试验、乳胶凝集试验、补体结合试验及间接免疫荧光等。血清中和试验的特异性及敏感性强，被世界动物卫生组织（OIE）列为法定的诊断方法。酶联免疫吸附试验同样具有特异性强、敏感性高的特点，3～4 h 内可得出试验结果，并可同时检测大批量样品，广泛用于伪狂犬病的临诊诊断。近几年来，乳胶凝集试验在临诊上广泛应用，操作极其简便，几分钟之内便可得出试验结果。

【治疗】 本病尚无有效药物，紧急情况下用高免血清治疗，可降低死亡率。可采用经过免疫或发病康复母猪的血液或血清，对受到严重威胁的仔猪注射，使其获得保护。

【防治】

(1)疫苗接种是控制本病的重要措施，国内有灭活苗、普通弱毒苗及基因缺失弱毒苗等。接种 7 d 后产生免疫力，免疫期一年。由于本病具有终生潜伏感染、长期带毒、散毒的特点，并且潜伏感染随时可被激发，故清净猪场不提倡用苗。

种用仔猪在断奶时首免，间隔 4～6 周进行加强免疫，以后每隔 6 个月免疫一次，在产前免疫一次，可获得很好的效果；育肥用的仔猪在断奶时免疫一次，直至出栏。

(2)净化猪场，培育健康猪群。种猪场每隔 4 周进行 1 次血清学检查，淘汰阳性猪；仔猪断乳后，不混窝，从 16 周龄开始，每隔 4 周进行 1 次血清学检查，淘汰阳性猪，阴性者合群。

(3)发生疫情时，立即隔离或扑杀病猪，尸体销毁或深埋；疫区内未发病的易感猪用疫苗进行紧急接种，对暂无症状表现和仅有轻度表现的猪，立即肌内注射猪伪狂犬基因缺失灭活苗，每头 2 头份，哺乳仔猪 3 日龄滴鼻 1 头份，种猪每头 1 头份免疫。于第 1 次免疫接种 30 d 后，全群进行第 2 次免疫接种，剂量与第 1 次免疫接种剂量相同。畜舍、用具及污染的环境用 2% 氢氧化钠、20% 漂白粉等彻底消毒；粪便发酵处理。

6. 猪狂犬病

猪狂犬病又称恐水病，是由狂犬病病毒引起的对人类和动物都具有高度感染性的一种病毒性传染病。临诊特征是病畜极度兴奋、狂躁不安和意识障碍，病死率极高，一旦发病，几乎全部死亡。该病在大多数国家都有不同程度的发生。

【流行特点】　自然界中野生动物(狼、狐、貉、臭鼬和蝙蝠等)是狂犬病病毒主要的自然储存宿主。日常生活中，患病的犬和猫是本病最主要的传染源，本病在猪群中的发病率比较低。由患病动物咬伤或伤口被含有狂犬病病毒的唾液直接污染是本病的主要传播途径，此外，人和动物都有经呼吸道、消化道和胎盘等非咬伤性传播途径感染的病例。发病率受被咬伤的部位等因素的影响。一般头面部咬伤者比躯干、四肢咬伤者发病率高；伤口越深，伤处越多者发病率也越高。本病的发生还有明显的季节性，一般以温暖季节发病较多。

【临床症状】　患猪常为突然发作，一般在发病后的 72~96 h 死亡。病猪兴奋不安，共济失调，横冲直撞，叫声嘶哑，流涎，全身肌肉阵发性痉挛，反复用鼻掘地，攻击人畜。在发作间歇期常钻入垫草中，稍有声响立即跃起，无目的地乱跑，最后常发生麻痹症状，以死亡而告终。

【病理变化】　本病无特征性剖检变化。病理组织学检查见有非化脓性脑炎变化，以及在大脑海马角、大脑或小脑皮质等处的神经细胞中可检出嗜酸性包涵体——内基氏小体。脑的病变从轻微的脉管炎和以局灶性神经胶质增生为主的中度病变，到整个脑和脊髓的明显病变。

【诊断】　本病的临诊诊断比较困难，有时因潜伏期特长，查不清咬伤史，症状又易与其他脑炎相混而误诊。如患病动物出现典型的病程，各个病期的临诊表现十分明显，则结合病史可以做出初步诊断。但因狂犬病患犬早在出现症状前 1~2 周即已从唾液中排出病毒，所以当动物或人被可疑病犬咬伤后，应及早对可疑病犬做出确诊，以便对被咬伤的人畜进行必要的处理。为此，应进行必要的实验室检验。

(1)病原学诊断

取大小脑、延脑等，最好取海马回，各切取 1 cm³ 小块，置灭菌容器，在冷藏条件下运送至实验室。若检查内基氏小体，可切取海马回，置吸水纸上，切面向上，载玻片轻压切面，制成压印标本，室温自然干燥后染色镜检，检查有无特异包涵体。内基氏小体位于神经细胞胞浆内，直径 3~20 μm 不等，呈椭圆形，呈嗜酸性着染(鲜红色)，检出内基氏体，即可诊断为狂犬病。犬脑的阳性检出率为 70% 左右，在检查犬脑时还应注意与犬瘟热病毒引起的包涵体相区别。

(2)血清学诊断

常用的血清学方法主要有中和试验、补体结合试验、间接荧光抗体试验、交叉保护试验、血凝抑制试验以及间接免疫酶试验等。一般实验室常用的血清学诊断法为中和试验。近年来已将单克隆抗体技术用于狂犬病的诊断，特别适用于区别狂犬病病毒与该病毒属的其他相关病毒。此外，还有斑点免疫测定、核酸杂交技术、PCR 技术、对流免疫电泳、Western 印迹等新型诊断方法。

【防治】　免疫接种仍是控制和消灭狂犬病的根本措施。但目前还没有研制出猪专用的狂犬病疫苗的报道。鉴于许多野生动物及犬都是狂犬病的重要传染源，避免猪群与野生动物的接触，对家犬等狂犬病易感动物进行大规模免疫接种是预防猪患狂犬病的有效措施。

7. 猪亚硝酸盐中毒

猪亚硝酸盐中毒是猪摄入富含硝酸盐、亚硝酸盐过多的饲料或饮水，引起高铁血红蛋白症，导致组织缺氧的一种急性、亚急性中毒性疾病。临诊体征为可视黏膜发绀、血液酱油色、呼吸困难及其他缺氧症状为特征。本病在猪较多见，常于猪吃饱后 15 min 到数小时发病，故俗称"饱潲病"或"饱食瘟"。

【病因】　油菜、白菜、甜菜、野菜、萝卜、马铃薯等青绿饲料或块根饲料富含硝酸盐。使用硝酸铵、硝酸钠、除草剂、植物生长剂的饲料和饲草，其硝酸盐的含量增高。硝酸盐还原菌广泛分布于自然界，在温度及湿度适宜时可大量繁殖。当饲料慢火焖煮、霉烂变质、枯萎等时，硝酸盐可被硝酸盐还原菌还原为亚硝酸盐，以致中毒。

亚硝酸盐的毒性比硝酸盐强 15 倍。亚硝酸盐亦可在猪体内形成，在一般情况下，硝酸盐转化为亚硝酸盐的能力很弱，但当胃肠道机能紊乱时，如患肠道寄生虫病或胃酸浓度降低时，可使胃肠道内的硝酸盐还原菌大量繁殖，此时若动物大量采食含硝酸盐饲草饲料时，即可在胃肠道内大量产生亚硝酸盐并被吸收而引起中毒。

【临床症状】　急性中毒的猪常在采食后 10～15 min 发病，慢性中毒时可在数小时内发病。一般体格健壮、食欲旺盛的猪因采食量大而发病严重。病猪呼吸严重困难，多尿，可视黏膜发绀，刺破耳尖、尾尖等，流出少量酱油色血液，体温正常或偏低，全身末梢部位发凉。因刺激胃肠道而出现胃肠炎症状，如流涎、呕吐、腹泻等。共济失调，痉挛，挣扎鸣叫，或盲目运动，心跳微弱。临死前角弓反张，抽搐，倒地而死。

【病理变化】　中毒猪尸体腹部多膨满，口鼻青紫，可视黏膜发绀。口鼻流出白色泡沫或淡红色液体，血液呈酱油状，凝固不良。肺膨大，气管和支气管、心外膜和心肌有充血和出血，胃肠黏膜充血、出血及脱落，肠淋巴结肿胀，肝呈暗红色。

【诊断】　依据发病急、群体性发病的病史、饲料储存状况、临诊见黏膜发绀及呼吸困难、剖检时血液呈酱油色等特征，可以做出诊断。可根据特效解毒药美蓝进行治疗性诊断，也可进行亚硝酸盐检验、变性血红蛋白检查。

（1）亚硝酸盐检验

取胃肠内容物或残余饲料的液汁 1 滴，滴在滤纸上，加 10%联苯胺液 1～2 滴，再加 10%的醋酸 1～2 滴，滤纸变为棕色，则为亚硝酸盐阳性反应。也可将胃肠内容物或残余饲料的液汁 1 滴，加 10%高锰酸钾溶液 1～2 滴，充分摇动，如有亚硝酸盐，则高锰酸钾变为无色，否则不褪色。

（2）变性血红蛋白检验

取血液少许于试管内振荡，振荡后血液不变色，即为变性血红蛋白。为进一步验证，可滴入 1%氰化钾 1～3 滴，血色即转为鲜红。

【治疗】

(1)迅速使用特效解毒药如美蓝或甲苯胺蓝。静脉注射1%的美蓝，1 mL/kg体重，也可深部肌内注射1%的美蓝；甲苯胺蓝5 mg/kg体重，可内服或配成5%的溶液静脉注射、肌内注射或腹腔注射。同时配合使用高渗葡萄糖300～500 mL，维生素C 10～20 mg/kg体重。

(2)对症治疗呼吸急促时，可用尼克刹米、洛贝林(山梗菜碱)等兴奋呼吸的药物。对心脏衰弱者，注射0.1%盐酸肾上腺素溶液0.2～0.6 mL，或注射10%安钠咖以强心。

【防治】 改善饲养管理，青绿饲料宜生喂，不宜堆放或蒸煮，要烧煮时，应迅速煮熟，揭开锅盖且不断搅拌，勿闷于锅内过夜。烧煮饲料时可加入适量醋，以杀菌和分解亚硝酸盐。接近收割的青绿饲料不应施用硝酸盐化肥。

8. 猪食盐中毒

猪食盐中毒主要是由于采食含过量食盐的饲料，尤其是在饮水不足的情况下而发生的中毒性疾病。本病主要的临床特征是突出的神经症状和一定的消化紊乱。本病多发于散养的猪，规模化猪场少发。猪食盐内服急性致死量约为每千克体重2.2 g。

【发病原因】 由于采食含盐分较多的饲料或饮水，如泔水、腌菜水、饭店食堂的残羹、洗咸鱼水或酱渣等喂猪，配合饲料时误加过量的食盐或混合不均匀等而造成。全价饲养，特别是日粮中钙、镁等矿物质充足时，对过量食盐的敏感性大大降低，反之则敏感性显著增高。饮水是否充足，对食盐中毒的发生更具有绝对的影响。食盐中毒的关键在于限制饮水。

【临床症状】 根据病程可分为最急性型和急性型两种。

最急性型 为一次食入大量食盐而发生。临床症状为肌肉震颤，阵发性惊厥，昏迷，倒地，2 d内死亡。

急性型 当病猪吃的食盐较少，而饮水不足时，经过1～5 d发病，临床上较为常见。表现为食欲减少，口渴，流涎，头碰撞物体，步态不稳，转圈运动。大多数病例呈间歇性癫痫样神经症状。神经症状发作时，颈肌抽搐，不断咀嚼流涎，犬坐姿势，张口呼吸，皮肤黏膜发绀，发作过程1～5 min，发作间歇时，病猪可不呈现任何异常情况，1 d内可反复发作无数次。发作时，肌肉抽搐，体温升高，但一般不超过39.5 ℃，间歇期体温正常。末期后躯麻痹，卧地不起，常在昏迷中死亡。

【病理变化】 剖检可见胃肠黏膜充血、出血、水肿，呈卡他性和出血性炎症，并有小点溃疡，粪便液状或干燥，全身组织及器官水肿，体腔及心包积水，脑水肿显著，并可能有脑软化或早期坏死。

【诊断】 主要根据过食食盐和饮水不足的病史，暴饮后癫痫样发作等突出的神经症状及脑组织典型的病变可作出初步诊断。确诊可采取饮水、饲料、胃肠内容物以及肝、脑等组织作氯化钠含量测定。肝和脑中的钠含量超过1.50 mg/g，或氯化钠含量超过2.50 mg/g和1.80 mg/g，即可认为是食盐中毒。

【治疗】 无特效解毒药。要立即停止食用原有的饲料，逐渐补充饮水，要少量多次给。当猪发生食盐中毒后，可采取下列措施。

(1)大量饮水，并静脉注射5%葡萄糖液100～200 mL。

(2)为缓解兴奋和痉挛发作应用5%溴化钾或溴化钙10～30 mL静脉注射，以排除体内蓄积的氯离子。

（3）使用双氢克尿噻利尿以排除钠离子、氯离子，口服 0.05～0.2 g。

（4）为缓解脑水肿，降低颅内压，可用甘露醇注射液 100～200 mL，静脉注射或用 50％葡萄糖液静脉注射。

【防治】　控制日粮中盐分的含量，使用含盐农副产品做饲料时，应掌握其含盐量是否过高，同时应经常供应充足卫生清洁的饮水。

9. 其他疾病

非典型性猪瘟、流行性乙型脑炎、猪脑脊髓炎、弓形虫病、维生素 A 缺乏、钙磷缺乏症、肉毒梭菌毒素中毒、有机磷中毒等病也可出现神经症状，临床上应仔细观察其他系统的症状，加以鉴别。

二、以神经症状为主症猪病的鉴别

表 4-1　以神经症状为主症猪病鉴别表

疾病	发病年龄	发病率	死亡率	临床症状	剖检变化
猪水肿病	断奶前后健壮仔猪	15％左右	高	突然死亡，步态摇摆，麻痹，震颤，体温正常，眼睑、面部水肿	皮下、胃和肠系膜水肿，有胶冻样物质
脑炎型链球菌病	哺乳仔猪多发	散发	高	发热，便秘，步态僵直，共济失调，有败血症、关节炎	脑和脑膜充血、出血，有化脓性脑炎，器官充血
李氏杆菌病	各年龄猪、年轻猪重	散发	高	震颤，共济失调，应激性高，眼球外突	脑膜炎，局灶性肝坏死，肠黏膜潮红，淋巴结肿大
猪副嗜血杆菌病	2 周龄到 4 月龄，以 5～8 周龄多见	10％～50％	中等	发热，肌肉震颤，呼吸困难，咳嗽，关节炎	纤维素性脑膜炎，心包炎，胸膜炎
猪伪狂犬病	各年龄猪、仔猪严重	整群感染	高	发热，痉挛，共济失调，昏迷，咳嗽，腹泻，呕吐，母猪流产、产死胎	肺水肿，肝有坏死灶，脑及脑膜充血、出血、水肿
先天性震颤	新生仔猪	第一胎整群发生	高	震颤，病初时严重	无肉眼变化
低血糖症	未断奶仔猪、2～3 日龄	散发	高	共济失调，侧卧，搐搦，喘，心率缓，体温下降	胃无内容物，无体脂，肌肉淡棕红色
亚硝酸盐中毒	任何年龄		高	可视黏膜发绀、血液酱油色、呼吸困难及其他缺氧症状	口鼻流出白色泡沫或淡红色液体，血液呈酱油状，凝固不良
食盐中毒	任何年龄	整圈发生	高	失明，肌肉无力，厌食，呕吐，腹泻，角弓反张	胃炎，肠炎，便秘

计 划 单

学习情境 4	以神经系统症状为主症的猪病		学时	7
计划方式	小组讨论制定实施计划			
序 号	实施步骤		使用资源	备注
制定计划说明				
	班 级		第 组	组长签字	
	教师签字		日 期	
计划评价	评语：			

决策实施单

学习情境 4		以神经系统症状为主症的猪病					
讨论小组制定的计划书，做出决策							
计划对比	组号	工作流程的正确性	知识运用的科学性	步骤的完整性	方案的可行性	人员安排的合理性	综合评价
	1						
	2						
	3						
	4						
	5						
	6						
制定实施方案							
序号	实施步骤						使用资源
1							
2							
3							
4							
5							
6							

实施说明：

班　级			第　　组	组长签字	
教师签字			日　期		

评语：

作 业 单

学习情境 4	以神经系统症状为主症的猪病					
作业完成方式	以学习小组为单位，课余时间独立完成，在规定时间内提交作业					
作业题 1	仔猪水肿病、猪李氏杆菌病的鉴别诊断					
作业解答	可另附页					
作业题 2	副猪嗜血杆菌病、脑膜炎型猪链球菌病的鉴别诊断					
作业解答	可另附页					
作业题 3	案例分析：见本学习情境案例单案例 4.2 和案例 4.3； 要求：根据病例的发病情况、症状及病变，提出初步诊断意见和确诊的方法，并按你的诊断结果提出治疗方案及防治措施					
作业解答	可另附页					
作业评价						
作业评价	班　　级		第　　组	组长签字		
	学　　号		姓　　名			
	教师签字		教师评分		日　期	
	评语：					

效果检查单

学习情境 4	以神经系统症状为主症的猪病			
检查方式	以小组为单位,采用学生自检与教师检查相结合,成绩各占总分(100 分)的 50%			
序号	检查项目	检查标准	学生自检	教师检查
1	资讯问题	答案是否准确、回答是否正确		
2	计划书质量	综合评价结果		
3	初步诊断	方法是否正确、结论是否正确、剖检后动物尸体处理是否正确		
4	实验室诊断	方法是否正确、材料准备是否齐备、操作是否规范、结论是否正确		
5	治疗方法	方法是否正确、一般性用药是否合理、是否应用药敏试验选择用药		
6	防治措施	是否具有较强的完整性、可行性		
7	免疫接种	免疫程序是否合理免疫接种方法是否正确、疫苗的使用及保存是否正确		
8	团队合作	团队中是否分工明确,合作密切		

检查评价	班　　级		第　　组	组长签字	
	教师签字			日　　期	
	评语:				

评价反馈单

学习情境4	以神经系统症状为主症的猪病				
评价类别	项目	子项目	个人评价	组内评价	教师评价
专业能力 (60%)	资讯(10%)	查找资料，自主学习(5%)			
		资讯问题回答(5%)			
	计划(5%)	计划制定的科学性(3%)			
		用具材料准备(2%)			
	实施(25%)	各项操作正确(10%)			
		完成的各项操作效果好(6%)			
		完成操作中注意安全(4%)			
		使用工具的规范性(3%)			
		操作方法的创意性(2%)			
	检查(5%)	全面性、准确性(3%)			
		生产中出现问题的处理(2%)			
	结果(10%)	提交成品质量			
	作业(5%)	及时、保质完成作业			
社会能力 (20%)	团队协作 (10%)	小组成员合作良好(5%)			
		对小组的贡献(5%)			
	敬业、吃苦 精神(10%)	学习纪律性(4%)			
		爱岗敬业和吃苦耐劳精神(6%)			
方法能力 (20%)	计划能力 (10%)	制定计划合理			
	决策能力 (10%)	计划选择正确			
意见反馈					
请写出你对本学习情境教学的建议和意见					

	班 级		姓 名		学 号		总 评	
	教师签字		第 组	组长签字			日 期	
评价 评语	评语：							

●●●●● **拓展视频**

法治中国：狂犬病重在预防

介绍二十大报告中的内容
"如何推进美丽中国建设"

学习情境 5

以皮肤和黏膜水疱丘疹为主症的猪病

●●●● 学习任务单

学习情境 5	以皮肤和黏膜水疱丘疹为主症的猪病	学　时	10
布置任务			
学习目标	1. 明确以皮肤黏膜水疱、丘疹为主症的猪病的种类及其基本特征； 2. 能够说出各病的主要流行特点、典型的临床症状和病理变化； 3. 能够通过流行病学调查、临床症状观察、病理剖检变化观察、与类症疾病鉴别，进行本类疾病的初步诊断； 4. 能够根据病原体的特性选择运用血清学试验及常规病原体鉴定方法，对传染病及寄生虫病做出诊断； 5. 能够对诊断出的疾病予以合理治疗； 6. 能够根据猪场的具体情况，制定及实施防治措施； 7. 能够独立或在教师的引导下设计工作方案，分析、解决工作中出现的一般性问题； 8. 培养学生安全生产和公共卫生意识，做好自身安全防护； 9. 提升重大动物疫病防控能力，增强防疫意识和法制观念，保障群众的养殖安全		
任务描述	以临床生产实践多发的以皮肤黏膜水疱、丘疹症状为主症的猪病或案例为载体，完成以下任务： 1. 运用流行病学调查、临床症状观察、病理剖检变化观察、与类症疾病鉴别等方法，通过对病例的解析、推断，完成本类疾病的初步诊断； 2. 依据初步诊断结果，设计实验室检验方案，完成传染病及寄生虫病的实验室检验，做出正确诊断； 3. 对诊断出的疾病予以合理治疗； 4. 疫情处理； 5. 制定及实施防治措施		
学时分配	资讯：3 学时　　计划：1 学时　　决策：1 学时　　实施：4 学时　　考核：0.5 学时　　评价：0.5 学时		
提供资料	1. 信息单； 2. 教材； 3. 相关网站网址		
对学生要求	1. 按任务资讯单内容，认真准备资讯问题； 2. 按各项工作任务的具体要求，认真设计及实施工作方案； 3. 严格遵守动物剖检、检验等技术操作规程，避免散播病原； 4. 严格遵守实验室管理制度，避免安全事故发生； 5. 严格遵守猪场消毒卫生制度，防止传播疾病； 6. 严格遵守猪场劳动纪律，认真对待各项工作； 7. 虚心向猪场技术人员学习，做到多请教多提高； 8. 以学习小组为单位，开展工作，展示成果，提升团队协作能力		

●●●●● **任务资讯单**

学习情境 5	以皮肤和黏膜水疱丘疹为主症的猪病
资讯方式	阅读信息单及教材；进入本课程的精品课网站及相关网站，观看 PPT 课件、视频；图书馆查询；向指导教师咨询
资讯问题	1. 口蹄疫的病原体是什么？其有何主要生物学特性？ 2. 口蹄疫病毒主要分为哪几个血清型？我国主要流行哪些？ 3. 口蹄疫的流行有哪些特点？ 4. 不同动物感染口蹄疫后临床症状有何异同？ 5. 如何采取及运送口蹄疫病料？如何确诊口蹄疫？ 6. 猪场确诊口蹄疫发生，应采取哪些紧急措施？ 7. 在疫区怎样防控口蹄疫？ 8. 口蹄疫实验室病原分离鉴定到血清型有什么意义？ 9. 我国《口蹄疫防治技术规范》的内容包括哪些？ 10. 人感染口蹄疫有哪些临床症状？在疫情处理时应注意什么？ 11. 猪水疱病的病原体是什么？其有何主要生物学特性？ 12. 猪水疱病和口蹄疫在流行特点上有何异同？ 13. 怎样进行猪水疱病的实验室诊断？ 14. 说出猪水疱病的防治措施。 15. 猪水疱性疹、猪水疱性口炎的病原体分别是什么？其各有何生物学特性？ 16. 猪水疱性疹、猪水疱性口炎的流行病学特点与口蹄疫及猪水疱病有哪些异同？ 17. 怎样进行猪水疱性疹、猪水疱性口炎的实验室诊断？ 18. 如何防治猪水疱性疹和猪水疱性口炎？ 19. 猪水疱病、猪水疱性口炎、猪水疱性疹与猪口蹄疫临床症状有何区别？ 20. 怎样鉴别猪口蹄疫、猪水疱病、猪水疱性口炎和猪水疱性疹？ 21. 猪疥螨成虫及发育史有何特点？ 22. 猪疥螨病的临床表现是什么？ 23. 如何进行猪疥螨病的诊断？ 24. 怎样治疗猪疥螨病？ 25. 预防猪疥螨病的措施有哪些？ 26. 猪渗出性皮炎的病原体是什么？其有何主要生物学特性？ 27. 猪渗出性皮炎的流行特点是什么？ 28. 说出猪渗出性皮炎的临床表现。 29. 如何进行猪渗出性皮炎的实验室诊断？ 30. 猪场发生了猪渗出性皮炎，应该怎么处理？ 31. 猪皮炎肾病综合征是由什么引起的？ 32. 猪皮炎肾病综合征的临床表现有哪些？ 33. 猪玫瑰糠疹有哪些临床表现？ 34. 猪角化不全症发生的原因是什么？有何临床表现？怎么防治？ 35. 引起皮肤丘疹的疾病还有哪些？怎么进行鉴别？

学习情境 5	以皮肤和黏膜水疱丘疹为主症的猪病
资讯引导	1. 王志远．猪病防治．北京：中国农业出版社，2010 2. 姜平等．猪病．北京：中国农业出版社，2009 3. 李立山等．养猪与猪病防治．北京：中国农业出版社，2006 4. 刘振湘等．动物传染病防治技术．北京：化学工业出版社，2009 5. 刘莉．动物微生物及免疫．北京：化学工业出版社，2010 6. 宣长和等．猪病诊断彩色图谱与防治．北京：中国农业科学技术出版社，2005 7. 潘耀谦等．猪病诊治彩色图谱．北京：中国农业出版社，2010 8. 猪 e 网：http：//www. zhue. com. cn/ 9. 在线猪病诊断系统：http：//www. fjxmw. com/zbzd/ 10. 中国养猪网：http：//www. china-pig. cn/ 11. 中国猪网：http：//www. pigcn. cn/

●●●●● 案 例 单

学习情境 5	以皮肤和黏膜水疱丘疹为主症的猪病
序号	案例内容
5.1	某养猪场饲养 300 头育肥猪，1 月 31 日猪群中有个别猪食欲下降，精神不振。到 2 月 4 日猪群相继发病。该猪场按规定免疫程序进行了猪瘟、猪丹毒、猪肺疫、猪副伤寒等免疫接种。病初个别猪食欲下降，精神不振，体温升高 40～41℃，蹄冠、蹄叉和蹄踵部发红，触诊敏感，个别猪蹄部还发现有蚕豆大小的水疱。1 d 后猪只陆续发病，在蹄冠、蹄踵、蹄叉、口腔、颊部以及舌面黏膜等部位出现大小不等的水疱和溃疡。有的水疱破裂已经形成了糜烂。病猪卧地不能站立，并有 3 头 30 kg 的小猪死亡。剖检病死猪，可见咽喉、气管、支气管和胃黏膜有烂斑和溃疡，心包膜有弥散性及点状出血，心肌松软，心肌切面有灰白色或淡黄色斑点或条纹，像虎皮一样，其他组织器官无明显变化
5.2	某养猪户饲养的 30 多头 20 kg 左右的育肥猪，6 月上旬个别猪头部、颈部皮肤发红，并出现红色小结节，病猪常在圈墙、栏柱等处摩擦，患部出血，有的形成痂皮。至 7 月发病数量增多，病变蔓延到肩、背部以至全身。患部被毛脱落，皮肤增厚，弹性降低，出现皱褶。村兽医按皮炎治疗，不见好转。该猪群进行了猪瘟、猪丹毒、猪肺疫、猪副伤寒的免疫接种
5.3	刘某饲养 200 头育肥猪，最近个别猪皮肤上出现圆形或形状不规则、呈红色到紫色的病变，病变中央呈黑色，病变融合成大的斑块。病变主要出现在猪的后腿部、腹部，有的扩展到喉部、体侧和耳部。感染轻的猪可自行康复，严重的猪全身出现明显的坏死性皮炎、跛行、发热、厌食、体重下降。剖检时见肾脏苍白，极度肿胀，皮质部有出血或瘀血斑点。母猪流产、产木乃伊胎、死胎和弱仔，伴有发热，精神沉郁，嗜睡，食欲减退，呼吸困难。育肥猪和大部分仔猪出现发热，呼吸困难，呈腹式呼吸。个别断奶仔猪主要表现呼吸困难、咳嗽、厌食，耳部及腹下皮肤发红，严重的耳尖发绀。剖检可见，病死仔猪血液稀薄呈水样，淋巴结出血。肺脏水肿、充血、出血，有坏死灶，表现为间质性肺炎。肾肿大，有小出血点。肝脏肿大呈黄褐色。肠黏膜出血，肠系膜淋巴结水肿。肾脏及膀胱黏膜上有点状出血。心脏内外膜点状出血。脑膜充血、出血

●●●●● 相关信息单

项目1   以皮肤和黏膜水疱为主症猪病的防治

案例：案例单案例 5.1。

任务一   诊断

【材料准备】

体温计、解剖器械等。

【工作过程】

1. 检查

检查方法同前，侧重了解猪群的免疫接种情况，免疫接种所用疫苗的种类、来源、运送及贮存方法，接种剂量；了解本场、本地及邻近地区是否发生过类似疾病，是否确诊，是否采取控制措施；了解本次发病前猪场是否由其他地方引进动物、动物产品或饲料；输出地目前及过去有无类似的疾病等。病死猪剖检时对心脏进行重点观察。

2. 综合分析

依据发病特点、特征临床症状、主要剖检变化及与类症疾病鉴别，做出现场诊断。诊断结果要做到症状、病变、发病特点相统一。

案例发病特点分析

发病情况及流行病学调查	发病特点	提示疾病
①发病情况：300 头育肥猪，1 月 31 日个别猪食欲下降，精神不振，体温升高至 40～41 ℃，蹄冠、蹄叉和蹄踵部发红，个别猪蹄部有蚕豆大小的水疱。2 月 4 日，陆续发病，并有 3 头 30 kg 的小猪死亡； ②主要症状：猪群全部发病，在蹄冠、蹄踵、蹄叉、口腔、颊部以及舌面黏膜等部位出现大小不等的水疱和溃疡； ③猪群免疫情况：已按规定的免疫程序对猪群进行了猪瘟、猪丹毒、猪肺疫、猪副伤寒等免疫接种； ④从没进行过免疫抗体监测及疫病监测	①发病率高； ②死亡率低； ③传染性强； ④发生于冬季； ⑤口、蹄皮肤黏膜出现水疱	以皮肤黏膜水疱为主症传染病

案例症状特点分析

临床症状	症状特点	提示疾病
病初个别猪食欲下降，精神不振，体温升高至 40～41 ℃，蹄冠、蹄叉和蹄踵部发红，触诊敏感，个别猪蹄部还发现有蚕豆大小的水疱。1 d 后猪只陆续发病，在蹄冠、蹄踵、蹄叉、口腔、颊部以及舌面黏膜等部位出现大小不等的水疱和溃疡。有的水疱破裂已经形成了糜烂。病猪卧地不能站立，并有 3 头 30 kg 的小猪死亡	①体温 40～41 ℃； ②口、蹄皮肤黏膜出现大小不等的水疱； ③成年猪良性经过，小猪死亡	猪口蹄疫 猪水疱病 猪水疱性口炎 猪水疱性疹

案例剖检变化特点分析

病理剖检变化	剖检特点	提示疾病
剖检病死猪，可见咽喉、气管、支气管和胃黏膜有烂斑和溃疡，心包膜有弥散性及点状出血，心肌松软，心肌切面有灰白色或淡黄色斑点或条纹，像虎皮一样，其他组织器官无明显变化	①典型的"虎斑心"；②其他组织器官无明显变化	猪口蹄疫

鉴别诊断

提示疾病	与案例不同点	初步诊断
猪口蹄疫	无明显不同点	猪口蹄疫
猪水疱病	①只有猪发病；②个别病例在心内膜有条状出血斑	
猪水疱性口炎	①猪及所有哺乳动物易感；②多发生于夏季及秋初，发病率低；③无虎斑心变化	
猪水疱性疹	①只有猪发病；②无虎斑心变化	

3. 诊断结果

案例特点符合我国《口蹄疫防治技术规范》中口蹄疫流行病学特点、临床诊断、病理诊断的部分指标，定为疑似口蹄疫。确诊有赖于实验室诊断。

诊断为疑似口蹄疫病例时，应采集病料，并将病料送省级动物防疫监督机构，必要时送国家口蹄疫参考实验室。

任务二　疫情处理

1. 疫情报告

任何单位和个人发现家畜上述临床异常情况，应及时向当地动物防疫监督机构报告。动物防疫监督机构应立即按照有关规定赴现场进行核实。

2. 疫情处理

(1)疫情确诊后，立即启动相应级别的应急预案。由疫情发生所在地县级以上兽医行政管理部门报请同级人民政府对疫区实行封锁，人民政府在接到报告后，应在 24 h 内发布封锁令。跨行政区域发生疫情的，由共同上级兽医行政管理部门报请同级人民政府对疫区发布封锁令。

(2)封锁疫区内采取以下措施

①扑杀疫点内所有病畜及同群易感畜，并对病死畜、被扑杀畜及其产品进行无害化处理；对排泄物、被污染饲料、垫料、污水等进行无害化处理；对被污染或可疑污染的物品、交通工具、用具、畜舍、场地进行严格彻底消毒；对发病前 14 d 售出的家畜及其产品进行追踪，并做扑杀和无害化处理。

②在疫区周围设置警示标志，在出入疫区的交通路口设置动物检疫消毒站，执行监督

检查任务，对出入的车辆和有关物品进行消毒；所有易感畜进行紧急强制免疫，建立完整的免疫档案；关闭家畜产品交易市场，禁止活畜进出疫区及产品运出疫区；对交通工具、畜舍及用具、场地进行彻底消毒；对易感家畜进行疫情监测，及时掌握疫情动态；必要时，可对疫区内所有易感动物进行扑杀和无害化处理。

③最后一次免疫超过一个月的所有易感畜，进行一次紧急强化免疫；加强疫情监测，掌握疫情动态。

④按照口蹄疫流行病学调查规范，对疫情进行追踪溯源、扩散风险分析。

（3）解除封锁

疫点内最后 1 头病畜死亡或扑杀后连续观察至少 14 d，没有新发病例；疫区、受威胁区紧急免疫接种完成；疫点经过终末消毒；疫情监测阴性。

动物防疫监督机构按照上述条件审验合格后，由兽医行政管理部门向原发布封锁令的人民政府申请解除封锁，由该人民政府发布解除封锁令。必要时由上级动物防疫监督机构组织验收。

任务三 防治

1. 根据猪场的具体情况，各学习小组讨论、制定猪口蹄疫防治方案，实施防治措施。

2. 供参考免疫程序：

（1）规模化猪场

仔猪 28～35 日龄首免，免疫剂量是成年猪的一半；间隔 1 个月进行 1 次强化免疫；以后每隔 6 个月免疫 1 次。

（2）散养家畜

春、秋两季对所有易感家畜进行一次集中免疫，每月定期补免。有条件的地方可参照规模养殖家畜和种畜免疫程序进行免疫。

（3）调运家畜

对调出县境的种用或非屠宰畜，要在调运前 2 周进行一次强化免疫。

（4）紧急免疫

发生疫情时，要对疫区、受威胁区域的全部易感动物进行一次强化免疫。边境地区受到境外疫情威胁时，要对距边境线 30 km 的所有县的全部易感动物进行一次强化免疫。

项目 2 以皮肤丘疹为主症猪病的防治

案例：案例单案例 5.2。

任务一 诊断

一、现场诊断

【材料准备】

体温计、解剖器械等。

【工作过程】

1. 检查

检查方法同前，侧重了解猪群的发病率、死亡率、病程及用药情况，特别注意皮肤的检查，侧重观察皮肤的颜色、湿度、温度、弹性、疱疹、创伤及溃烂性病变，注意病猪是否有痒感，是否有其他症状等。

2. 综合分析

依据发病特点、特征临床症状、主要剖检变化及与类症疾病鉴别，做出现场诊断。诊断结果要做到症状、病变、发病特点相统一。

案例发病特点分析

发病情况及流行病学调查	发病特点	提示疾病
①发病情况：某养猪户饲养的 30 多头 20 kg 左右的育肥猪，6 月上旬其个别猪发病，至 7 月发病数量增多； ②主要症状：皮肤发红，出现红色小结节，患部被毛脱落，皮肤增厚，弹性降低，出现皱褶； ③用药情况：村兽医按皮炎治疗，不见好转； ④免疫情况：该猪群进行了猪瘟、猪丹毒、猪肺疫、猪副伤寒的免疫接种	①皮肤出现红色小结节； ②有痒感	以皮肤丘疹为主症

案例症状特点分析

临床症状	症状特点	提示疾病
6 月上旬个别猪头部、颈部皮肤发红，并出现红色小结节，病猪常在圈墙、栏柱等处摩擦，患部出血，有的形成痂皮。至 7 月发病数量增多，病变蔓延到肩、背部以至全身。患部被毛脱落，皮肤增厚，弹性降低，出现皱褶	①皮肤出现红色丘疹斑点； ②剧烈痒感	猪疥螨病 仔猪渗出性皮炎 真菌性皮炎 猪痘 猪虱

鉴别诊断

提示疾病	与案例不同点	初步诊断
猪疥螨病	无明显不同点	猪疥螨病
仔猪渗出性皮炎	①多见于 5～10 日龄仔猪； ②多见于肛门和眼睛周围、耳廓和腹部等无被毛处皮肤上出现红斑； ③抗生素治疗有效	
真菌性皮炎	①丘疹无规则，呈灰白色； ②有灰白色皮屑	
猪痘	①4～6 周龄幼猪多发； ②仔猪发病急重、死亡率高； ③传染性强，病程短	
猪虱	在猪体表发现成虱和虱卵	

3. 诊断结果

初步诊断为猪疥螨病，确诊有赖于实验室诊断。

二、实验室诊断

【材料准备】

器材：手术刀、酒精灯、显微镜、载玻片、盖玻片、试管等。

药品：煤油、甘油、10％苛性钠溶液、液体石蜡等。

【工作过程】

1. 采集病料

用手术刀在病健交界处刮取痂皮至稍微出血，收集刮取物。症状不明显时，可检查耳内侧皮肤刮取物中有无虫体。

2. 镜检

将刮下的皮屑，滴加少量 50％甘油水溶液或液体石蜡，置载玻片上。亦可将刮取物装入试管内，加 10％苛性钠溶液，煮沸，待毛、痂皮等固体物大部分被溶解后，静置 20 min，由管底吸取沉渣，滴在载玻片上。用低倍镜检查，发现疥螨的幼虫、若虫和虫卵即可确诊，如图 5-1 所示。

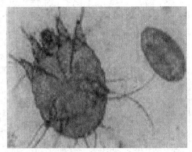

图 5-1　疥螨虫及虫卵

疥螨幼虫为 3 对肢；若虫为 4 对肢；疥螨卵呈椭圆形，黄色，大小为 155 μm×84 μm，卵壳很薄，初产卵未完全发育、后期卵透过卵壳可见到已发育的幼虫。

任务二　治疗

鉴于患猪曾多次使用敌百虫均未能治愈，故建议选择其他治疗螨病的药物进行治疗。

1. 治疗方案的确定

各学习小组，讨论制定治疗方案。

2. 参考治疗方案

将病猪保定好，剪去患部和患部附近健康部的毛，用 3％～5％的中性温肥皂水刷洗、候干，严重者用粗糙的石头在患部搓拭，除去表面的泥垢、鳞屑及痂皮，然后用溴氰菊酯溶液喷淋患部。对广泛感染的部分要分次涂擦药物。轻者隔日涂擦 2 次，重者隔日涂擦，连用 3～5 次。同时皮下注射阿维菌素或伊维菌素，间隔 5～7 d 重复用药 1 次。

任务三　防治

各学习小组讨论、制定猪疥螨病的防治方案，实施防治措施。

【必备知识】

一、以皮肤和黏膜水疱为主症的猪病

	病　型	病　名	病原体
以皮肤黏膜水疱为主症	病毒性传染病	口蹄疫	口蹄疫病毒
		猪水疱病	猪水疱病病毒
		猪水疱性口炎	猪水疱性口炎病毒
		猪水疱性疹	猪水疱疹病毒

1. 猪口蹄疫

猪口蹄疫是由口蹄疫病毒（FMDV）引起偶蹄动物的急性、热性、高度接触性传染。其特点是发病急、传播极为迅速。主要特征是在口腔黏膜、蹄部和乳房皮肤发生水疱和溃烂。世界动物卫生组织（OIE）将其列为必须报告的动物传染病，我国规定为一类动物疫病。

【流行特点】　多种动物易感，家畜中以牛最易感，猪次之，再次为羊，且牛、羊、猪之间可互相传染。单纯性猪口蹄疫仅发生于猪，不感染牛、羊。本病传播迅速，流行猛烈，发病率高，死亡率低。四季均可发生，但多发于秋末、冬春季节，尤其春季为流行高潮。自然条件下每隔 1～2 年或 3～5 年流行一次，往往沿交通线蔓延扩散或传播，也可跳跃式远距离传播，近距离非直接接触时，气源性传染最易发生。常呈流行性或大流行性。

【临床症状】　病初体温达 40～41 ℃，精神沉郁，食欲减退或废绝，在蹄冠及副蹄等处皮肤出现发红、微热等，随继出现水疱，破溃后形成溃烂。病猪跛行，严重者爬行。如无继发感染，经 1 周可痊愈。如发生继发感染易引起蹄匣脱落。有的病猪在口腔、舌面、上腭、鼻端、唇部皮肤，母猪的乳头，个别的在乳房上可见到水疱、烂斑。偶尔见到阴唇、阴囊的皮肤上也有水疱、烂斑。哺乳仔猪多呈急性胃肠炎和心肌炎而突然死亡，病死率达 60％～80％。

【病理变化】　除口腔、鼻端、蹄部、乳房等处出现水疱和溃烂外，咽喉、鼻腔、气管、支气管黏膜和胃黏膜也有溃疡，可见出血性胃肠炎变化。幼畜心包膜有弥漫性或点状出血，心肌松软，心肌表面和切面有灰黄白色条纹和斑点，称"虎斑心"是本病最具有诊断意义的病理变化。

【诊断】　口蹄疫的临诊症状主要是口、鼻、蹄、乳头等部位出现水疱。发疱初期或之前，猪表现跛行。一般情况下据此可初步诊断，确诊依靠实验室诊断。

（1）病原学诊断

包括病毒分离、定型和核酸鉴定，应在国家许可的专门实验室进行。常用的方法有病毒分离鉴定、补体结合试验、病毒中和试验、反向间接血凝试验、反转录－聚合酶链反应、间接夹心 ELISA 等。

（2）抗体检测

通常采用病毒中和试验和 ELISA 方法。

【紧急处理措施】　一旦暴发口蹄疫，应严格按照《中华人民共和国动物防疫法》《重大

动物疫情应急条例》《国家突发重大动物疫情应急预案》《口蹄疫防治技术规范》等法律进行处理，应急处理方案包括迅速通报疫情，立即实行封锁、隔离，扑杀、深埋或焚毁病畜及可疑感染家畜，对怀疑受污染的粪便、饲料、圈舍及运输工具等，应进行严格彻底的消毒，禁止人、畜流动，对疑似健康群进行紧急接种，防止疫情蔓延。

【防治】 国家对口蹄疫实施强制免疫，同时应加强综合性防治措施。

(1)严格执行口岸检疫严密监视疫情动态，加强流通环节的监督检查，严格进行猪及其他偶蹄动物及其产品的异地调运检疫。

(2)免疫接种

理论上应选择与当地流行的病毒型或亚型相匹配的口蹄疫疫苗进行免疫预防。执行春、秋两次集中免疫，月月补针的免疫程序，加强猪群免疫学监测，免疫密度要求达到100%。

猪O型口蹄疫一般性免疫程序建议如下：种猪每隔3个月免疫1次；妊娠母猪在怀孕初期和分娩前1个月各接种1次；仔猪在35～40日龄首免，100～105日龄育成猪加强免疫1次，育肥猪在出栏前15～20 d进行三免；对跨省调运的种用或非屠宰猪，距最后一次免疫超过3个月的，要在调运2周前进行一次强化免疫。

免疫21 d后进行免疫效果监测，猪O型口蹄疫抗体正向间接血凝试验的抗体效价≥25为合格；液相阻断ELISA的抗体效价≥26为合格，存栏猪群免疫抗体合格率必须≥70%。

(3)动物卫生措施

疫区除对场地严格消毒外，还要关闭与动物及产品相关的交易市场。

(4)流行病学调查

包括疫源追溯和追查易感动物及相关产品外运去向，并对之进行严密监控和处理。

2. 猪水疱病

猪水疱病是由猪水疱病病毒引起猪的一种急性接触性传染病，以流行性强，发病率高，蹄部、口部、鼻端和腹部、乳头周围皮肤和黏膜发生水疱为特征。

【流行特点】 不同品种、年龄的猪均可感染发病，其他动物不感染。一年四季均可发生，在猪群高度集中、调运频繁的单位，如猪收购场和猪集散地的棚圈和猪场，传播较快，发病率达70%～80%，而病死率很低。在分散饲养的情况下，很少引起流行。

【临床症状及病变】 病初体温升高至40～42 ℃，在蹄冠、趾间、蹄踵出现1个或几个黄豆至蚕豆大的水疱，继而水疱融合扩大，1～2 d后水疱破裂形成溃疡，露出鲜红的溃疡面，病猪跛行明显。严重病例，由于继发细菌感染，造成蹄壳脱落，病猪卧地不起，食欲减退，精神沉郁。在蹄部发生水疱的同时，有的病猪在鼻盘、口腔黏膜和哺乳母猪的乳头周围出现水疱。有的病猪偶尔出现中枢神经紊乱症状，约占2%。一般经10 d左右可以自愈，但初生仔猪可造成死亡。个别病例在心内膜有条状出血斑。

【诊断】 根据流行病学、临床症状和病理变化即可做出初步诊断，但与口蹄疫和水疱性口炎等病很难区分，需要借助实验室血清学和病原学检测进行确诊。

(1)病原学诊断

应用直接和间接免疫荧光抗体试验，可检出病猪淋巴结冰冻切片中的感染细胞，也可检出水疱皮和肌肉中的病毒。血清中和试验、反向间接红细胞凝集试验、补体结合试验、免疫双扩散试验等也常用于猪水疱病的诊断。

（2）生物学鉴别诊断

采取病猪未破溃或刚破溃的水疱皮，研磨后用生理盐水或 PBS 缓冲液制成 1∶（5～10）悬液，置 4 ℃过夜浸毒，离心收集上清液，分别接种 1～2 日龄和 7～9 日龄小鼠，两组小鼠均死亡者为口蹄疫；只 1～2 日龄小鼠死亡，而 7～9 日龄小鼠不死者，为猪水疱病。如病料经过 pH 3～5 缓冲液处理，接种 1～2 日龄小鼠死亡者为猪水疱病，反之则为口蹄疫。

【治疗】　目前本病无特效治疗药物，对症治疗，可促进恢复，缩短病程。

【防治】

（1）防止本病传入

控制猪水疱病最重要的措施是禁止从疫区引进活猪及其产品，防止将该病毒从疫区带到非疫区，加强带毒猪或精液检测。在引进猪及其产品时，必须严格检疫。做好日常消毒工作，对猪舍、环境、运输工具用有效消毒药，如 5％氨水、10％漂白粉、3％福尔马林和 3％热氢氧化钠等进行定期消毒。

（2）疫苗接种

目前使用的疫苗主要有鼠化弱毒疫苗和细胞培养弱毒疫苗，前者可以和猪瘟兔化弱毒疫苗共用，不影响各自的效果，免疫期可达 6 个月，后者对猪可能产生轻微的反应，但不引起同居感染，是目前安全性较好的弱毒苗。除此之外还有灭活疫苗，主要是细胞灭活疫苗，该疫苗安全可靠，注射后 7～10 d 产生免疫力，保护率在 80％以上，但免疫保护期较短，为 4 个月。

（3）发病时的扑灭措施

一旦发现疫情，立即向上级动物防疫部门报告，对可疑病猪进行隔离，对污染的场所、用具要严格消毒，粪便、垫草等堆积发酵消毒。确认本病时，疫区实行封锁，并控制猪及猪产品出入疫区。必须出入疫区的车辆和人员等要严格消毒。扑杀病猪并进行无害处理。对疫区和受威胁区的猪，可进行紧急接种。猪水疱病可感染人，常发生于与病猪接触的人或从事本病研究的人员，因此应当注意个人防护，以免受到感染。

3. 猪水疱性口炎

猪水疱性口炎是由弹状病毒科的水疱性口炎病毒引起猪的急性热性传染病。其特征为病猪舌面黏膜发生水疱，流泡沫样口涎。

【流行特点】　猪及所有哺乳动物易感，人也易感。主要通过接触传染而侵入呼吸道和消化道黏膜致病。双翅目昆虫亦是传染的媒介。多发生于夏季及秋初，尤其在 9 月发生较多。发病率和死亡率均很低。

【临床症状及病变】　病初体温升高至 40～41 ℃，精神不振，食欲减退，发病 24～48 h，在病猪鼻部、唇部、舌、口腔黏膜出现水疱，不久即破溃而形成痂块；蹄部水疱多发生于蹄叉部，少见于蹄冠部，内含黄色透明液体，水疱破溃后露出溃疡面，病猪站立困难，跛行，有的蹄部溃疡病灶扩大，可使蹄壳脱落，露出鲜红色出血面。若无继发感染，多为良性经过，10 d 左右痊愈，康复后病灶不留痕迹。病理变化如临诊上所见的口腔和蹄部的变化。

【诊断】　根据本病有明显的季节性，发病率和死亡率低，以及发病动物在舌面、鼻端和唇部上皮发生水疱，并伴随食量减少和流涎，随后蹄冠部、趾间发生水疱，以蹄冠部尤为严重，感染后的动物大约 2 周后转归良好等典型临诊症状，一般可做出初步诊断，确诊需进行实验室诊断。

(1)病毒分离鉴定

无菌采取水疱皮和水疱液，接种于 Vero 细胞、BHK-21 细胞或 IBRS-2 细胞中培养。接种后 24 h，将含细胞的玻片取出做免疫荧光试验；其他已接种的细胞继续培养，观察细胞病变，第 7 d 作免疫荧光检测。细胞病变和荧光检测均为阳性时方能判定病料含有病毒。病毒分离也可以用 8～10 日龄鸡胚卵黄囊接种或 2～7 d 未断奶的小鼠进行。

(2)病毒中和试验

按照常规，将病毒与标准血清作用后，接种细胞或动物，观察细胞是否有病变或动物是否有症状。

(3)ELISA

OIE 推荐使用液相阻断 ELISA 方法，用病毒糖蛋白为抗原，可降低非特异性反应。

(4)分子生物学诊断

已建立 RT-PCR 检测水疱性口炎病毒。还有基因芯片和实时定量 RT－PCR 可以检测该病毒。

此外，补体结合试验和血清中和试验是国际贸易指定试验，前者可用于检出动物感染4～5 d 产生的特异性抗体，能用于疫病的早期检测。

【防治】 我国境内尚未发生过水疱性口炎。目前，我国还没有该病的猪用疫苗，主要依靠综合性防治措施。

对病猪目前尚无特异性治疗方法。在一般情况下可以自然痊愈，为促进早期愈合和防止继发感染，可用 0.1％高锰酸钾溶液或 1％硼酸溶液冲洗唇鼻部及口腔，黏膜破溃面涂碘甘油等或消炎软膏。蹄部同样可用 0.1％高锰酸钾溶液等冲洗和涂以抗生素软膏。应用抗生素防止继发感染。喂给病猪流质稀食，给予清净饮水。同时，要加强对猪只的护理工作，保持猪舍地面清洁、干燥。

4. 猪水疱性疹

猪水疱性疹是由猪水疱疹病毒引起的一种急性热性并具有高度传染性的病毒性传染病。其是主要特征是口、鼻、乳房和蹄部发生水疱和溃烂。

【流行特点】 自然感染仅发生于猪，任何年龄和品种猪均易感，病的传播十分迅速，常在 2～3 d 内使整个猪群感染，病猪迅速掉膘。

【临床症状】 病初体温升高到 40.6～41.8 ℃，持续高热 24～72 h，数天后在鼻盘、唇、口腔、蹄部、哺乳母猪的乳头处出现水疱。鼻镜水疱常扩散波及唇，有的蹄部肿胀，跛行，或卧地不起。成年猪病死率很低，哺乳仔猪病死率高。怀孕猪流产、哺乳母猪乳汁减少。

【病理变化】 主要病变是水疱，开始是皮肤小面积变白，进而形成苍白隆起，并随着水疱形成而扩大。上皮与基底层分离，形成一个有破裂上皮碎片的红色病灶。病变通常被粪便污染，从而导致条件菌继发感染。蹄部病变常伴有蜂窝织炎，持续水肿。

【诊断】 猪水疱性疹、口蹄疫、猪水疱病及猪水疱性口炎无法从临床症状上区分，鉴别诊断依赖于实验室检测。

（1）病毒分离鉴定

采集水疱液或水疱皮，接种猪肾细胞分离病毒，接种后 1～3 d，可见肾细胞发生病变。取新鲜水疱皮悬液，皮下或腹腔接种乳鼠或乳仓鼠不发病。

（2）血清学方法

采集水疱液或水疱皮，通过补体结合试验、酶联免疫吸附试验或病毒中和试验进行病毒定型。

【防治】　该病无有效治疗药物，亦无疫苗。康复猪可保持 6 个月的免疫力。

我国目前尚无此病发生，所以应注意国外此病的疫情动态。做好进口检疫。该病的发生与直接饲喂海产品或生泔水有关，所以泔水必须经过煮沸后才能喂猪。

二、以皮肤和黏膜水疱为主症猪病的鉴别

表 5-1　猪口蹄疫、猪水疱病、猪水疱性疹、水疱性口炎的鉴别诊断

鉴别点		猪口蹄疫	猪水疱病	猪水疱疹	水疱性口炎
病原		猪口蹄疫病毒	猪水疱病病毒	猪水疱疹病毒	水疱性口炎病毒
易感动物		偶蹄兽	猪	猪	牛、猪、马等
流行形式		流行性	流行性	地方流行性或散发	散发
病死率		成年猪低、仔猪高	一般不死	一般不死	一般不死
水疱的部位		蹄部多，口腔少	蹄部多，口腔少	蹄部、口腔都有	口腔多、蹄部无
抗酸试验		对 pH 5.0 敏感	对 pH 5.0 耐受		
动物接种	2 日龄小鼠腹腔或皮下	+	+	−	+
	9 日龄小鼠腹腔或皮下	+	−	−	+
	猪唇皮内	+	+	+	+
	牛舌皮内	+	−	−	+
	马舌皮内	−	−	+/−	+
	绵羊舌皮内	+	−	−	+/−
	豚鼠足踵	+	−	−	+

注："＋"表示阳性；"−"表示阴性；"＋/−"表示不规则或轻度反应。

三、以皮肤丘疹为主症的猪病

病　型		病　名	病原体
以皮肤黏膜丘疹为主症	细菌性传染病	疹块型猪丹毒	猪丹毒杆菌
	病毒性传染病	猪痘	痘病毒
		猪皮炎肾病综合征	圆环病毒
	寄生虫病	猪疥螨病	猪疥螨
	普通病	角化不全	
		玫瑰糠疹	

1. 仔猪渗出性皮炎

仔猪渗出性皮炎又称"脂溢性皮炎"或"猪油皮病"，由表皮感染葡萄球菌引起。

【流行特点】　哺乳仔猪最易感，多见于 5～10 d 龄的仔猪，2 d 龄仔猪、断奶仔猪和育成猪也有发生。主要经伤口感染而引起。感染率一般 30% 左右。

【临床症状】　病初在肛门、眼周围、耳郭和腹部等无被毛处皮肤上出现红斑，水疱，水疱破裂，渗出浆液或黏液，与皮屑、皮脂和污垢混合。皮肤湿黏呈油脂状，干燥后形成龟裂硬层或呈棕色鳞片状结痂。痂皮脱落后，露出鲜红色创面。皮肤渗出物经 2～5 d 扩散至全身表皮。病仔猪食欲减退，饮欲增加，迅速消瘦，一般经 30～40 d 可康复，呈现全身性病变的死亡率达 80% 以上。育成猪或母猪也可发生，但病变较轻，无全身症状。

【诊断】　根据临床症状可初步诊断，确诊需进行实验室诊断。

用手术刀片剥去痂皮和黏液至渗血时，再刮取病变部位渗出物及采取病死猪肝、脾涂片，革兰氏染色后镜检，见到圆形单个、成对或葡萄串状排列的革兰氏阳性球菌，可以诊断，进一步检查可进行病料的分离培养、纯培养及生化特性鉴定。

【治疗】　结合药敏试验，选用敏感的抗生素口服或注射。可选丁胺卡那霉素、氧氟沙星、恩诺沙星、新霉素和强力霉素等，同时结合体表涂擦药物进行治疗。

对于脱水、衰弱的猪要注意补充体液。本病的传染性非常快，哺乳小猪应全窝一起治疗。全身结痂变黑的病猪，无治疗价值，应及时淘汰。

【防治】　加强环境卫生，控制母猪疥螨。仔猪断脐、剪牙、断尾、打耳号、去势时要加强消毒，一旦有外伤，应及时处理，发现皮肤有痂皮的仔猪及时隔离治疗或淘汰。

2. 疹块型猪丹毒

疹块型猪丹毒主要在皮肤上形成疹块。相关知识见学习情境 1 必备知识。

3. 猪痘

猪痘是由痘病毒引起猪的一种急性、热性、接触性传染病。其特征是在皮肤上发生典型的丘疹和痘疹。

【流行特点】　各年龄猪均可感染，以 4～6 周龄的哺乳和断乳仔猪多发。仔猪发病急重、死亡率高，一旦耐过后可产生终生免疫力；成年猪有抵抗力，常呈隐性经过。在发病猪场，可年年造成仔猪发病，形成地方流行。本病可发生于任何季节，以春秋阴雨、寒冷、猪舍潮湿、卫生差、拥挤、营养不良时，发病和死亡均增高。

【临床症状】　病猪体温升高至 41～42 ℃，在鼻吻、眼睑、腹部、四肢内侧、乳房，甚至在全身体表皮肤上形成痘疹，或口鼻黏膜上出现痘疹。初为深红色硬结节，呈半球状突出于体表，见不到形成水疱即转为脓疱，并很快结成棕黄色痂块，脱落后遗留白斑而痊愈，病程 10～15 d，病死率不高，如管理不当或继发感染，可使病死率升高，特别是幼龄仔猪。

【诊断】　依据临床症状可做出诊断。

【治疗】　无特异治疗方法，常采用对症治疗。皮肤病变部，用 0.1%～0.5% 高锰酸钾溶液，或 1%～2% 硼酸溶液，或淡盐水，或花椒艾叶水洗，然后涂上碘酊，或紫药水，或碘甘油，或消炎软膏。为防止细菌继发感染，可用抗生素或磺胺类药物治疗。

【防治】　本病尚无有效疫苗，康复猪可获得坚强的免疫力。

平时加强饲养管理，搞好猪舍及环境卫生，消灭猪虱和蚊蝇。发现病猪，应立即隔离治疗，仔猪可用康复猪血清治疗。

4. 猪皮炎肾病综合征

猪皮炎肾病综合征最常见的临诊症状是猪皮肤上形成圆形或形状不规则、呈红色到紫色的病变，病变中央呈黑色，病变常融合成大的斑块。病变通常出现在猪的后腿、腹部，也可扩散至喉、体侧或耳。感染轻的猪可自行康复，感染严重的猪可表现出跛行、发热、厌食、体重下降。其他相关信息见学习情境3必备知识。

5. 猪疥螨病

猪疥螨病是由猪疥螨寄生在猪的皮内而引起的一种接触性传染性慢性皮肤病。其特征是皮炎和奇痒。

【流行特点】 本病流行十分广泛，我国各地普遍发生，而且感染率和感染强度均较高，危害也十分严重。猪螨病的传播主要是通过直接接触感染。大、小猪均可感染，多发生在5月龄以下的猪，白毛猪比黑毛猪容易发生疥螨病。寒冷季节常发，营养不良、饲养管理不善、卫生差的猪群更容易发病。

【临床症状】 多自头部、眼下窝、颊部和耳部开始，之后蔓延到背部、体侧和后肢内侧。病猪剧痒，到处摩擦或以肢蹄搔擦患部，甚至将患部擦破出血，以致患部脱毛、结痂、皮肤肥厚，形成皱褶和龟裂。病情严重时体毛脱落、皮肤干枯、有皱纹或龟裂，食欲减退，生长停滞，逐渐消瘦，甚至死亡。

实验室诊断见本学习情境的相关信息单。

【治疗】 伊维菌素或阿维菌素，0.3 mg/mkg体重，一次皮下注射；口服0.2 mg/kg体重，连用5～7 d。治疗前在患部及其周围剪毛，除去污垢和痂皮，用温水洗刷后用药；首次用药后，应间隔5～7 d再用药治疗1次，以杀死新孵出的幼虫；在用药治疗病猪的同时，对猪舍、运动场地面、墙壁和饲槽、饮水槽及其他用具等，必须使用杀螨药同步杀灭外环境中的虫体，防止猪只重复感染。

【防治】

(1)搞好猪舍环境卫生，引进或输出猪只时要隔离观察，以免病原传入或传出。发现病猪应立即隔离治疗。

(2)定期按计划驱虫。规模化养猪场，首先对猪场全面用药，以后公猪每年至少用药2次，母猪产前1～2周应用伊维菌素或阿维菌素进行驱虫。仔猪转群时用药1次，新引进猪用药后再与其他猪并群。

6. 角化不全症

【病因分析】 主要由于饲料中缺乏某种微量元素引起。目前已知锌对控制和治疗猪的不全角化症有重要作用。有时饲料中并不缺少锌，但由于钙的含量多，钙磷比例太大，必需脂肪酸的缺乏都能干扰锌的吸收、利用，导致角化不全。此病一般发生于长期单纯用于粉料饲喂的猪只。

【症状】 多发生于7～16周龄，起初为小红斑，迅速变成丘疹，随后表皮增厚至5～7 mm，形成皱壁、裂隙与鳞屑。病变见于四肢、脸部、颈项、臀部与尾部，且其分布为两侧对称。通常很少全体猪群发病，且病变轻重不一，死亡率亦低。

【防治】 在日常饲料中掺入0.02％的硫酸锌或碳酸锌，有预防和治疗本病的作用。在治疗期中，日常饲料中钙的比例要少些，以利于锌的吸收。如有化脓破溃，可结合局部治疗。涂拭1%龙胆紫溶液或其他制菌油膏。哺乳仔猪发病，在母猪日粮中加硫酸锌0.5～1 g，一般在服药后2～3 d就显疗效；皮肤开裂严重还可涂氧化锌软膏。新建猪圈，喂猪时可不必补充钙剂，饲料中可加入0.1%碳酸锌。

7. 玫瑰糠疹（伪钱癣）

玫瑰糠疹是猪的一种不明病原的散发性皮肤病，尤以长白猪最多。通常发生于8～12周龄仔猪，偶尔发生于2周龄仔猪，但10月龄以上的猪极少发生。该病症状温和，但病猪常出现短暂的食欲不振和腹泻。皮肤病理变化以红斑以及具有明显隆起和红色边缘的环形斑块为特征。病理变化不断扩大，邻近的病理变化可能融合，病理变化的中心可能平坦，覆盖一层糠麸样鳞片。鳞片干脱，留下正常的皮肤。通常病理变化主要见于皮肤，但在背部、颈部和小腿部也可见到，没有明显的瘙痒症状，经6～8周便能自然康复，一般不需治疗。若一猪场的发生率高，查出患畜皆出自同一父系，最好考虑淘汰公猪。

四、以皮肤丘疹为主症猪病的鉴别

猪瘟、猪弓形虫病、猪附红细胞体病、猪真菌性皮炎等皮肤也可以出现丘疹，临床上应仔细观察其他系统的症状，加以鉴别。

表5-2　以皮肤丘疹为主症猪病鉴别表

病　名	发病阶段	痒感	丘疹外观	症　状
真菌性皮炎	幼龄猪易感染	有	丘疹无规则，呈灰白色	局部脱毛，皮肤增厚，有灰白色皮屑
猪疥螨	成年猪严重	有	红色丘疹	眼、耳、颈首先出现小痂皮，后变成红色灶性丘疹，奇痒脱毛
渗出性皮炎	1～6周龄幼猪群发	无	红色丘疹	皮肤潮湿油腻，出现红色丘疹，水疱或脓疱
猪丹毒	群发性	无	菱形红色丘疹	体温42℃以上，背部皮肤出现方形或菱形红色疹块，指压褪色
猪痘	4～6周龄幼猪多发	有	红色丘疹	红色丘疹可发展成水疱，最后变成脓疱，破裂结成痂
猪皮炎肾病综合征	保育后期和生长育肥猪多发	无	紫红色疹块	以会阴部和四肢皮肤出现紫红色隆起的不规则斑块为主要临诊特征
角化不全症	断奶后猪呈散发	无	红色斑点	腿部远端、腹部、股中部出现红斑，丘疹和鳞屑，有时呕吐
玫瑰糠疹	8～12周龄的猪多发病	无	红色丘疹随后变为火山口样	多见于腹部、股内侧出丘疹，最后丘疹发展成火山口样，中央凹陷

计　划　单

学习情境 5	以皮肤和黏膜水疱丘疹为主症的猪病		学时	10
计划方式	小组讨论制定实施计划			
序　号	实施步骤	使用资源		备注
制定计划说明				
	班　级		第　组	组长签字	
	教师签字		日　期		
计划评价	评语：			

决策实施单

学习情境5		以皮肤和黏膜水疱丘疹为主症的猪病					
		讨论小组制定的计划书，做出决策					
计划对比	组号	工作流程的正确性	知识运用的科学性	步骤的完整性	方案的可行性	人员安排的合理性	综合评价
	1						
	2						
	3						
	4						
	5						
	6						

	制定实施方案	
序号	实施步骤	使用资源
1		
2		
3		
4		
5		
6		

实施说明：

班　级		第　组	组长签字	
教师签字			日　期	

评语：

作　业　单

学习情境 5	以皮肤和黏膜水疱丘疹为主症的猪病
作业完成方式	以学习小组为单位，课余时间独立完成
作业题 1	以皮肤黏膜水疱为主症的猪病的鉴别诊断
作业解答	
作业题 2	皮肤丘疹为主症的猪病的鉴别诊断
作业解答	
作业题 3	案例分析：见本学习情境案例单案例 5.3； 要求：根据病例的发病情况、症状及病变，提出初步诊断意见和确诊的方法，并按你的诊断结果提出治疗方案及防治措施
作业解答	

作业评价	班　　级		第　　组	组长签字	
	学　　号		姓　　名		
	教师签字		教师评分		日　期
	评语：				

效果检查单

学习情境 5	以皮肤和黏膜水疱丘疹为主症的猪病			
检查方式	以小组为单位，采用学生自检与教师检查相结合，成绩各占总分（100 分）的 50%			
序号	检查项目	检查标准	学生自检	教师检查
1	资讯问题	答案是否准确、回答是否正确		
2	计划书质量	综合评价结果		
3	初步诊断	方法是否正确、分析路径是否合理、结论是否正确、剖检后动物尸体处理是否正确		
4	实验室诊断	方法是否正确、材料准备是否齐备、操作是否规范、结论是否正确		
5	治疗方法	方案是否正确；一般性用药是否合理、是否应用药敏试验选择用药		
6	防治措施	是否具有较强的完整性、可行性		
7	团队合作	团队中是否明确分工，组员间是否密切合作		

检查评价	班　级		第　　组	组长签字	
	教师签字			日　期	
	评语：				

评价反馈单

学习情境 5		以皮肤和黏膜水疱丘疹为主症的猪病			
评价类别	项目	子项目	个人评价	组内评价	教师评价
专业能力 （60%）	资讯（10%）	查找资料，自主学习（5%）			
		资讯问题回答（5%）			
	计划（5%）	计划制定的科学性（3%）			
		用具材料准备（2%）			
	实施（25%）	各项操作正确（10%）			
		完成的各项操作效果好（6%）			
		完成操作中注意安全（4%）			
		使用工具的规范性（3%）			
		操作方法的创意性（2%）			
	检查（5%）	全面性、准确性（3%）			
		生产中出现问题的处理（2%）			
	结果（10%）	提交成品质量			
	作业（5%）	及时、保质完成作业			
社会能力 （20%）	团队协作 （10%）	小组成员合作良好（5%）			
		对小组的贡献（5%）			
	敬业、吃苦 精神（10%）	学习纪律性（4%）			
		爱岗敬业和吃苦耐劳精神（6%）			
方法能力 （20%）	计划能力 （10%）	制定计划合理			
	决策能力 （10%）	计划选择正确			
意见反馈					

请写出你对本学习情境教学的建议和意见

评价 评语	班　级		姓　名		学　号		总　评	
	教师签字		第　组	组长签字			日　期	
	评语：							

●●●● **拓展阅读**

兽医职业道德

兽医——闪耀人性光辉

学习情境 6

以贫血和黄疸为主症的猪病

●●●● **学习任务单**

学习情境 6	以贫血和黄疸为主症的猪病	学　时	7
布置任务			
学习目标	1. 明确以贫血、黄疸为主症猪病的种类及其基本特征； 2. 能够说出各病的主要流行特点、典型的临床症状和病理变化； 3. 能够通过流行病学调查、临床症状观察、病理剖检变化观察、与类症疾病鉴别等方法，进行本类疾病的初步诊断； 4. 能够根据病原体的特性选择运用血清学试验及常规病原体鉴定方法，对传染病及寄生虫病做出诊断； 5. 能够对诊断出的疾病予以合理治疗； 6. 能够根据猪场的具体情况，制定实施防治措施； 7. 能够独立或在教师的引导下设计工作方案，分析、解决工作中出现的一般性问题； 8. 培养学生安全生产和公共卫生意识，做好自身安全防护； 9. 提升重大动物疫病防控能力，增强防疫意识和法制观念，保障群众的养殖安全		
任务描述	对临床生产实践多发的以贫血、黄疸为主症的猪病做出诊断，予以治疗，制定及实施防治措施。具体任务如下： 　1. 综合运用流行病学调查、临床症状观察、病理剖检变化观察、病因分析与类症疾病鉴别等方法，通过对病例的解析、推断，完成本类疾病的初步诊断； 2. 依据初步诊断结果，设计实验室检验方案，完成实验室检验，做出正确诊断； 3. 对诊断出的疾病予以合理治疗； 4. 制定及实施防治措施		
学时分配	资讯：2学时　计划：1学时　决策：1学时　实施：2学时　考核：0.5学时　评价：0.5学时		
提供资料	1. 信息单； 2. 教材； 3. 相关网站网址		
对学生要求	1. 按任务资讯单内容，认真准备资讯问题； 2. 按各项工作任务的具体要求，认真设计及实施工作方案； 3. 严格遵守动物剖检、检验等技术操作规程，避免散播病原； 4. 严格遵守实验室管理制度，避免安全事故发生； 5. 严格遵守猪场消毒卫生制度，防止传播疾病； 6. 严格遵守猪场劳动纪律，认真对待各项工作； 7. 虚心向猪场技术人员学习，做到多请教多提高； 8. 以学习小组为单位，开展工作，展示成果，提升团队协作能力		

●●●●● 任务资讯单

学习情境 6	以贫血和黄疸为主症的猪病
资讯方式	阅读信息单及教材；进入本课程的精品课网站及相关网站，观看 PPT 课件、视频；图书馆查询；向指导教师咨询
资讯问题	1. 猪附红细胞体病的流行状况及危害有哪些？ 2. 猪附红细胞体病的临床症状是什么？ 3. 如何进行猪附红细胞体病的实验室诊断？ 4. 猪钩端螺旋体病的病原体是什么？其有何主要生物学特性？ 5. 猪钩端螺旋体病的流行特点、临床症状有哪些？ 6. 猪钩端螺旋体病最典型的病理变化是什么？ 7. 猪钩端螺旋体病的诊断方法及防治措施是什么？ 8. 人感染钩端螺旋体有哪些临床症状？ 9. 引起仔猪营养性贫血的原因有哪些？ 10. 仔猪营养性贫血的临床症状是什么？ 11. 新生仔猪溶血性贫血的诊断要点有哪些？ 12. 猪场发生新生仔猪溶血病，猪群应怎样处理？ 13. 仔猪出生多长时间开始补铁？注射量是多少？ 14. 仔猪补铁应注意哪些事项？ 15. 归纳总结以上各病的鉴别要点。
资讯引导	1. 王志远. 猪病防治. 北京：中国农业出版社，2010 2. 姜平等. 猪病. 北京：中国农业出版社，2009 3. 李立山等. 养猪与猪病防治. 北京：中国农业出版社，2006 4. 刘振湘等. 动物传染病防治技术. 北京：化学工业出版社，2009 5. 刘莉. 动物微生物及免疫. 北京：化学工业出版社，2010 6. 在线猪病诊断系统：http：//www.fjxmw.com/zbzd/ 7. 中国养猪网：http：//www.china-pig.cn/ 8. 中国猪网：http：//www.pigcn.cn/ 9. 猪 e 网：http：//www.zhue.com.cn/

●●●●● 案 例 单

学习情境 6	以贫血和黄疸为主症的猪病
序号	案例内容
6.1	某猪场存栏 200 头 50 kg 体重的育肥猪和 10 头母猪，最近猪群中有 40 头育肥猪和 3 头哺乳母猪发病。该场已按规定的免疫程序对猪群进行了猪瘟、猪丹毒、猪肺疫、副伤寒等免疫接种。病猪体温升高至 40～42 ℃，全身发红。尿液呈棕黄色，粪便干燥。可视黏膜发红，先发病的猪可视黏膜转为苍白、黄染。个别育肥猪出现呼吸困难，喘气现象。患病母猪背部、胸腹部毛孔有针尖大的铁锈色出血点，指压不褪色。其中一窝哺乳仔猪也出现了体温升高、眼结膜黄染、皮肤发白等症状。剖检病死猪，可见全身皮肤、黏膜、脂肪和脏器黄染。肝脏肿大呈土黄色或黄棕色，质地脆弱，多有出血点。肾肿大、苍白或呈土黄色，包膜下有出血斑。膀胱黏膜有少量出血点，黏膜黄染。肺肿胀、瘀血、水肿。心外膜和心冠脂肪出血、轻度黄染，有少量针尖大出血点，心肌苍白松软
6.2	某一养殖户饲养 125 头仔猪，体重 20～25 kg，9 月 10 日，猪群中有 5 头猪先后发病，到 12 日猪群中有 20 多头相继发生类似的疾病。病猪食欲减退，精神不振，体温升高，眼结膜潮红，有浆液性黏液，后期眼结膜潮红，有的黄染，有的浮肿；皮肤发红瘙痒，有的轻度黄染；尿液呈茶色，严重的排血尿；粪便干硬，有时腹泻。对死亡的猪进行剖检，可见皮下脂肪带黄色，肝呈土黄色；淋巴结肿大、充血、出血；胆囊肿大；膀胱积有血红蛋白尿或浓茶样的胆色素尿；肾肿大、瘀血
6.3	某猪场由仔猪、肥育猪和种猪群组成。种猪群现养公猪 23 头（约克夏 7 头、长白 12 头、杜洛克 3 头、汉普夏 1 头）；母猪 500 多头，均为长白品种。母猪按繁育栏、妊娠栏分群饲养，约于预产期前一周进入产猪舍，产仔后单舍饲养。3 月至 4 月共产仔猪 156 窝 1 155 头，发病 3 窝（整窝得病），占总窝数的 2%；发病仔猪 22 头，发病率为 1.9%，全部死亡，致死率 100%。仔猪出生后，膘情良好，精神活泼，哺食初乳后数小时至十多小时发病。丧失吃奶能力，精神不振，畏寒，震颤，被毛粗乱逆立，衰弱而不能站立，侧卧四腿乱动如游泳状，尖叫。较明显的症状是可视黏膜和皮肤苍白、黄染。粪稀薄，尿呈红色。体温 39～40 ℃，心动加速和喘息，死前体温低于正常。有些病猪见有抬头和角弓反张等神经症状，个别猪两耳和眼周围皮肤有出血性紫癜。病猪经 48～72 h 死亡。先后对 4 头病猪进行了剖检观察，见皮肤轻度黄染，皮下组织显著黄染，肠系膜、大网膜、腹膜和大小肠全部黄色。腹腔、胸腔和心包腔中出现多量血染样液体。心脏扩大，心冠脂肪变性，心耳有出血点，心肌呈松软状态，心室内充满未凝固血液。胃肠黏膜有轻度卡他性炎。肝稍肿大、脆弱，呈不均一的棕褐色和红褐色。胆囊充盈，胆汁淡绿色。脾肿大，呈黑红色。肾稍肿大，表面呈红、白相混的花岗石样，切面外翻，皮质淡黄白色，髓质及肾乳头呈紫红色。全身淋巴结肿大，出血，呈红紫色。对 6 头病猪进行血液分析，血液极为稀薄，呈绯红色，不易凝固。红细胞计数和血红蛋白含量均显著降低。红细胞 200 万～320 万/mm³，血红蛋白 3～4.5 g/100 mL。显微镜检查红细胞形态大小不均，多呈崩解状态，还有幼稚的红细胞（有核红细胞，网织红细胞，多染性细胞）出现。血小板降低。将病猪的血液滴几滴于玻片上，经小心干燥后，呈现明显的红细胞凝集现象。对三窝病猪，取母猪血清和仔猪父系公猪的红细胞进行凝集试验，均呈阳性反应

●●●●● 相关信息单

项目　以贫血和黄疸为主症猪病的防治

案例：案例单案例6.1。

任务一　诊断

一、现场诊断

【材料准备】

体温计、听诊器、解剖器械等。

【工作过程】

1. 检查

检查方法同前。根据本类疾病的特点，检查过程中，侧重了解猪群的发病时间、发病日龄、发病顺序、发病率、死亡率、死亡的急慢及用药情况；特别注意病猪的体温、皮肤及黏膜颜色的变化，是否有其他症状等；剖检时针对皮肤及黏膜变化、内脏器官的颜色变化进行重点剖检观察。

2. 综合分析

依据发病特点、临床症状、剖检变化及与类症疾病鉴别，做出现场诊断。诊断结果要做到症状、病变、发病特点相统一。

案例发病特点分析

发病情况及流行病学调查	发病特点	提示疾病
①发病情况：猪场存栏200头50 kg体重的育肥猪和10头母猪，最近猪群中40头育肥猪和3头哺乳母猪发病，有4头育肥猪已经死亡； ②主要症状：病猪全身发红，先发病的猪可视黏膜苍白、黄染。个别育肥猪出现呼吸困难，喘气现象。母猪背部、胸腹部毛孔有针尖大的铁锈色出血点，指压不褪色； ③用药情况：发病后注射头孢、柴胡注射液，不见好转； ④猪群免疫情况：该场已按规定的免疫程序对猪群进行了猪瘟、猪丹毒、猪肺疫、猪副伤寒等免疫接种	①发病率高； ②死亡率低； ③传染性强； ④主要表现贫血、黄疸	以贫血、黄疸为主症传染病

案例症状特点分析

临床症状	症状特点	提示疾病
病猪体温升高至40～42 ℃，全身发红。尿液呈棕黄色，粪便干燥。可视黏膜发红，先发病的猪可视黏膜转为苍白、黄染。个别育肥猪出现呼吸困难，喘气现象。患病母猪背部、胸腹部毛孔有针尖大的铁锈色出血点，指压不褪色。其中一窝哺乳仔猪也出现了体温升高、眼结膜黄染、皮肤发白等症状	①病猪全身发红，体温升高至40～42 ℃； ②母猪背部、胸腹部毛孔有针尖大的铁锈色出血点，指压不褪色； ③眼结膜苍白、黄染； ④尿液棕黄色	猪附红细胞体病 猪钩端螺旋体病

案例剖检变化特点分析

病理剖检变化	主要剖检变化	提示疾病
剖检病死猪，可见全身皮肤、黏膜、脂肪和脏器黄染。肝脏肿大呈土黄色或黄棕色，质地脆弱，多有出血点。肾肿大、苍白或呈土黄色，包膜下有出血斑。膀胱黏膜有少量出血点，黏膜黄染。肺肿胀、瘀血、水肿。心外膜和心冠脂肪出血、轻度黄染，有少量针尖大出血点，心肌苍白松软	①全身皮肤、黏膜、脂肪及脏器黄染； ②肝脏肿大呈黄色或黄棕色； ③肾肿大、苍白或呈土黄色，包膜下有出血斑； ④心外膜和心冠脂肪出血轻度黄染	猪附红细胞体病

鉴别诊断

提示疾病	与案例不同点	初步诊断
猪附红细胞体病	无明显不同点	猪附红细胞体病
猪钩端螺旋体病	①排血红蛋白尿甚至血尿； ②头部、颈部有水肿现象，怀孕母猪流产； ③脾脏肿大、瘀血，有时可见出血性梗死； ④胆囊充盈、瘀血，被膜下可见出血灶	

3. 诊断结果

初步诊断为猪附红细胞体病，确诊有赖于实验室诊断。

二、实验室诊断

【材料准备】

器材：采血器或注射器、鼻捻子、显微镜、载玻片、盖玻片等。

药品：姬姆萨染色液、甲醇、酒精棉球等。

【工作过程】

应用镜检法检查被检猪血液中的附红细胞体。

1. 方法

被检猪耳静脉或前腔静脉采血，抗凝，按图6-1所示方法制备血液涂片，待血膜自然干燥经甲醇固定后，滴加姬姆萨氏染色液，室温中染色15～30 min，水洗、吸干、镜检。

2. 结果

如在红细胞上见到形状各异的紫蓝色虫体，如图 6-2 所示，当调节微调螺旋时，由于虫体折光性较强，出现中央发亮，似气泡现象；或红细胞边缘不光滑，呈现凹凸不平现象，可判为猪附红细胞体病。

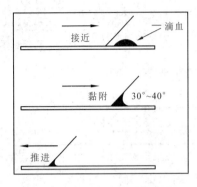

图 6-1　血液涂片的制备方法

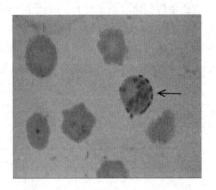

图 6-2　血液涂片中的附红细胞体

任务二　治疗

1. 根据猪场的具体情况，各学习小组讨论、制定猪附红细胞体病的治疗方案。

2. 供参考治疗方案

(1)发病猪，长效土霉素，深部肌内注射，连用 5 d；出现贫血症状的注射 5~10 mL 生血素，同时注射维生素 C。

(2)全群猪应用四环素拌料，500~800 g/t，连喂 7 d。全群电解多维饮水。

任务三　防治

各学习小组讨论、制定猪附红细胞体病的防治方案，实施防治措施。

【必备知识】

一、以贫血和黄疸为主症的猪病

	病　型	病　名	病原体
以贫血黄疸为主症	细菌性传染病	猪附红细胞体病	附红细胞体
		猪钩端螺旋体病	钩端螺旋体
	普通病	仔猪营养性贫血	
		新生仔猪溶血病	

1. 猪附红细胞体病

猪附红细胞体病是由附红细胞体寄生于猪红细胞表面及血浆中引起的一种血液传染病。临床上以发、热、贫血、黄疸为主要特征。

【流行特点】 各种年龄的猪均易感，以仔猪发病率和死亡率较高，母猪的感染也比较严重。猪通过摄食血液或带血的物质，如舔食断尾的伤口、互相斗殴等直接传播，也可通过疥螨、虱子、吸血昆虫、刺蝇、蜱等媒介间接传播，在注射治疗或免疫接种时针头传播也是不可忽视的因素，还可经交配传播。吸血昆虫的传播是最重要的。

本病的隐性感染率极高，达90％以上。引起机体抵抗力下降的各种原因都可导致本病的发生。如母猪分娩后身体虚弱、过度拥挤、长途运输、恶劣的天气、饲养管理不良、更换圈舍或饲料及其他疾病感染时，猪群亦可能暴发此病。

【临床症状】　猪感染后多呈隐性经过，在少数情况下受应激因素刺激可出现临床症状。

断奶仔猪，特别是被阉割后几周的仔猪易感染。急性期表现体温升高至40～42 ℃，食欲减退或废绝，精神沉郁，黏膜苍白，有时黄染。背腰及四肢末梢瘀血，特别是耳郭边缘发绀，部分治愈的仔猪成为僵猪。慢性病例表现消瘦，皮肤苍白，有时出现荨麻疹或皮肤上有大量的淤斑。

育肥猪，发病初期皮肤发红，仔细观察可见毛孔处有针尖大小的红点，尤以耳郭部皮肤明显，体温高达40 ℃以上，精神委顿，食欲减退，粪干，尿黄或渐呈茶色尿。慢性病例体温在39.5 ℃左右，主要表现贫血和黄疸，发病率高、死亡率低。

母猪，急性感染持续高热，体温高达42 ℃，厌食，偶有乳房和阴唇水肿，产仔后奶量少，缺乏母性。慢性感染者呈现衰弱，黏膜苍白及黄疸，不发情或屡配不孕，如有其他疾病或营养不良，可使症状加重，甚至死亡。

【病理变化】　主要病理变化是贫血及黄疸。全身皮肤、黏膜、浆膜苍白黄染，皮下组织弥漫性黄染。血液稀薄、色淡、不易凝固。皮下组织水肿，多数有胸水和腹水。心包积水，心外膜有出血点，心肌苍白松软。肺瘀血水肿。肝脾肿大，肝脏呈土黄色或黄棕色，表面有黄色条纹状或灰白色坏死灶。胆囊膨胀，充满浓稠胶样胆汁。肾脏肿大，质地脆弱，黄染。胃黏膜出血，水肿。膀胱黏膜有点状出血，肠黏膜有不同程度的卡他性出血性炎症。全身淋巴结肿大、潮红、黄染。

【诊断】　根据临床症状和剖检变化可初步诊断，确诊需进行实验室诊断。

（1）血液学检查

感染猪的血液生理生化指标出现明显变化，如谷-丙转氨酶和血清胆红素指数增高，血糖降低，红细胞压积、红细胞总数、淋巴细胞数下降，白细胞总数升高。这些指标对本病具有辅助诊断意义。

（2）病原学诊断

①镜检　自被检猪耳静脉采血，抗凝，取一滴滴于载玻片上，加等量生理盐水混合，盖上盖玻片，镜检。在血浆和红细胞上可见圆盘状、球形、椭圆形等形状各异的病原体；血浆中的附红细胞体不停地翻转摆动，呈不规则运动；附着在红细胞表面的虫体绝大部分在红细胞的边缘围成一圈，并不停运动，使红细胞如同一个摆动的齿轮。被感染的红细胞边缘不整齐，呈齿轮状、星芒状。

亦可制作血涂片，经姬姆萨染色后镜检。在血浆中或红细胞上可见到形状各异的紫蓝色虫体，当调节微调螺旋时，由于虫体折光性较强，中央发亮，似气泡。红细胞边缘不光滑，凹凸不平。

②动物试验　将可疑病猪的脾脏切除，或将可疑病料接种切除脾脏的猪，饲养观察3～20 d，感染猪表现急性发病，此时，血液涂片检查，能发现附红细胞体。

（3）血清学诊断

主要有补体结合试验、间接血凝试验和 ELISA，可用于流行病学调查和疾病监测。

（4）分子生物学诊断

主要有 PCR 技术和 DNA 探针技术，可用于流行病学调查、诊断及疗效监测等。

【治疗】　对猪附红细胞体病进行早期及时治疗可收到很好的效果。

原则：净化血虫、解热通便、保肝利胆、补血健胃、增强体质。

针对病原体的治疗，常用抗菌药物（四环素类、氟苯尼考等）、抗血液原虫类药物（贝尼尔、咪唑苯脲、磷酸伯氨喹啉等）、砷制剂（对氨基苯砷酸等）。发热猪给以退热药，并配合葡萄糖、电解多维饮水，临床治疗效果较好。若病猪伴发其他疾病的混合感染，应给予相应的治疗，从而降低病死率，减少经济损失。

【防治】

（1）加强猪群的饲养管理，消除各种应激因素，特别是在本病的高发季节，应杀灭蜱、虱子、蚤、螫蝇等吸血昆虫，断绝与其他动物接触。

（2）接种疫苗、断尾、断牙、阉割、手术和注射时，对手术刀、注射针头、注射器应严格消毒，在治疗注射和疫苗接种时，应保证一猪一针。母猪接产时应严格消毒。

（3）加强环境卫生消毒，保持圈舍清洁卫生，粪便及时清扫，定期消毒，定期驱虫，减少猪群的感染机会和降低猪群的感染率。

（4）药物预防。可定期在饲料中添加强力霉素、金霉素。母猪分娩前注射强力霉素，1 日龄仔猪注射盐酸吖啶黄，可防止本病发生。

2. 猪钩端螺旋体病

猪钩端螺旋体病又称细螺旋体病，是由钩端螺旋体引起的一种人畜共患传染病。主要表现发热、黄疸、出血、血红蛋白尿、流产、水肿、皮肤和黏膜坏死等。

【流行特点】　本病在世界各地都有流行，尤其是气候温暖、雨量较多的热带亚热带地区的江河两岸、湖泊、沼泽、池塘和水田地带较为严重。有明显的季节性，我国北方地区多发生于 7 月至 10 月，猪和牛的感染率高，其他动物也可以感染。鼠类是危险的传染源。主要经皮肤、黏膜和消化道感染，也可通过交配、人工授精、吸血昆虫传播。

【临床症状】　可分为急性型、亚急性型和慢性型、繁殖障碍型。

急性型　又称黄疸型，多见于大猪和中猪，临诊症状表现为突然发病，体温升高至 40～41 ℃，稽留 3～5 d，病猪精神沉郁，厌食，腹泻，皮肤干燥，全身皮肤和黏膜黄疸，后肢出现神经性无力，震颤。有的病例出现血红蛋白尿，尿液色如浓茶。粪便呈绿色，有恶臭味，病程长可见血粪。死亡率可达 50% 以上。

亚急性和慢性型　多见于断奶前后至 30 kg 以下的小猪，呈地方流行性，开始体温有不同程度升高，眼结膜潮红、浮肿，有的泛黄，有的下颌、头部、颈部和全身水肿。尿色变黄，出现茶色尿、血红蛋白尿甚至血尿。粪便干硬或腹泻，死亡率可达 50% 以上。有时有神经症状，后驱无力、震颤和脑炎症状。

繁殖障碍型　妊娠母猪常在妊娠期的后 1/3 流产、发热，黄疸，无乳。流产率可达 20%～70%。怀孕后期的母猪感染后可产弱仔，仔猪不能站立，不会吸乳，1～2 d 死亡。

【病理变化】

急性型　以败血症、全身性黄疸、各器官组织的广泛性出血以及坏死为特征。皮肤、皮下组织、浆膜和可视黏膜、肝脏、肾脏以及膀胱等组织黄染和不同程度的出血。皮肤干燥和坏死。胸腔及心包内有混浊的黄色积液。脾脏肿大、瘀血，有时可见出血性梗死。肝脏肿大，呈土黄色或棕色，质脆，胆囊充盈、瘀血，被膜下可见出血灶。肾脏肿大、瘀血、出血。肺瘀血、水肿，表面有出血点。膀胱积有红色或深黄色尿液。肠及肠系膜充血，肠系膜淋巴结、腹股沟淋巴结、颌下淋巴结肿大，呈灰白色。

亚急性和慢性型　表现为身体各部位组织水肿，以头颈部、腹部、胸壁、四肢最明显。肾脏、肺脏、肝脏、心外膜出血明显。浆膜腔内常可见有过量的黄色液体与纤维蛋白。肝脏、脾脏、肾脏肿大。

成年猪的慢性病例以肾脏病变最明显。肾皮质有散在灰白色病灶，稍凸出表面或稍有凹陷，病灶周围有明显的红晕。病程稍长时，肾脏呈萎缩硬化，表面凹凸不平或呈结节状，被膜粘连，不易剥离。

【诊断】　根据临床症状及剖检变化可初步诊断，确诊需进行实验室诊断。

(1)病原学诊断

生前采集血液、尿液；死后采集肾脏、肾上腺、肝脏等组织。死后检查要在1 h内进行，最迟不得超过3 h，否则组织中的菌体大部分发生溶解。

①镜检　将抗凝血以1 000 r/min离心10 min，吸取上层血浆，再以3 000 r/min离心30 min，取沉淀物涂片；尿液直接以3 000 r/min离心30 min，取沉渣涂片；脏器组织以生理盐水制成1∶4左右的乳剂，静置后取上清液涂片镜检，或涂片后经媒染法染色后镜检。

在暗视野显微镜下用油镜进行检查。钩端螺旋体呈细长弯曲状，可活泼进行旋转及伸缩屈曲的自由运动。其螺旋弯曲极为紧密，在暗视野中不易看清，常似小珠链样。由于屈曲运动，整个菌体可弯曲成C、S、O等形状(见图6-3)，随时迅速消失。

②动物试验　可将病料经腹腔或皮下接种幼龄豚鼠，如果钩端螺旋体毒力强，接种后动物于3~5 d可出现发热、黄疸、不吃、消瘦等典型症状，最后发生死亡。可在体温升高时取心血作培养检测病原体。

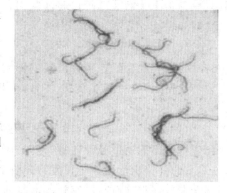

图6-3　钩端螺旋体

③分子生物学诊断　可用DNA探针技术、PCR技术检测病料中的病原体。

(2)血清学诊断

主要有凝集溶解试验、微量补体结合试验、酶联免疫吸附试验、炭凝集试验、间接血凝试验、间接荧光抗体法以及乳胶凝集试验。

【治疗】　青霉素、链霉素、土霉素、四环素、氟苯尼考、磺胺类药物等抗菌药物均有疗效。对严重病例，同时静脉注射葡萄糖、维生素C，以及使用强心利尿药物，对提高治愈率有重要作用。

【防治】

(1)搞好猪舍环境卫生，每天及时清扫猪舍，保持猪场清洁干燥，消灭猪舍及其周围的鼠类，杜绝传染源侵入。

（2）对病猪粪尿污染的场地及水源，应用50%漂白粉或2%火碱液消毒。

（3）对病猪尸体、流产胎儿及其他排泄物及时进行无害化处理，避免被猫等动物吞食，对污染环境进行严格消毒，达到从根本上杜绝病原的传播。

（4）对于本病常发地区，可用钩端螺旋体多价苗进行免疫接种，免疫期约为1年。

3. 仔猪营养性贫血

仔猪营养性贫血是由于仔猪营养不足及微量元素特别是铁缺乏引起的贫血，又称缺铁性贫血。主要发生于5~21日龄的哺乳仔猪，多发于秋、冬、早春季节，对猪的生长发育危害严重。

【临床症状】　临床上常见缺铁性贫血，多发生于5~28日龄的哺乳仔猪。病猪精神沉郁，离群伏卧，不愿走动，营养不良，体质衰弱，被毛逆立，无光泽，体温不高或偏低，可视黏膜苍白，下痢，粪便稀薄，呼吸、脉搏均增高，稍加活动则喘息不止。严重者可致死亡。

【病理变化】　皮肤及可视黏膜苍白，有时轻度黄染；肝脏肿大，脂肪变性，呈淡灰色，有出血点；血液稀薄；肌肉色淡，特别是臂骨肌和心肌；脾脏肿大，色浅，质地稍坚实；心脏扩张；肾实质变性；肺发生水肿；胸腹腔积有浆液性及纤维蛋白性液体。

【诊断】　据流行病学调查、临诊症状、化验室数据如红细胞计数、血红蛋白含量测定，特异性治疗如用铁制剂时疗效明显，可做出诊断。

【治疗】　治疗原则：补充铁质，充实铁质储备。

（1）口服补铁

仔猪出生后3日龄口服铁制剂，可用硫酸亚铁、焦磷酸铁、乳酸铁、还原铁等，首选硫酸亚铁。

（2）注射补铁

常用右旋糖酐铁、牲血素、补铁王注射液等。在一般情况下，用右旋糖酐铁或铁钴注射液2 mL，进行深部肌内注射，一次即愈，必要时1周后再进行半量肌内注射一次即可。

【病因分析】

（1）由于妊娠母猪营养不良，或长期缺乏多汁饲料、蛋白质、维生素以及矿物质等，出生仔猪不能通过乳汁获得营养，因此出现营养不良，导致贫血。

（2）仔猪出生后，生长发育迅速，造血机能旺盛，铁需要量大，母猪乳中的含铁量少即会造成仔猪贫血。同窝较小而且瘦弱的仔猪，经常吃不饱奶，也容易造成贫血。

（3）圈舍地面多是水泥或木板，且开食晚，仔猪从外界摄取的铁量少导致贫血。

（4）由于饲养管理不善及环境影响而致仔猪腹泻、机能紊乱等，影响微量元素及营养成分的吸收也可导致贫血。

（5）刚刚断奶的仔猪，立即喂给较粗糙的饲料或较长时期喂给单一饲料，长期在不合理的舍饲、运动方式以及见不到阳光或见太阳光的时间太短等条件下，都容易引起仔猪营养性贫血。

【防治】　加强母猪的饲养管理，多补富含蛋白质、维生素、矿物质的饲料，要特别补给铁、铜、锌等微量元素。在水泥、木板地面的猪舍内长期舍饲的仔猪，应在3~5日龄时开始给仔猪注射补铁。

4. 新生仔猪溶血病

新生仔猪溶血病是新生仔猪吸吮初乳后而引起的红细胞溶解，呈现贫血、黄疸、血红蛋白尿等临床特征的一类急性溶血性疾病。它是由于新生仔猪的红细胞与不相合的母乳抗体相互结合而导致的一种同种免疫沉淀反应。

【临床症状】　临床症状轻重与溶血程度有关。最急性病例在新生仔猪吸吮初乳数小时后呈急性贫血死亡。急性病例多数于吃初乳后、在出生后 24～48 h 出现症状，表现黄疸和贫血，眼结膜黄染，尿色透明呈棕红色。仔猪还可见全身苍白，嗜睡，震颤，后躯摇晃，呼吸及心跳加快，多数病猪于 2～3 d 内死亡。亚临床病例不表现症状，检查血液时可发现溶血。

【病理变化】　皮下及皮下组织高度黄染，肠系膜、网膜、腹膜及大小肠均为黄色。黏膜及浆膜有出血点或出血斑，集合淋巴结肿大，心脏黄染。两侧肺下缘有黄色胶样浸润；肝脏肿大 1～2 倍，发硬呈黄紫色，切开后有淡红黄色液体流出。脾脏肿大 1～2 倍，包膜下有不同程度的出血斑点。肾脏、皮质、髓质及肾盂发黑紫黄色；膀胱充满红黄色或茶色血红蛋白尿。

【诊断】　采取病猪的血液或尿液进行常规检查，发现血液稀薄如水，不易凝固，淡红黄色，血浆变红。红细胞数显著减少，降至 300 万～400 万/mL，甚至更低。红细胞形态不整、大小不一，幼稚型红细胞增多。血红蛋白显著下降，血清胆红素间接反应呈阳性。尿液呈血红蛋白尿，尿沉渣中含有上皮、脓球和黏液等。确定为仔猪溶血性贫血。应用母畜的初乳或血清与胎儿的红细胞做凝集反应，测定其抗体效价是最可靠的诊断方法。

【防治】　发现仔猪溶血病后，立即全窝仔猪停止吸吮其母乳，转由其他母猪代哺乳，或人工哺乳，同时内服复合维生素。为增强造血功能，可选用维生素 B_{12}、铁制剂等治疗，同时补充 5% 葡萄糖和 3% 碳酸氢钠生理盐水，一般 3 d 后可恢复正常，15 d 后黄疸消失。发生仔猪溶血病的母猪，以后改换其他种公猪配种，防止再次发病。

二、以贫血和黄疸为主症猪病的鉴别

表 6-1　以贫血和黄疸为主症常见猪病鉴别表

病名	易发年龄	临床特征	剖检变化	发病特点
仔猪营养性贫血	10 日龄以上	被毛粗糙，以贫血症状为主	皮肤及可视黏膜苍白，血液稀薄；肌肉色淡，特别是臂骨肌和心肌	妊娠母猪营养不良或长期缺乏蛋白质、维生素以及矿物质等
猪钩端螺旋体病	各种年龄的猪，以仔猪多发	发热、贫血、黄疸、血红蛋白尿、水肿、流产和出血性素质	贫血苍白；皮下组织浆膜、黏膜黄染；膀胱积尿，呈浓茶样	夏秋季多雨潮湿、鼠较多的地区
猪附红细胞体病	哺乳仔猪和母猪	发热、贫血和黄疸尿液呈棕红色	全身皮肤黄染，脂肪黄染，血液稀薄如水。心外膜和心冠脂肪出血轻度黄染，有针尖大出血点，心肌苍白松软	夏秋季多雨潮湿、吸血昆虫繁殖高峰期
新生仔猪溶血性贫血	刚出生仔猪	皮肤苍白，结膜黄染，尿色透明呈棕红色	皮下及皮下组织高度黄染，肝脏肿大，发硬呈黄紫色，切开后有淡红黄色液体出	由于母猪与仔猪的遗传性血型不相合引起

计 划 单

学习情境 6	以贫血和黄疸为主症的猪病		学时	7
计划方式	小组讨论制定实施计划			
序 号	实施步骤	使用资源	备注	
制定计划说明				
	班 级		第 组	组长签字	
	教师签字		日 期		
计划评价	评语：				

决策实施单

学习情境 6		以贫血和黄疸为主症的猪病					
讨论小组制定的计划书，做出决策							
计划对比	组号	工作流程的正确性	知识运用的科学性	步骤的完整性	方案的可行性	人员安排的合理性	综合评价
	1						
	2						
	3						
	4						
	5						
	6						
制定实施方案							

序号	实施步骤	使用资源
1		
2		
3		
4		
5		
6		

实施说明：

班　级		第　　组	组长签字	
教师签字		日　　期		

评语：

作 业 单

学习情境 6	以贫血和黄疸为主症的猪病
作业完成方式	以学习小组为单位，课余时间独立完成，在规定时间内提交作业
作业题 1	以贫血、黄疸为主症猪病的鉴别诊断
作业解答	
作业题 2	案例分析：见案例单案例 6.2、案例 6.3、案例 6.4； 要求：(1)对案例 6.2、案例 6.3，根据病例的发病情况、症状及病变，提出初步诊断意见和确诊的方法，并按你的诊断结果提出治疗方案。写出对该病的防治方法；(2)对案例 6.4，据提供信息做出诊断
作业解答	
作业评价	

作业评价	班　级		第　　组	组长签字		
	学　号		姓　名			
	教师签字		教师评分		日　期	
	评语：					

效果检查单

学习情境 6	以贫血和黄疸为主症的猪病			
检查方式	以小组为单位，采用学生自检与教师检查相结合，成绩各占总分(100 分)的 50%			
序号	检查项目	检查标准	学生自检	教师检查
1	资讯问题	答案是否准确、回答是否正确		
2	计划书质量	综合评价结果		
3	初步诊断	方法是否正确、分析路径是否合理、结论是否正确、剖检后动物尸体处理是否正确		
4	实验室诊断	方法是否正确、材料准备是否齐备、操作是否规范、结论是否正确		
5	治疗方法	治疗方案是否正确；一般性用药是否合理、是否应用药敏试验选择用药		
6	防治措施	是否具有较强的完整性、可行性		
7	团队合作	团队中是否明确分工，组员间是否密切合作		

检查评价	班　　级		第　　组	组长签字	
	教师签字			日　　期	
	评语：				

评价反馈单

学习情境 6		以贫血和黄疸为主症的猪病			
评价类别	项目	子项目	个人评价	组内评价	教师评价
专业能力（60%）	资讯（10%）	查找资料，自主学习（5%）			
		资讯问题回答（5%）			
	计划（5%）	计划制定的科学性（3%）			
		用具材料准备（2%）			
	实施（25%）	各项操作正确（10%）			
		完成的各项操作效果好（6%）			
		完成操作中注意安全（4%）			
		使用工具的规范性（3%）			
		操作方法的创意性（2%）			
	检查（5%）	全面性、准确性（3%）			
		生产中出现问题的处理（2%）			
	结果（10%）	提交成品质量			
	作业（5%）	及时、保质完成作业			
社会能力（20%）	团队协作（10%）	小组成员合作良好（5%）			
		对小组的贡献（5%）			
	敬业、吃苦精神（10%）	学习纪律性（4%）			
		爱岗敬业和吃苦耐劳精神（6%）			
方法能力（20%）	计划能力（10%）	制定计划合理			
	决策能力（10%）	计划选择正确			
意见反馈					
请写出你对本学习情境教学的建议和意见					

班　级		姓　名		学　号		总　评	
教师签字		第　组	组长签字			日　期	
评价评语	评语：						

● ● ● ● ● **拓展阅读**

怎样预防布鲁氏菌病

介绍二十大报告中的内容
"如何继续推进实践基础上的理论创新"

学习情境 7

以繁殖障碍为主症的猪病

●●●● 学习任务单

学习情境 7	以繁殖障碍为主症的猪病	学　时	10
布置任务			
学习目标	1. 明确以繁殖障碍为主症的猪病的种类及其基本特征； 2. 能够说出各病的主要流行特点或发病原因、典型临床症状和主要剖检变化； 3. 能够通过流行病学调查、临床症状观察、病理剖检变化观察、病因分析及与类症疾病鉴别，进行本类疾病的初步诊断； 4. 能够根据病原体的特性选择运用血清学试验及常规病原体鉴定方法，对传染病及寄生虫病做出诊断； 5. 能够对诊断出的疾病予以合理治疗； 6. 能够根据猪场具体情况，制定及实施防治措施； 7. 能够独立或在教师的引导下分析、解决各方面工作中出现的一般性问题； 8. 培养学生安全生产和公共卫生意识，做好自身安全防护； 9. 提升重大动物疫病防控能力，增强防疫意识和法制观念，保障群众的养殖安全		
任务描述	对临床生产实践多发的以繁殖障碍为主症的猪病做出诊断，予以治疗，制定及实施防治措施。具体任务如下： 　1. 运用流行病学调查、临床症状观察、病理剖检变化观察、病因分析、与类症疾病鉴别等方法，通过对病例的解析、推断，完成本类疾病的初步诊断； 　2. 依据初步诊断结果，设计实验室检验方案，完成传染病、寄生虫病及普通病的实验室检验，做出正确诊断； 　3. 对诊断出的疾病予以合理治疗； 　4. 制定及实施防治措施		
学时分配	资讯：3 学时　计划：1 学时　决策：1 学时　实施：4 学时　考核：0.5 学时　评价：0.5 学时		
提供资料	1. 信息单； 2. 教材； 3. 猪病相关网站		
对学生要求	1. 按任务资讯单内容，认真准备资讯问题； 2. 按各项工作任务的具体要求，认真设计及实施工作方案； 3. 严格遵守动物剖检、检验等技术操作规程，避免散播病原； 4. 严格遵守实验室管理制度，避免安全事故发生； 5. 严格遵守猪场消毒卫生制度，防止传播疾病； 6. 严格遵守猪场劳动纪律，认真对待各项工作； 7. 虚心向猪场技术人员学习，做到多请教多提高； 8. 以学习小组为单位，开展工作，展示成果，提升团队协作能力		

●●●●● **任务资讯单**

学习情境 7	以繁殖障碍为主症的猪病
资讯方式	阅读信息单及教材；进入本课程的精品课网站及相关网站，观看 PPT 课件、视频；图书馆查询；向指导教师咨询
资讯问题	1. 猪繁殖与呼吸障碍综合征的流行特点是什么？ 2. 说出猪繁殖与呼吸障碍综合征的发病机理。 3. 猪繁殖与呼吸障碍综合征的临床症状有哪些？ 4. 如何防治猪繁殖与呼吸障碍综合征？ 5. 猪衣原体病的病原体是什么？其有何主要生物学特征？ 6. 猪衣原体病的流行特点、临床症状及病理变化是什么？ 7. 可以采取哪些措施防治猪衣原体病？ 8. 猪细小病毒病的病原体是什么？其有何主要生物学特征？ 9. 应如何处理猪细小病毒病流产的死胎及木乃伊胎？ 10. 猪伪狂犬病的病原体主要存在于病猪的哪些组织器官？ 11. 猪伪狂犬病的流行病学特点、临床症状、诊断方法及防治措施是什么。 12. 猪场发生伪狂犬病后应如何净化？ 13. 描述弓形虫的生活史。 14. 猪弓形体病的传播途径主要有哪些？ 15. 治疗猪弓形体病常用哪些药物？ 16. 人感染弓形体病有哪些临床表现？ 17. 说出猪霉饲料中毒的临床症状和剖检变化。 18. 说出猪霉饲料中毒的诊断方法及防治措施。 19. 猪流行性乙型脑炎的病原体是什么？ 20. 猪流行性乙型脑炎主要通过什么途径传播？ 21. 猪流行性乙型脑炎的主要临床症状是什么？ 22. 猪布鲁氏病的病原体是什么？其有何主要生物学特征？ 23. 猪布鲁氏病的流行特点、临床症状及病理变化是什么？ 24. 猪布鲁氏病常用血清学诊断方法是什么？如何判定？ 25. 说出猪布鲁氏病的防治措施。 26. 如何制定种猪场免疫程序？ 27. 归纳总结由细菌引起猪病的实验室诊断程序。 28. 归纳总结由病毒引起猪病的实验室诊断程序。 29. 归纳总结以上各病的鉴别要点。
资讯引导	1. 王志远. 猪病防治. 北京：中国农业出版社，2010 2. 姜平等. 猪病. 北京：中国农业出版社，2009 3. 李立山等. 养猪与猪病防治. 北京：中国农业出版社，2006 4. 刘振湘等. 动物传染病防治技术. 北京：化学工业出版社，2009 5. 刘莉. 动物微生物及免疫. 北京：化学工业出版社，2010 6. 在线猪病诊断系统：http://www.fjxmw.com/zbzd/ 7. 中国养猪网：http://www.china-pig.cn/ 8. 中国猪网：http://www.pigcn.cn/ 9. 猪 e 网：http://www.zhue.com.cn/

●●●●● 案例单

学习情境 7	以繁殖障碍为主症的猪病	学时	10
序号	案例内容		
7.1	某猪场存栏生猪720头，其中母猪69头，最近28头仔猪突然发病，几天后发病猪波及育肥猪和妊娠母猪，6头妊娠母猪出现早产，9头妊娠母猪死产，12头母猪产弱仔，就诊时发病猪达到221头，死亡48头，其中母猪死胎难产死亡2头。发病率达30.7%。主要症状：母猪流产、产死胎、木乃伊胎，伴有发热，精神沉郁，呼吸困难。育肥猪和仔猪出现高度呼吸困难，咳嗽，耳部及腹部皮肤发紫，严重的耳尖发绀，后躯站立不稳。剖检病死猪可见，喉头、气管充血，切开气管内有大量泡沫。肺水肿，呈红褐花斑样，间质增宽。淋巴结肿大、充血，呈褐色。脾脏肿大，有出血点。肝脏、肾脏有出血斑点。流产的死胎外观水肿，胸腔、腹腔和心包腔有大量透明液体		
7.2	某养殖户饲养的1头母猪，除接种猪瘟疫苗外，未进行过其他疫苗免疫。7月中旬，该母猪产仔18头，前期状况良好，10日龄时仔猪出现排黄色稀便，抗生素治疗无效，且很快蔓延开来，4头仔猪死亡。而后全群发病，多数猪腹泻，排黄色稀便。个别猪出现神经症状，表现肌肉震颤，步态不稳，四肢运动不协调，有前进、后退或转圈等，多于1~2 d内死亡，死亡率达100%。对死亡猪进行剖检，发现扁桃体及喉头水肿，喉黏膜有点状出血，淋巴结水肿，肝脏有明显的灰白色坏死灶，胃底部和大肠黏膜有大面积斑状出血性炎症		

●●●●● 相关信息单

项目　以繁殖障碍为主症猪病的防治

案例：案例单案例 7.1。

任务一　诊断

一、现场诊断

【材料准备】

体温计、听诊器、解剖器械等。

【工作过程】

1. 检查

检查方法同前。根据本类疾病的特点，检查过程中，侧重了解母猪的妊娠情况、猪群的发病时间、发病率、母猪流产胎儿的数量、流产胎儿和胎衣的变化等情况；特别注意流产母猪本身的症状以及流产胎儿和胎衣的变化，是否有其他症状等。

2. 综合分析

依据发病特点、临床症状、剖检变化及与类症疾病鉴别，做出现场诊断。诊断结果要做到症状、病变、发病特点相统一。

案例发病特点分析

发病情况及流行病学调查	发病特点	提示疾病
①发病情况：猪场存栏生猪 720 头，其中母猪 69 头，最近 28 头仔猪突然发病，几天后发病猪波及育肥猪和妊娠母猪，有 6 头妊娠母猪早产，9 头妊娠母猪死产，12 头母猪产弱仔，就诊时发病猪达到 221 头，死亡 48 头，其中母猪死胎难产死亡 2 头，发病率达 30.7%； ②主要症状：母猪流产，部分母猪产死胎、木乃伊胎和弱仔。哺乳仔猪和育肥猪出现呼吸困难，喘气，呈腹式呼吸。耳部及腹下皮肤发红，严重的耳尖发绀，发病仔猪死亡率很高； ③免疫情况：该场已按规定的免疫程序对猪群进行了猪瘟、猪丹毒、猪肺疫、猪副伤寒等疫苗注射免疫	①发病率高； ②母猪流产，产死胎，木乃伊胎； ③具有传染性	以繁殖障碍为主症传染病

案例症状特点分析

临床症状	症状特点	提示疾病
母猪流产、产死胎、木乃伊胎，伴有发热，精神沉郁，呼吸困难。育肥猪和仔猪出现高度呼吸困难，咳嗽，耳部及腹部皮肤发紫，严重的耳尖发绀，后躯站立不稳	①发病率高，死亡率高；②母猪流产；③仔猪和育肥猪呼吸困难	猪繁殖与呼吸障碍综合征 猪衣原体病 猪伪狂犬病 猪流行性乙型脑炎 猪弓形体病 霉饲料中毒

案例剖检特点分析

剖检变化	主要剖检变化	提示疾病
喉头、气管充血，切开气管内有大量泡沫。肺水肿，呈红褐花斑样，间质增宽。淋巴结肿大、充血，呈褐色。脾脏肿大，有出血点。肝脏、肾脏有出血斑点。流产的死胎外观水肿，胸腔、腹腔和心包腔有大量透明液体	典型的间质性肺炎	猪繁殖与呼吸障碍综合征 猪伪狂犬病 猪流行性乙型脑炎 猪弓形体病

鉴别诊断

提示疾病	与案例不同点	初步诊断
猪繁殖与呼吸障碍综合征	无	猪繁殖与呼吸障碍综合征
猪布鲁氏菌病	①流产一般发生在妊娠后第4～12周；②公猪睾丸炎；③育肥猪和仔猪不发病	
猪衣原体病	①母猪仅见流产，无其他症状；②新生仔猪呈肠炎、胸膜炎、心包炎、关节炎等症状	
猪伪狂犬病	①仔猪呈现神经症状；②仔猪有腹泻症状	
流行性乙型脑炎	①有明显的季节性和地区性；②母猪仅见流产，无其他症状；③流产可发生于怀孕任何时期，产出死胎、弱仔、畸形胎；④无间质性肺炎变化	
猪细小病毒病	①常见于初产母猪，流产可以发生于怀孕任何时期；②流产的死胎大小不等；③无间质性肺炎变化	
猪弓形体病	①有发热，呼吸困难以及母猪流产等症状；②最典型的症状是在耳、鼻、四肢、股内侧、腹下等处出现出血点或出血斑	
霉饲料中毒	无传染性，除有流产症状外，还有神经症状	

3. 诊断结果

初步诊断为猪繁殖与呼吸障碍综合征，确诊需进行实验室诊断。

【思考问题】

在诊断中除注意与以上疾病相鉴别外，还应注意是否发生继发感染。常见的继发病有猪瘟、猪传染性胸膜肺炎、猪弓形虫病等，在仔猪尤其注意是否继发感染猪瘟。

二、实验室诊断

【材料准备】

器材：96 孔平底 ELISA 板、微量移液器及滴头、酶标测定仪、恒温箱、保湿盒、封板膜、烧杯、量筒等。

诊断液及药品：PRRS 病毒抗原和正常细胞对照抗原、兔抗猪 IgG、辣根过氧化物酶结合物、PRRS 病毒标准阳性血清和标准阴性血清、抗原稀释液、血清稀释液、洗涤液、封闭液、底物溶液、终止液、无离子水或蒸馏水等。

【工作过程】

应用间接 ELISA 检测被检猪血清中 PRRS 病毒抗体。间接 ELISA 敏感性高，但一般不易区别病毒的抗原类型，故多适用于确定病性。

1. 采集样品

采取被检猪血液，分离血清。血清必须新鲜、透明、不溶血、无污染。试验前将被检血清统一编号，并用血清稀释液作 20 倍稀释。

2. 试剂准备

按使用说明书要求，应用规定的稀释液稀释抗原、标准阳性血清、标准阴性血清、辣根过氧化物酶结合物等。

3. 检测

(1)包被抗原

取 96 孔 ELISA 板，按图 7-1 所示布局，于奇数列加工作浓度的病毒抗原，偶数列加工作浓度的对照抗原，每孔 100 μL，封板，置保湿盒内放 37 ℃恒温箱中感作 60 min，再移置 4 ℃冰箱内过夜。

	1	2	3	4	5	6	7	8	9	10	11	12
A	P	P	S_3	S_3								
B	P	P	S_3	S_3								
C	N	N	S_4	S_4								
D	N	N	S_4	S_4								
E	S_1	S_1	S_5	S_5								
F	S_1	S_1	S_5	S_5								
G	S_2	S_2	S_6	S_6								
H	S_2	S_2	S_6	S_6								
	V	C	V	C	V	C	V	C	V	C	V	C

图 7-1 猪繁殖与呼吸障碍综合征间接 ELISA 板加样示意图

V—PRRS 病毒抗原包被列；C—正常细胞抗原包被列；P—标准阳性血清对照孔；

N—标准阴性血清对照孔；S_1、S_2…S_6—被检血清编号

(2)洗板

弃去板中包被液，加洗涤液洗板，每孔 100 μL，洗涤 3 次，每次 1 min。在吸水纸上轻轻拍干。

(3)封闭

每孔加入封闭液 100 μL，封板后置保湿盒内于 37 ℃恒温箱中感作 60 min。

(4)洗涤

方法同上。

(5)加血清

按图 7-1 编号，对号加入已作稀释的被检血清、标准阳性血清和标准阴性血清。每份血清各加 2 个病毒抗原孔和 2 个对照抗原孔，孔位相邻。每孔加样量均为 100 μL。封板，置保湿盒内于 37 ℃恒温箱中感作 30 min。

(6)洗板

方法同上。

(7)加酶标抗体

每孔加工作浓度的酶标抗体 100 μL，封板，放保湿盒内置 37 ℃恒温箱中感作 30 min。

(8)洗板

方法同上。

(9)加底物

每孔加入新配制的底物溶液 100 μL，封板，在 37 ℃恒温箱中感作 15 min。

(10)加终止液

每孔添加终止液 100 μL 终止反应。

4. 光密度(OD)值测定与计算

(1)OD 值测定

在酶标测定仪上用波长 650nm 读取反应板各孔溶液的 OD 值，记入专用表格。

(2)OD 值计算

按下式分别计算标准阳性血清、标准阴性血清和被检血清与 2 个平行抗原孔反应的 OD 值的平均值。

公式 1	$P \cdot V(OD650) = [A1(OD650) + B1(OD650)]/2$
公式 2	$P \cdot C(OD650) = [A2(OD650) + B2(OD650)]/2$
公式 3	$N \cdot V(OD650) = [C1(OD650) + D1(OD650)]/2$
公式 4	$S \cdot V(OD6650) = [E1(OD650) + F1(OD650)]/2$ (以 S1 血清为例)
公式 5	$S \cdot C(OD650) = [E2(OD650) + F2(OD650)]/2$ (以 S1 血清为例)
公式 6	$S/P = [S \cdot V(OD650) - S \cdot C(OD650)]/[P \cdot V(OD650) - P \cdot C(OD650)]$

注：P 表示标准阳性血清；V 表示病毒抗原；C 表示对照抗原；N 表示标准阴性血清；S 表示被检血清。

5. 结果判定

有效性判定：P·V(OD650)与 N·V(OD650)的差值必须大于或等于 0.150，才可进行结果判定，否则，本次试验无效。

判定标准	结果判定
S/P＜0.3	ELISA(－)
0.3≤S/P＜0.4	ELISA(±)
S/P≥0.4	ELISA(＋)

注：间接 ELISA(＋)者表示被检猪血清中含有 PRRS 病毒抗体。

任务二　治疗

1. 各学习小组，讨论制定猪繁殖与呼吸障碍综合征的治疗方案。

2. 供参考治疗方案

可使用猪转移因子、免疫球蛋白、高免血清等广谱抗病毒的生物制剂治疗。抗生素治疗无效，但能控制或治疗并发感染，降低死亡率。

(1)未发病猪紧急接种猪繁殖与呼吸综合征灭活苗，建议 2 倍剂量接种。

(2)全群用替米考星拌料 500～800 g/t　饮水中加入电解多维、葡萄糖。

(3)对呼吸困难的猪只可使用麻黄碱、氨茶碱、肾上腺素等药物止咳平喘；对高热猪使用柴胡、鱼腥草、氨基比林等退烧，可促进康复。

任务三　防治

1. 根据猪场的具体情况，各学习小组讨论、制定猪繁殖与呼吸障碍综合征防治方案，实施防治措施。

2. 供参考免疫程序

(1)活疫苗

①种猪群　每年免疫 3 次，每次肌内注射 1 头份(2 mL)/头。

②后备种猪群

初免：配种前 4 周，肌内注射 1 头份(2 mL)/头。

二免：配种前 6～8 周强化免疫，每次肌内注射 1 头份(2 mL)/头。

③仔猪　断奶前 1 周免疫 1 次，肌内注射 1 头份(2 mL)/头。

对本病阳性猪场，种猪群和保育结束前仔猪全群普免 1 次；间隔 4 周，种猪群再强化免疫 1 次。

(2)灭活疫苗

①商品猪

首免：断奶后肌内注射，剂量 2 mL 灭活疫苗。

加强免疫：高致病性蓝耳病流行地区 1 个月后加强免疫一次。

②母猪　70 日龄前同商品猪，以后每次分娩前 1 个月加强免疫一次，每次肌内注射 4 mL。

③种公猪　70 日龄前同商品猪，以后每 6 个月加强免疫一次，每次肌内注射 4 mL。

【必备知识】

一、以繁殖障碍为主症的猪病

病　型		病　名	病原体
以繁殖障碍为主症	病毒性传染病	猪繁殖与呼吸障碍综合征	猪繁殖与呼吸障碍综合征病毒
		猪细小病毒病	细小病毒
		猪流行性乙型脑炎	流行性乙型脑炎病毒
		猪伪狂犬病	伪狂犬病病毒
	细菌性传染病	猪布鲁氏菌病	布鲁氏菌
		猪衣原体病	鹦鹉热衣原体
	中毒病	猪霉菌病及霉菌毒素中毒	

1. 猪繁殖与呼吸障碍综合征

猪繁殖与呼吸障碍综合征是由猪繁殖与呼吸障碍综合征病毒(PRRSV)引起的猪的一种高度传染性疾病，又称"猪蓝耳病"，以母猪繁殖障碍及各种年龄猪特别是仔猪的呼吸道疾病为特征。

【流行特点】　猪是唯一的易感动物，各年龄、品种、性别的猪均可感染，以怀孕母猪和1月龄以内的仔猪最易感。不同年龄和性别的猪感染后症状差异很大。病猪可通过尿、粪、鼻液、精液等排毒达 60～99 d，引入带毒的感染猪到易感猪群是本病流行的主要原因。易感猪可经口、鼻、肌肉、腹腔、子宫、接种等多种途径感染。猪场卫生条件差、气候恶劣、饲养密度大、调运频繁等因素可促使本病的流行。持续性感染是本病的重要特征。

目前本病的流行具有以下特点：

(1)临床症状复杂化，出现口鼻奇痒、腹泻、肌肉震颤、共济失调、后躯麻痹、眼睑水肿、皮下水肿及耳部皮肤增厚等。

(2)仔猪感染病死率呈上升趋势，可达 100%。

(3)亚临床感染日趋普遍。

(4)混合感染呈上升趋势。常与伪狂犬病、猪瘟、猪传染性胸膜肺炎等混合感染。

(5)持续感染导致抗体检测阳性。

【临床症状】　本病的临诊症状变化很大，且受病毒株、免疫状态及饲养管理因素和环境条件的影响。低毒株可引起猪群无临诊症状的流行，而强毒株能够引起严重的临诊疾病，主要表现为母猪繁殖障碍，仔猪呼吸道疾病及高病死率，肥育猪呼吸道疾病。

临诊上可分为急性型、慢性型、亚临诊型等。

急性型　发病母猪主要表现为精神沉郁、食欲减退或废绝、体温高达 40～41 ℃，呼吸困难，部分母猪耳朵、乳头、外阴、腹部、尾部和腿部发绀，尤以耳尖发绀最为常见，故称"蓝耳病"。妊娠后期 105～107 d 时发生流产、早产，产死胎、胎儿木乃伊化，产弱仔(见图 7-2、图 7-3)。母猪流产率可达 50%～70%，死产率可达 35% 以上，木乃伊可达

25%。部分新生仔猪表现呼吸困难、运动失调及轻瘫等症状，产后 1 周内死亡率明显增高至 40%~80%。少数母猪表现产后无乳、胎衣停滞及阴道分泌物增多。

图 7-2 死胎、胎儿木乃伊化   图 7-3 母猪流产

1 月龄仔猪表现出典型的呼吸道症状。呼吸困难，有时呈腹式呼吸，食欲减退或废绝，体温升高至 40 ℃以上，腹泻。被毛粗乱，共济失调，渐进性消瘦，眼睑水肿。少部分仔猪可见耳部、体表皮肤发紫。断奶前仔猪死亡率可达 80%~100%，断奶后仔猪死亡率 10%~25%。耐过猪生长缓慢，易继发其他疾病。

生长猪和育肥猪仅表现出轻度的临诊症状，有不同程度的呼吸系统症状。少数病例可表现出咳嗽及双耳背面、边缘、腹部及尾部皮肤出现一过性的深紫色。感染猪易发生继发感染，并出现相应症状。

种公猪的发病率较低，主要表现为一般性的临诊症状，但公猪的精液品质下降，精子出现畸形，精液可带毒。

慢性型 主要表现为猪群的生产性能下降、生长缓慢，母猪群的繁殖性能下降，猪群免疫功能下降，易继发感染其他细菌性和病毒性疾病。猪群的呼吸道疾病如支原体感染、传染性胸膜肺炎、链球菌病、附红细胞体病等发病率上升。

亚临诊型 感染猪不发病，表现为猪繁殖与呼吸障碍综合征病毒的持续性感染，猪群的血清学抗体阳性，阳性率一般在 10%~88%。

【病理变化】 不伴发继发感染的病例除有淋巴结轻度或中度水肿外，肉眼变化不明显。呼吸道的病理变化为间质性肺炎，有时有卡他性肺炎。若有继发感染，则可出现相应的病理变化，如心包炎、胸膜炎、腹膜炎及脑膜炎等。

在仔猪还可见头部、颌下、颈下等处皮下水肿，皮下组织呈胶样出血性浸润。心肌松软，颜色变淡，心冠脂肪呈黄色胶冻样，心内膜充血。胸腔、腹腔和心包有大量淡黄色液体。脾肿大，有出血点。肾脏、肝脏及喉头有出血点。全身淋巴结肿大、充血、呈棕褐色或褐色。

【诊断】 根据临床症状及剖检变化可初步诊断，确诊需进行实验室诊断。

（1）病原学诊断

①病毒的分离与鉴定 采取死产和流产胎儿的脾、肺、血清和胸水等接种原代细胞 PAM，或传代细胞 CL2621、MA104、Marc145 等细胞。首次传代有时可能无 CPE，需盲传 2~3 代。对分离到的病毒采用单克隆抗体或多克隆抗体、免疫荧光抗体技术、单层过氧化物酶试验、RT－PCR 技术或及电镜技术进行鉴定。

②分子生物学诊断 采用 RT－PCR、巢式 PCR 以及核酸探针技术直接检测病料组织

中的病毒。

(2)血清学诊断

目前有 4 种不同的方法用于检测血清中的猪繁殖与呼吸障碍综合征病毒抗体,包括免疫过氧化物酶单层试验、间接免疫荧光抗体试验、间接 ELISA 和血清中和试验。

【防治】

(1)加强饲养管理,严格实行全进全出的饲养管理方式,禁止将生长缓慢的大龄猪和新入圈的年轻猪混养。尽可能让同一圈舍内的猪日龄差不超过 2 周,防止母猪传染仔猪。

(2)对引进猪严格检疫和隔离饲养,确认健康者方可混群饲养。

(3)建立健全规模化猪场的生物安全体系,定期对猪舍和环境进行消毒,保持猪舍、饲养管理用具及环境的清洁卫生。

(4)做好猪群饲养管理。在猪繁殖与呼吸障碍综合征病毒感染猪场,应做好各阶段猪群的饲养管理,用好料,保证猪群的营养水平,以提高猪群对其他病原微生物的抵抗力,从而降低继发感染的发生率和由此造成的损失。

(5)控制猪群的细菌性继发感染。在妊娠母猪产前和产后阶段、哺乳仔猪断奶前和断奶后、转群等阶段按预防量适当在饲料中添加一些抗菌药物,如泰妙菌素、土霉素、金霉素、阿莫西林、利高霉素等,以预防继发感染细菌性疾病,如肺炎支原体、副猪嗜血杆菌、链球菌、沙门氏菌、巴氏杆菌、附红细胞体等。

(6)做好其他疫病的免疫接种,控制好其他疫病,特别是猪瘟、猪伪狂犬病和猪气喘病的控制。

(7)定期对猪群中猪繁殖与呼吸障碍综合征病毒的感染状况进行监测。每季度监测一次,用 ELISA 试剂盒进行抗体监测,如果 4 次监测抗体阳性率没有显著变化,则表明该病在猪场是稳定的。相反,如果在某一季度抗体阳性率有所升高,说明猪场在管理与卫生消毒方面存在问题,应加以改善。

(8)对发病猪场要严密封锁,对流产的胎衣、死胎及死猪做好无害化处理,产房彻底消毒;隔离病猪,对症治疗,改善饲喂条件等。

(9)免疫接种。目前国内外已推出商品化的猪繁殖与呼吸障碍综合征减毒疫苗和灭活苗,国内也有正式批准的灭活疫苗。商品猪断奶后肌内注射 2 mL 灭活苗,高致病性蓝耳病流行地区 1 个月后加强免疫一次;母猪 70 日龄前同商品猪,以后每次分娩前 1 个月加强免疫 1 次,每次肌内注射 4 mL;种公猪 70 日龄前同商品猪,以后每 6 个月加强免疫一次,每次肌内注射 4 mL。

2. 猪细小病毒病

猪细小病毒病是由猪细小病毒引起的母猪繁殖障碍性传染病。临床以怀孕母猪发生流产、死产、产木乃伊胎为特征。母猪本身无症状。

【流行特点】 猪细小病毒病已在世界各地普遍流行,本病只发生于猪,不同年龄、性别和品系的猪均可感染,感染后终生带毒。本病的流行无明显的季节性,但以春夏或母猪产仔和交配季节多发,主要是初产母猪发生繁殖障碍,呈散发或地方流行性。

目前,该病几乎存在于所有猪场。本病一旦传入猪群,猪场可能连续几年不断地出现母猪繁殖失败。母猪怀孕早期感染时,其胚胎、胎猪死亡率可高达 80%～100%。猪感染猪细小病毒 1～6 d 后可产生病毒血症,1～2 周后随粪便排出病毒,污染环境,7～9 d 后可测出血凝抑制抗体，21 d 内抗体效价可达 1∶15 000，且能持续数年。病毒能通过胎盘垂直传播。

【临床症状】 主要症状是母猪的繁殖障碍，非妊娠期猪感染通常是隐性感染。母猪不同孕期感染，临床表现有所不同。妊娠 30 d 以内感染，胚胎死亡率达 80%～100%，由于胚胎很小，死亡后溶化，被母体吸收，使母体不孕和不规则地反复发情，有时胚胎死亡而被排出，由于体积很小常不被发现。妊娠期 30～50 d 感染，主要产木乃伊胎。妊娠期 50～60 d 感染时多产出死胎。妊娠 70 d 感染时，常出现流产。妊娠 70 d 后感染时，大多数可以正常生产，但仔猪长期带毒。此外，还可引起母猪产仔瘦小和弱胎、母猪发情不正常、屡配不孕等症状。对公猪的性欲和精液品质没有明显影响。

【剖检变化】 可见母猪子宫内膜有轻度炎症，胎盘有部分钙化，胎儿在子宫被溶解吸收的现象。流产的胎儿可见充血、水肿、出血、体腔积液、木乃伊化及坏死等病变。

【诊断】 根据特征临床症状可怀疑本病，确诊需进行实验室诊断。

(1)病料采集

采取母猪血清，也可用 70 日龄以上感染胎儿的心血或组织浸出液；也可采集流产或死产胎儿的新鲜脏器，如脑、肾、肝、肺、睾丸、胎盘及肠系膜淋巴结等，其中以肠系膜淋巴结和肝脏的分离成功率最高。

(2)病原学诊断

病毒分离与鉴定，需要一定的设备，不作为常规诊断方法。可用间接荧光抗体试验或直接用电子显微镜检查病毒抗原。

(3)血清学诊断

应用血凝抑制试验、血清中和试验、酶联免疫吸附试验、琼脂扩散试验和补体结合试验等检测本病毒的抗体。其中血凝抑制试验(HI)操作简单，反应快速，应用较多。感染猪群中，超过 12 月龄的猪，几乎均有主动免疫力，其中 HI 抗体效价在 1∶256 以上，可持续 4 年之久。

【治疗】 目前本病尚无有效疗法，只能对症治疗。流产后若发生子宫和产道感染，可应用抗生素药物进行治疗。

【防治】

(1)坚持自养自繁，建立稳定的种猪群。必须引种时，应做好检疫工作，当 HI 抗体效价在 1∶256 以下或阴性时，方可引入。引入种猪隔离饲养 2 周后，再进行一次抗体监测，HI 抗体效价仍在 1∶256 以下或阴性者，接种猪繁殖与呼吸障碍综合征灭活苗，接种后再进行一次抗体监测，以检出免疫耐受猪。健康者方可混群饲养。

(2)做好免疫接种。后备母猪在配种前 30 d，肌内注射猪细小病毒病灭活疫苗 2 mL，7 d 后再注射 2 mL，15 d 后方可配种。公猪配种前 1～2 个月也可进行免疫注射。

(3)猪场一旦发生本病，应立即将发病的母猪和仔猪隔离；猪舍彻底消毒；对流产的死胎和木乃伊胎深埋或焚烧。定期对全群猪进行疫病监测，淘汰检出的阳性猪，以防疫情进一步扩展。

3. 猪流行性乙型脑炎

猪流行性乙型脑炎又名日本乙型脑炎，是由流行性乙型脑炎病毒引起的一种人、畜共患传染病。临床上以高热、母猪流产、死胎和公猪睾丸炎为特征。

【流行特点】　本病是一种自然疫源性疾病，各种动物都易感染，马和猪最易发病。蚊虫是本病的主要传染媒介。猪不分品种和性别均易感，其既是乙脑最重要的传染源，也是乙脑病毒的贮存宿主。该病在猪只之间的流行模式是猪—蚊—猪。猪的发病年龄多与性成熟有关，大多在6月龄左右发病。其特点是感染率高、发病率低、死亡率低，常因并发症死亡。绝大多数在病愈后不再复发，成为带毒猪。

本病有明显的季节性，绝大多数集中于夏末秋初流行，一般在7月至9月，10月明显减少。我国东北8月至9月达到高峰。

【临床症状】　病猪体温升至40～41℃，稽留热，持续5～10 d，精神沉郁，食欲减退或废绝。粪便干燥，呈球状，表面附着黏液，尿呈深黄色。眼结膜潮红，心跳和呼吸加快。有的后肢呈轻度麻痹，步态不稳，行走摇晃，有的后肢关节肿大，跛行。个别表现神经症状，如磨牙、转圈、口流白沫、视力减弱，乱冲乱撞。

妊娠母猪突然流产，产出死胎、木乃伊和弱胎，母猪无明显异常表现。公猪一般症状不明显，主要发生一侧性或两侧睾丸肿大，肿胀程度不等，有热痛表现。经3～5 d后肿胀消退，仍可配种。有的睾丸萎缩变小变硬，失去配种繁殖能力。

【剖检变化】　可见流产胎儿脑水肿，脑膜和脊髓充血，皮下水肿，肌肉褪色似水煮状，胸腔和腹腔积液，胎儿大小不等，从拇指大到正常大小。胎儿多木乃伊化，呈黑褐色或茶褐色，肝、脾、肾有坏死灶，全身淋巴结出血，肺瘀血、水肿。

流产母猪子宫内膜充血、水肿，黏膜表面覆有多量黏性分泌物，并有出血点。胎盘水肿或出血。公猪睾丸有不同程度的肿大，切面可见睾丸实质充血或出血，有大小不等的灰黄色坏死灶，有的睾丸萎缩、硬化、体积缩小，切开阴囊，可见与睾丸粘连，实质部分已结缔组织化，副睾丸变化不明显。

【诊断】　根据流行特点、临床症状及剖检变化可初步诊断，确诊需进行实验室诊断。

(1)病理学检查

取大脑组织进行病理组织学检查，可见非化脓性脑炎变化。

(2)病原学诊断

在本病的流行初期，采取濒死期病猪脑组织或发热期血液，进行鸡胚卵黄囊接种或1～5日龄乳鼠脑内接种，可分离到病毒。然后用抗乙脑标准血清进行中和试验对分离病毒进行鉴定。

(3)血清学诊断

常用补体结合试验、中和试验、血凝抑制试验、荧光抗体法、酶联免疫吸附试验、反向间接血凝试验和免疫酶组化法等。需采取病初期和恢复期两份血清，均以双份血清滴度升高4倍以上作为判定标准。

机体感染本病毒后，特异性IgM抗体于病后3～4 d即可产生，2周达高峰，因此确定单份血清中的IgM抗体，可以达到早期诊断的目的。检测血清中IgM抗体，通常采用2-巯基乙醇(2-ME)法。

【治疗】　目前本病尚无特效药，主要是对症治疗。防止继发感染。可选用氟苯尼考、磺胺类药物、泰乐菌素等。

【防治】　杜绝传播媒介是预防和控制乙型脑炎流行的根本措施，以灭蚊防蚊为主，尤其是三带喙库蚊。在乙型脑炎流行季节应保持猪体清洁，维持猪体良好体况，提高其自身抵抗力，搞好畜舍卫生，做好定期消毒工作。患乙型脑炎恢复后的动物可获得较长时间的免疫力，一般对后备公母猪在本病流行期前一个月注射猪乙型脑炎弱毒疫苗免疫，第二年加强 1 次，免疫期可达 3 年。

4. 猪伪狂犬病

成年母猪和公猪感染发病多表现为繁殖障碍。怀孕母猪于受胎后 40 d 以上感染时，常有流产、死胎及延迟分娩等现象；怀孕后期感染的，则产出木乃伊胎，也有活产胎儿，胎儿表现呕吐、腹泻、痉挛，角弓反张，通常在 24～36 h 内死亡。母猪在流产前后，大多无明显的临床症状，个别表现为咳嗽、发热、精神不振。

其他信息见学习情境 4 必备知识。

5. 猪布鲁氏菌病

猪布鲁氏菌病是由布鲁氏菌引起的人、畜共患的一种急性或慢性传染病。特征是妊娠母猪发生流产、胎衣不下、生殖器官及胎膜发炎、睾丸炎、巨噬细胞增生和肉芽肿形成。

【流行特点】　布鲁氏菌病是世界性的人畜共患的传染病，目前几乎遍布世界各地。多种动物易感，家畜中猪的易感性次于牛和羊。母猪较公猪易感，幼龄猪只对本病有一定抵抗力，随着年龄增长易感性增高。流产母畜是最危险的传染源，主要通过污染的饲料与饮水经消化道感染，还可经交配、皮肤及黏膜感染。

本病无明显的季节性，在产仔季节多发，一般为散发。在疫区，第一胎发生流产后多不再发生流行，但存在连续几胎均发生流产。

【临床症状】　母猪主要症状是流产。多发生在怀孕的第 30～50 d 或 80～110 d，流产前可见母猪精神沉郁，阴唇和乳房肿胀，有时可见从阴道流出分泌物，有的无明显的症状。流产胎儿多为死胎、木乃伊胎或弱胎。大多经 8～10 d 可自愈，少数发生胎衣不下，从阴道排出黏性红色分泌物，发生子宫内膜炎和不孕。一般流产后又可怀孕，重复流产的较少见。

公猪主要症状是睾丸炎和附睾炎，一侧或两侧无痛性肿大。有的病状较急，局部有热痛，并伴有全身症状。有的睾丸发生萎缩、硬化，性欲减退，丧失配种能力。

【剖检变化】　胎儿皮下、肌间出血性浆液性浸润，胸腹腔有红色液体及纤维素，胃、肠黏膜有出血点，有死胎及木乃伊胎。胎衣充血、出血和水肿，有坏死灶。母猪子宫黏膜上有坏死小结节。公猪睾丸及附睾肿大，切开有小坏死灶，还见有关节炎。

【诊断】　根据流行特点、临床症状和剖检变化可怀疑本病，确诊需进行实验室诊断。

(1)细菌学诊断

采取流产胎儿的胃内容物或母畜阴道分泌物，涂片，经沙黄—孔雀绿染色法染色后镜检，布鲁氏菌染成红色，其他细菌染成绿色。

(2)血清学诊断

用于检测血清抗体，我国《布鲁氏菌病防治技术规范》规定的检疫方法有虎红平板凝集试验、全乳环状试验、试管凝集试验和补体结合试验。县级以上动物防疫监督机构负责布病诊断结果的判定。抗体判定时要了解猪群是否接种过疫苗，区分疫苗免疫产生的抗体与感染产生的抗体。

【防治】

(1)保护健康猪群。对从未发生过布鲁氏菌病的健康猪群，必须贯彻"预防为主"的方针和坚持自繁自养的原则，防止从外地引入病猪。若必须引进种猪时，应从无此病地区购买，并进行检疫，购进后隔离观察2个月，再进行检疫，确实健康的方可并群饲养。同时，防止运入被污染的畜产品和饲料。每年定期对猪群进行布鲁氏菌病检疫，发生原因不明的流产时，必须严格隔离流产母猪，对流产胎儿及胎衣要进行微生物学检查，而且要严格消毒处理，对流产猪只做血清学检查，直到证明为非传染性流产时，才能取消隔离。

（2）受威胁猪群的预防措施

①对猪群进行定期检疫，每年至少1次，及时发现和处理患病猪只。

②免疫接种。我国用于预防猪布鲁氏菌病的是用猪种布鲁氏菌弱毒S2株制成的活疫苗，该苗毒力稳定、使用安全、免疫力好，适于口服免疫和肌内注射。

（3）发病种猪群的康复措施

①定期检疫和隔离病猪　用凝集反应定期普遍检疫，猪在5月龄以上检疫为宜，淘汰阳性和可疑反应猪。曾检出病猪的猪群在未达到净化前，隔离饲养，反复检疫，及时检出淘汰病猪。经两次连续检疫，全群均为阴性，同进猪群无流产和公猪睾丸炎病例时，才可认为本猪群得到净化。

②加强消毒及兽医卫生措施　对隔离猪场、用具等进行常规的消毒。做好猪产房的卫生及消毒工作。对流产胎儿、胎衣、胎水及分泌物进行无害处理。粪便堆积发酵后利用。工作人员做好个人防护工作。

③病种猪的处理　由于猪只饲养的周转较快，病猪以饲养屠宰淘汰为宜。实践证明逐步淘汰和肉品合理利用是一种积极的措施，各地可因地制宜采用。此外，对特别贵重的病种猪，可考虑进行对症治疗，如子宫炎时的冲洗和治疗、抗生素的应用等。

④培育健康幼龄种猪　仔猪在断乳后立即隔离饲养，2月龄和4月龄各检疫1次，两次检疫为阴性时，可认为是健康仔猪。

【公共卫生】　人感染后表现发热，多汗，关节痛，神经痛，肝、脾肿大，男性睾丸炎等。

6. 猪衣原体病

猪衣原体病是由鹦鹉热衣原体的某些菌株引起的一种慢性接触性传染病，又称流行性流产、猪衣原体性流产。临诊主要为妊娠母猪流产、死产和产弱仔；新生仔猪肺炎、肠炎、胸膜炎、心包炎、关节炎；种公猪睾丸炎等。

【流行特点】　不同品种及年龄的猪群均可感染，以妊娠母猪和幼龄仔猪最易感。几乎所有的鸟类都可能携带衣原体，绵羊、牛和啮齿动物携带病原菌都可能成为猪感染衣原体的疫源。本病无明显的季节性，常呈地方流行性。猪场可因引入病猪后暴发本病，康复猪可长期带菌。本病的发生和流行与诱发因素，如卫生条件、饲养管理、营养、长途运输等有关。

【临床症状】　临床上常出现流产型、肺炎型、关节炎型和肠炎型等。

流产型　怀孕母猪感染后引起早产、死胎、流产、胎衣不下、不孕症及产下弱仔或木乃伊胎。初产母猪发病率高，一般可达40%～90%。早产多发生在临产前几周，妊娠中期的母猪也可发生流产。母猪流产前一般无任何表现，体温正常，有的体温升高至39.5～41.5℃。产出仔猪部分或全部死亡，活仔多体弱、初生重小、拱奶无力，多数在出生后数小时至1～2日死亡，死亡率有时高达70%。公猪生殖系统感染，出现睾丸炎、附睾炎、尿道炎等生殖道疾病，有时伴有慢性肺炎。

肺炎型　患猪呈慢性肺炎经过。体温升高，精神不振，呼吸困难，干咳，流清鼻涕，后期出现神经症状，表现兴奋，尖叫，忽然倒地，四肢呈游泳状划动等。

肠炎型　患猪腹泻，脱水，全身出现中毒症状，如出现混合感染，则患猪死亡率高。

多关节炎型　患猪关节肿胀，疼痛，跛行。多浆膜炎型患猪发生胸膜炎、腹膜炎、心包炎，精神沉郁，不食，喜卧，发烧，体腔内有炎性渗出液，病死率高。

【病理变化】

流产型　母猪子宫内膜出血、水肿，并伴有 1～1.5 cm 的坏死灶，流产胎儿和死亡的新生仔猪的头、胸及肩胛等部位皮下结缔组织水肿，心脏和肺脏常有浆膜下点状出血，肺常有卡他性炎症。患病公猪睾丸颜色和硬度发生变化，腹股沟淋巴结肿大 1.5～2 倍，输精管有出血性炎症，尿道上皮脱落、坏死。

支气管肺炎型　表现为肺水肿，表面有大量的小出血点和出血斑，肺门周围有分散的小黑红色斑，尖叶和心叶呈灰色，坚实僵硬，肺泡膨胀不全，并有大量渗出液。纵隔淋巴结水肿。支气管内有多量分泌物，有时可见坏死区。

肠炎型　多见于流产胎儿和新生仔猪，胃肠道有急性局灶性卡他性炎症及回肠的出血性变化。肠黏膜潮红，小肠和结膜浆膜面有灰白色浆液性纤维素性覆盖物，肠系膜淋巴结肿胀。脾脏有出血点，轻度肿大。肝质脆，表面有灰白色斑点。

关节炎型　关节肿大，关节周围充血和水肿，关节腔内充满纤维素性渗出液，用针刺时流出灰黄色混浊液体，混杂有灰黄色絮片。

【诊断】　根据流行特点、临床症状及剖检变化可怀疑本病，确诊需进行实验室诊断。

(1)病原学诊断

①无菌采取病死猪的肝脏、脾脏、肺脏、排泄物、关节液、流产胎儿等涂片，经姬姆萨染色后镜检。如发现紫红色颗粒为原体，蓝紫色的为网状体。

②分离培养　将涂片镜检有疑似衣原体颗粒的病料，无菌取样，研磨后制成 1∶5 稀释度的匀浆，2 000～3 000 r/min 离心 30 min 后，取上清液，接种 7 日龄鸡胚卵黄囊，取 72 h 后死亡鸡胚的卵黄囊继续传代，直到稳定致死鸡胚。再用姬姆萨染色，观察形态特征。

获得疑似衣原体后，进一步与标准阳性血清孵化，次日，接种鸡胚，进行中和试验；也可以在分离物中加入磺胺嘧啶钠作用后，接种 7 日龄鸡胚，鹦鹉热衣原体对磺胺嘧啶钠敏感，而沙眼衣原体不敏感。

③ELISA 方法　采用脂多糖单克隆和多克隆抗体建立双抗体夹心 ELISA，检测猪流产胎儿中的衣原体。

④PCR 方法　根据病原体 16SrRNA 或膜外蛋白(MOMP)基因设计引物，建立 PCR 诊断方法，可用于快速检测抗原。

(2)血清学诊断

应用间接血凝试验检测血清抗体。如果哺乳动物血凝效价≥1∶64，可判为阳性，血凝效价≤1∶16 为阴性，血凝效价介于两者之间为可疑。可疑者复检，仍为可疑则判为阳性。

除此方法外还有补体结合反应、血凝抑制试验、毛细血管凝集试验、琼脂凝胶沉淀试验、间接血凝试验、免疫荧光及免疫酶试验等。近年来，免疫酶联染色法、Dot－ELISA、衣原体单克隆抗体、核酸杂交与核酸探针技术等也日益受到重视。

【治疗】　四环素为首选药物，也可用金霉素、土霉素、红霉素、氧氟沙星等。对新生仔猪，可肌内注射四环素类抗生素进行治疗。

【防治】

(1)加强饲养管理，搞好舍内卫生和消毒工作，坚持自繁自养，如需引进种猪时，必须隔离进行严格检疫，阳性种猪场应禁止输出种猪。

(2)严禁其他家畜和鸟类进入猪舍，做好舍内灭鼠、防蝇工作。

(3)对流产胎儿、胎衣、母猪的排泄物和污染物，进行焚毁、深埋等无害化处理。对种公猪定期检疫，确诊健康后方可配种。

(4)用猪衣原体灭活疫苗对母猪进行免疫接种。初产母猪配种前免疫接种2次，间隔1个月；经产母猪配种前免疫接种1次；种公猪每年免疫1次。

7. 猪霉菌病及霉菌毒素中毒

猪霉菌病及霉菌毒素中毒是指猪感染一定数量的致病性霉菌或采食了一定量被霉菌毒素污染了的饲料而产生的相应病症。

【发病原因】　目前饲料检测到的毒素已超过350种，对猪危害最大的有：黄曲霉毒素、玉米赤霉烯酮(F-2毒素)、呕吐毒素、赭曲霉毒素。

(1)黄曲霉毒素主要是由黄曲霉和寄生曲霉产生的，其他曲霉菌、青霉菌、镰孢霉菌和链霉菌属的放线菌也能产生黄曲霉毒素。所有的动物对黄曲霉毒素均敏感，仔猪最为敏感。若长期饲喂含有黄曲霉毒素饲料的动物，其肝脏、免疫系统及造血功能都会受损。

黄曲霉毒素通过干扰肝脏中脂肪向其他组织的输送，使脂肪大量堆积在肝脏而产生斑点，同时干扰肝脏合成维生素和解毒等功能，还能通过胎盘影响胎儿组织的发育。

(2)玉米赤霉烯酮也称F-2毒素，是禾谷镰孢霉菌产生，具有雌激素作用。其临床症状随接触剂量和猪年龄不同而异。猪尤其是后备母猪对玉米赤霉烯酮最为敏感，可造成假发情和阴道脱垂或脱肛；怀孕母猪发生流产及产死胎；初生仔猪的存活率较差、出现八字腿及外阴部肿胀等现象。F-2毒素使种公猪性欲下降、睾丸发育不良和不孕。

(3)呕吐毒素已被作为梭霉菌属的霉菌毒素污染的"标记"，饲料中含量很低即会有梭霉菌属霉菌毒素中毒症的出现。生长肥育猪采食饲料后10~20 min内会出现呕吐、不正常的焦虑和磨牙现象。呕吐毒素会强力抑制猪的采食量和生长速度，严重时可导致育肥猪完全拒食。

(4)赭曲霉毒素是由赭曲霉及鲜绿青霉等所产生的一种霉菌肾毒素，分为A、B两种类型。赭曲霉毒素A的毒性较大，且在自然污染的饲料中常见，猪摄入1 ppm(1 ppm＝10^{-6})可在5~6 d致死。饲喂含1 ppm浓度的赭曲霉毒素的日粮，3个月后可引起烦渴、尿频、生长迟缓和饲料利用率降低。

【临床症状及病变】　猪的饲料中毒往往由多种霉菌毒素所致，其中毒症状表现不一。

(1)仔猪

仔猪霉菌毒素中毒后常呈急性发作。一般体温正常，呕吐，神经症状、后肢无力，站立不稳，嘶叫，很快死亡。胃底黏膜出血，血块凝结，并附黏膜上，不易剥离，其他部分充血，小肠黏膜出血。

(2)生长育肥猪

发病时体温正常，食欲减退，眼结膜充血、出血。部分猪呕吐，拉稀或便秘，肛门松弛，直肠外努，尿黄或呈浓茶色，便中带黏液或便深黑。病程稍长者出现黄疸、贫血等症状，其生长缓慢，体瘦。食入霉变饲料较多的，3周左右即出现中毒症状，严重猪出现症状后一周左右死亡。

患猪肌肉、脂肪黄染，全身淋巴结水肿，肝黄、脂变、质脆、边缘钝，胆囊充盈或无汁、汁稠或胆汁呈奶酪状，胃黏膜出血或胃底血块凝聚附着，小肠、结肠黏膜出血，肾呈棕红色、乳头出血，血凝不良。

（3）母猪

母猪中毒后体温正常，眼结膜潮红、巩膜黄染，尿黄或呈浓茶色。怀孕母猪中毒后流产，产死胎、木乃伊胎，新生仔猪死亡率上升，产后母猪发情不正常。后备母猪食用霉变饲料后阴门红肿，子宫或直肠脱出，假发情。剖检见患猪脂肪黄染，三腔有黄色积液，肝黄、脂变、出血，胆汁浓稠，肾色黄。

（4）成年公猪

双侧睾丸大小不等，精液品质下降、精子数量减少，性欲减退。

【防治措施】

（1）把好饲料关，加强防霉意识。做好饲料的防霉工作，并且避免长期库存饲料。饲料及原料的贮藏必须通风、阴凉、干燥，要有良好的通风设备。尽可能减少养猪户用霉变的饲料饲喂生猪。

（2）对于发生不同程度的霉变饲料，可在饲喂生猪前进行过筛，并将毒素最为集中的碎粒、虫蚀粒粉剔除掉，也可在饲料中添加综合型的霉菌毒素吸附剂和处理剂（如霉毒净、改性蒙脱石等），以利吸附饲料中的黄曲霉毒素等多种毒素，以减少生猪霉菌毒素中毒以及霉菌毒素导致其他疾病发生的机会。

（3）发生霉菌毒素中毒，首先必须更换饲料，提高饲料中蛋白质、维生素和硒的添加量；全群猪饲料添加复合维生素，并加强饮水量。

8. 其他疾病

温和型猪瘟、猪弓形体病、猪盖他病毒感染、猪肠病毒感染等可引起母猪繁殖障碍。

二、以繁殖障碍为主症猪病的鉴别（见表 7-1）

表 7-1　以繁殖障碍为主症常见猪病鉴别表

病名	母猪临诊症状	胎儿死亡情况	胎儿和胎盘病变	流行情况
猪繁殖与呼吸障碍综合征	见轻度呼吸困难，食欲不振，发热	胎儿常死在怀孕后期	死胎、木乃伊胎、早产、头部水肿、胸腹腔积水	妊娠母猪及 1 月龄内仔猪最易感。本病经呼吸道及胎盘传播，传播迅速
猪细小病毒病	无症状	胎儿死在不同的发育阶段	产仔少、以死胎常见，死胎或弱猪分解的胎盘紧包胎儿	不同年龄、性别猪均易感，初产母猪多发。常见于 4 月至 10 月流行，容易长期连续传播
猪流行性乙型脑炎	无症状	胎儿死在不同的发育阶段	木乃伊胎常见，产仔数少，胎儿脑积水，皮下水肿，肝脾有坏死灶	能感染人和多种动物，但不能感染马属动物。主要经蚊叮咬传播，夏秋季发病

续表

病名	母猪临诊症状	胎儿死亡情况	胎儿和胎盘病变	流行情况
猪伪狂犬病	喷嚏，咳嗽，便秘，流涎，厌食，呕吐，中枢神经系统症状	胎儿死在不同的发育阶段	肝局部坏死，木乃伊胎，死胎，产仔数少，坏死性胎盘炎	猪和多种动物均可感染。各窝仔猪发病率，同窝仔猪发病先后均不一致。发病与环境及饲养管理因素有密切关系
猪布鲁氏菌病	少见症状，妊娠任何时间流产	仔猪相同年龄，也可任何年龄	自溶，外观正常，皮下水肿，腹泻积水，出血，化脓性胎盘炎	人、猪、牛、羊等多种动物易感。随性成熟易感性增高，孕畜最易感，一般仅流产一次，多散发
猪衣原体病	一般没有明显变化	怀孕的任何时期	死胎、木乃伊胎、头、胸、肩部等皮肤水肿、出血	本病无季节性，各种年龄的猪均易感染，母猪和仔猪最易感染
猪弓形体病	无症状	胎儿死在不同的发育阶段	流产，死胎，新生儿虚弱，木乃伊胎少见	无年龄和季节区分，但以3~6月龄多发。该病为人畜共患
霉饲料中毒	外阴水肿，偶见初产母猪乳房发育	胎儿着床失败	流产、死胎、弱胎。无肉眼病变	主要由于饲料保管不当，发霉变质，猪采食了发霉饲料后，易引起中毒

计 划 单

学习情境 7	以繁殖障碍为主症的猪病		学时	10
计划方式	小组讨论制定实施计划			
序　号	实施步骤		使用资源	备注
制定计划说明				
	班　级		第　　组	组长签字	
	教师签字			日　期	
计划评价	评语：				

决策实施单

学习情境 7		以繁殖障碍为主症的猪病					
讨论小组制定的计划书，做出决策							
计划对比	组号	工作流程的正确性	知识运用的科学性	步骤的完整性	方案的可行性	人员安排的合理性	综合评价
	1						
	2						
	3						
	4						
	5						
	6						

制定实施方案		
序号	实施步骤	使用资源
1		
2		
3		
4		
5		
6		

实施说明：

班　　级		第　　组	组长签字	
教师签字			日　　期	

评语：

作 业 单

学习情境 7	以繁殖障碍为主症的猪病
作业完成方式	以学习小组为单位，课余时间独立完成，在规定时间内提交作业
作业题 1	猪细小病毒病、猪衣原体病、猪伪狂犬病、猪布鲁氏菌病的鉴别要点
作业解答	
作业题 2	猪繁殖与呼吸障碍综合征的防治措施
作业解答	
作业题 3	案例分析：见本学习情境案例单案例 7.2； 要求：根据病例的发病情况、症状及病变，提出初步诊断意见和确诊的方法，并按你的诊断结果提出治疗方案及防治措施
作业解答	另附页
作业评价	

作业评价	班　　级		第　　组	组长签字		
	学　　号		姓　　名			
	教师签字		教师评分		日　期	
	评语：					

效果检查单

学习情境 7		以繁殖障碍为主症的猪病			
检查方式		以小组为单位，采用学生自检与教师检查相结合，成绩各占总分(100 分)的 50%			
序号	检查项目	检查标准		学生自检	教师检查
1	资讯问题	答案是否准确、回答是否正确			
2	计划书质量	综合评价结果			
3	初步诊断	方法是否正确、分析路径是否合理、结论是否正确、剖检后动物尸体处理是否正确			
4	实验室诊断	方法是否正确、材料准备是否齐备、操作是否规范、结论是否正确			
5	治疗方法	方法是否正确；一般性用药是否合理、是否应用药敏试验选择用药			
6	方案制定	方案是否按时提交，内容是否完整			
7	防治措施	是否具有较强的完整性、可行性			
8	团队合作	团队中是否明确分工，组员间是否密切合作			
检查评价	班　　级		第　　组	组长签字	
	教师签字			日　期	
	评语：				

评价反馈单

学习情境 7		以繁殖障碍为主症的猪病			
评价类别	项目	子项目	个人评价	组内评价	教师评价
专业能力 （60%）	资讯（10%）	查找资料，自主学习（5%）			
		资讯问题回答（5%）			
	计划（5%）	计划制定的科学性（3%）			
		用具材料准备（2%）			
	实施（25%）	各项操作正确（10%）			
		完成的各项操作效果好（6%）			
		完成操作中注意安全（4%）			
		使用工具的规范性（3%）			
		操作方法的创意性（2%）			
	检查（5%）	全面性、准确性（3%）			
		生产中出现问题的处理（2%）			
	结果（10%）	提交成品质量			
	作业（5%）	及时、保质完成作业			
社会能力 （20%）	团队协作 （10%）	小组成员合作良好（5%）			
		对小组的贡献（5%）			
	敬业、吃苦 精神（10%）	学习纪律性（4%）			
		爱岗敬业和吃苦耐劳精神（6%）			
方法能力 （20%）	计划能力 （10%）	制定计划合理			
	决策能力 （10%）	计划选择正确			
意见反馈					

请写出你对本学习情境教学的建议和意见

班　级		姓　名		学　号		总　评	
教师签字		第　组	组长签字			日　期	
评价 评语	评语：						

●●●● 拓展阅读

几种常见猪繁殖障碍性疫病混合感染和综合防治措施

中医文化与中兽医

学习情境 8

猪其他疾病

●●●●● **学习任务单**

学习情境 8	猪其他疾病		学　时	12
布置任务				
学习目标	1. 明确猪产前产后常见疾病的种类及其基本特征； 2. 明确以肌肉苍白病变为主症的猪病的种类及其基本特征； 3. 明确以肌肉中见到囊泡、结节病变为主症的猪病的种类； 4. 能够说出各病的发病原因、典型的临床症状和病理变化； 5. 能够通过流行病学调查、病因调查、临床症状观察、病理剖检变化观察、与类症疾病鉴别等方法，必要时进行实验室诊断，完成本类疾病的诊断； 6. 能够对诊断出的疾病予以合理治疗； 7. 能够制定及实施防治措施； 8. 能够独立或在教师的引导下设计工作方案，分析、解决工作中出现的一般性问题； 9. 培养学生安全生产和公共卫生意识，做好自身安全防护； 10. 提升重大动物疫病防控能力，增强防疫意识和法制观念，保障群众的养殖安全			
任务描述	具体任务如下： 1. 综合运用流行病学调查、临床症状观察、病理剖检变化观察、与类症疾病鉴别等方法，通过对病例的解析、推断，完成本类疾病的诊断； 2. 对诊断出的疾病予以合理治疗； 3. 制定及实施防治措施			
学时分配	资讯：5 学时	计划：1 学时	决策：1 学时	实施：4 学时　考核：0.5 学时　评价：0.5 学时
提供资料	1. 信息单； 2. 教材； 3. 相关网站网址			
对学生要求	1. 按任务资讯单内容，认真准备资讯问题； 2. 按各项工作任务的具体要求，认真设计及实施工作方案； 3. 严格遵守动物剖检、检验等技术操作规程，避免散播病原； 4. 严格遵守实验室管理制度，避免安全事故发生； 5. 严格遵守猪场消毒卫生制度，防止传播疾病； 6. 严格遵守猪场劳动纪律，认真对待各项工作； 7. 以学习小组为单位，开展工作，展示成果，提升团队协作能力			

●●●● **任务资讯单**

学习情境 8	猪其他疾病
资讯方式	阅读信息单及教材；进入本课程的精品课网站及相关网站，观看 PPT 课件、视频；图书馆查询；向指导教师咨询
资讯问题	1. 描述母猪子宫内膜炎的清洗方法。 2. 新生仔猪出生后应如何护理？ 3. 母猪产后怎样护理？ 4. 描述猪先天性阴道狭窄引起母猪难产的助产方法。 5. 说出难产助产的操作方法。 6. 母猪难产助产需注意哪些事项？ 7. 母猪妊娠期的饲养管理要点有哪些？ 8. 分析母猪便秘的原因。 9. 母猪严重便秘后导致怎样的后果？ 10. 母猪便秘的临床症状及防治措施是什么？ 11. 母猪无乳综合征的发病原因是什么？ 12. 母猪无乳综合征的防治措施有哪些？ 13. 说出母猪阴道脱的手术治疗的操作方法。 14. 说出母猪子宫阴道脱防治方法。 15. 说出直肠脱的治疗方法。 16. 说出母猪生产瘫痪的发生原因。 17. 归纳总结母猪产前产后的护理要点。 18. 归纳总结母猪妊娠期的饲养管理要点。 19. 归纳总结母猪在哺乳期的饲养管理要点。 20. 说出猪旋毛虫的寄生部位。 21. 猪旋毛虫的生活史、主要临床症状及防治措施是什么？ 22. 如何进行猪旋毛虫病的实验室诊断？ 23. 猪囊虫病的病原体是什么？其主要寄生在哪些部位？ 24. 猪囊虫病的流行病学、临床症状及病理剖检变化是什么？ 25. 人感染猪囊尾蚴有何临床症状？ 26. 怎样预防猪囊虫病的发生？ 27. 人是如何感染绦虫病的？ 28. 人是如何感染囊虫病的？ 29. 猪是如何感染囊虫病的？ 30. 归纳总结由寄生虫引起猪病的实验室诊断程序。 31. 猪应激的发病原因有哪些？ 32. 怎样预防仔猪断奶应激？ 33. 猪应激的主要临床症状是什么？ 34. 猪应激的剖检变化、诊断方法及防治措施是什么？ 35. 当猪发生运输应激时应采取哪些应急措施？ 36. 归纳总结由换料引起猪应激的防治措施。 37. 猪维生素 E－硒缺乏的发生原因是什么？ 38. 猪维生素 E－硒缺乏的临床症状及防治措施是什么？ 39. 通常仔猪断奶前补几次维生素 E－硒？每头仔猪补量是多少？

续表

学习情境 8	猪其他疾病
资讯引导	1. 王志远．猪病防治．北京：中国农业出版社，2010 2. 姜平等．猪病．北京：中国农业出版社，2009 3. 李立山等．养猪与猪病防治．北京：中国农业出版社，2006 4. 刘振湘等．动物传染病防治技术．北京：化学工业出版社，2009 5. 刘莉．动物微生物及免疫．北京：化学工业出版社，2010 6. 在线猪病诊断系统：http：//www.fjxmw.com/zbzd/ 7. 中国养猪网：http：//www.china-pig.cn/ 8. 中国猪网：http：//www.pigcn.cn/ 9. 猪 e 网：http：//www.zhue.com.cn/

●●●●● 案例单

学习情境 8	猪其他疾病
序号	案例内容
8.1	养殖户刘某反映自家母猪下午 5 点开始分娩，直到第 2 天早晨仅产下一头小猪，打过 2 次缩宫素。该猪是初产。该猪体重约 80 kg，营养良好，精神沉郁，呼吸较快，频频努责，阴户水肿，有少量淡红色液体流出，体温 38.7 ℃，产道检查时手无法伸入，其余未见异常
8.2	某养殖户屠宰一头本地猪，发现肌肉尤其是横纹肌中有囊状物，其他脏器也出现类似变化。养猪户介绍，自家养三头猪，散养，平时以农家粗放饲料为主，常喂附近饭店收集的剩饭剩菜。屠宰前无可见临床症状。经检查可见，在肩胛外侧肌、臀肌、咬肌和腰肌等多处肌肉有多量呈乳白色椭圆形的囊状物，形如"豆"，大小约为 8 mm×5 mm，囊内有半透明液体，一端可见灰白色小颗粒。其他脏器无明显变化
8.3	某猪场有 100 头母猪，年出栏 230 头猪以上。最近产房内 18～20 日龄的窝内个头较大、生长良好的仔猪开始发病。育肥猪和其他猪群健康状况良好。病猪呼吸急促，后肢僵硬，背腰拱起，皮肤苍白，肌肉发颤，步行摇晃，呈痛苦状，尖叫，有两只仔猪前肢跪地移行，以至卧地不起，体温无明显变化。剖检可见，猪体苍白无血色，骨骼肌和心肌苍白、变性、坏死。心包积液，心肌柔软，心脏肥大，心内、外膜有大量出血点或弥漫性出血，心肌间有灰白或黄白色条纹状变性和斑块状坏死区。肝脏呈红黄相间的花纹状，质硬，切面外翻

●●●●● 相关信息单

项目1　母猪产前产后常见病的防治

案例：案例单案例 8.1。

任务一　诊断

【材料准备】

体温计、手术器材等。

【工作过程】

1. 检查

根据本类疾病的特点，检查过程中，侧重了解母猪的妊娠期、发病母猪的状况，特别注意母猪的发病时间及用药情况、体温和精神状态的变化等，是否有其他症状等。

2. 综合分析

案例发病特点分析

发病情况调查	发病特点	现场诊断
①发病情况：养殖户刘某反映自家母猪下午 5 点开始分娩，直到第 2 天早晨仅产下一头小猪，打过 2 次缩宫素。该猪是初产； ②临床检查：该猪体重约 80 kg，营养良好，精神沉郁，呼吸较快，频频努责，阴户水肿，有少量淡红色液体流出，体温 38.7 ℃，产道检查时手无法伸入，其余未见异常	①个体发病； ②母猪难产	产道狭窄造成难产

3. 诊断结果

母猪难产。

任务二　剖腹产手术

【材料准备】

器材：保定用绳、保定台、手术刀、持针钳、止血钳、镊子、消毒纱布、绷带、缝合针、缝合线、导尿管、新毛巾等。

药品：高锰酸钾、75%医用酒精、碘酊、2%普鲁卡因、盐酸氯丙嗪、宫缩素、肾上腺素、止血敏、青霉素、链霉素等。

【工作过程】

1. 术前准备

(1)检查母猪　测量母猪体温、脉搏数、呼吸数，均在正常值范围内，方可进行剖腹产手术。

(2)手术器械消毒　止血钳、镊子、消毒纱布、绷带、缝合针、各种型号丝线等消毒后备用。

（3）母猪补液　术前认真全面检查母猪身体状况，综合分析，充分预料手术中可能出现的问题，提前采取防范措施。为增加母猪的综合抵抗力，术前根据母猪体况进行补液。

2. 手术

（1）保定及术部确定

母猪在干净的猪舍内采用右侧横卧保定，固定头及四肢。左侧腹壁从髋骨结节向腹部引一垂线，再从已向后牵引的后肢膝关节处向前引一平行线，离此两线交点的前上方约5 cm处为切口上方的开端，沿此处略向前下方切开皮肤，切口长度为20 cm，见图8-1。

图 8-1　保定及术部确定

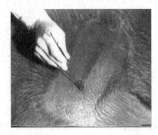
图 8-2　术部剃毛、消毒

图 8-3　术部浸润麻醉

（2）消毒与麻醉

术部进行清洗、剃毛，涂擦5％碘酊消毒，见图8-2。用0.5％～1％盐酸普鲁卡因20～30 mL沿切口线皮下和肌肉作浸润麻醉，见图8-3。术前按0.1 mg/kg体重皮下注射盐酸氯丙嗪作基础麻醉。

（3）手术方法

①手术刀切开皮肤，用刀柄钝性分离皮下脂肪、肌肉及肌膜，用两把止血钳夹住腹膜往上提，在两钳之间剪开腹膜，见图8-4和图8-5。

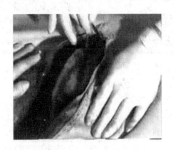
图 8-4　切开皮肤

图 8-5　剪开腹膜

②取出一侧子宫孕角，在子宫角和手术切口之间垫上大块消毒纱布，以免肠管脱出和切开子宫后宫内的液体流入腹腔，见图8-6。

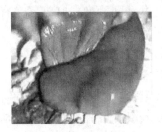
图 8-6　取出子宫孕角

图 8-7　纵形切口

图 8-8　取出胎儿

③沿着子宫大弯在子宫体近侧作长的纵形切口(见图 8-7)，注意避开大的血管，先取出靠近切口的胎儿(见图 8-8)，其他胎儿依次用手指按压使之向前移动到切口处取出。在掏取每一胎儿时，须先将胎膜撕破，胎儿取出后不剥离胎衣，以免母体胎盘毛细血管破裂出血。

④胎儿交给助手处理。

⑤确认子宫内无遗留胎儿后，用生理盐水冲洗子宫表面，用消毒纱布充分吸干子宫外壁的液体，子宫内撒青、链霉素粉，用 4 号丝线连续缝合子宫浆膜肌层，再行结节内翻缝合浆膜肌肉(见图 8-9)，再涂以消炎软膏，将子宫送回腹腔。

⑥子宫送回腹腔后可尽量使其回到原位，同时往腹腔加温热的生理盐水 500 mL 以填充损失的腹腔液。然后用 4 号线连续缝合腹膜，结节缝合肌肉。并涂青、链霉素粉(见图 8-10)，用 7 号丝线结节缝合皮肤(见图 8-11)，最后作 4 针减张缝合，涂以 5% 碘酊，用绷带紧紧包扎并系腹部绷带。

⑦术后肌内注射 500 万 IU 破伤风抗毒素，并继续输液。

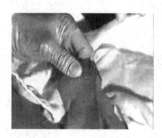

图 8-9　缝合子宫

图 8-10　涂青、链霉素粉

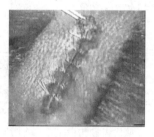

图 8-11　结节缝合、消毒

3. 术后护理

(1)术后将母猪移到产房高床上用保温灯保温，仔猪定时人工辅助哺乳，吮完乳后放在保温室。

(2)术后每天用 5% 葡萄糖生理盐水 1 500 mL、青霉素 800 万 IU、链霉素 400 万 IU、地塞米松 60 mg、10% 安钠咖 30 mL、维生素 C 40 mL 静脉滴注，连用 5 d；同时每天肌内注射缩宫素 30 万 IU，连续 3 d，以促进胎衣排出。

(3)第 4 d 后每天肌内注射青霉素 400 万 IU、链霉素 200 万 IU，2 次/天，连用 3 d。

(4)术后 24 h 内禁喂饲料，以后给少量饲料，并逐渐增加，5 d 后恢复正常饮食，术后 10 d 伤口拆线。

【注意事项】

(1)手术过程中要随时观察母猪精神状态，如发生异常情况，立即补液与强心。

(2)母猪手术需加强护理，应饲喂易消化的全价稀食，保持圈内温暖、卫生、清洁干燥，以防伤口感染。经常观察手术部位的变化，发现异常情况要及时消毒处置。

项目2 以肌肉中见到囊泡结节病变为主症猪病的防治

案例：案例单案例8.2。

任务一 诊断

一、现场诊断

【材料准备】

解剖器械等。

【工作过程】

1. 检查

根据本类疾病的特点，检查过程中，侧重了解猪的饲养方式、用药情况、猪的体形有无变化、皮肤及肌肉变化，是否有其他症状等；剖检中特别注意肌肉中有无囊泡。

2. 综合分析

案例特点分析

案例基本情况	特　点	提示疾病
①养猪户介绍：自家养三头猪，散养，平时以农家粗放饲料为主，常喂附近饭店收集的剩饭剩菜。屠宰前无可见临床症状； ②屠宰时发现：在肩胛外侧肌、臀肌、咬肌和腰肌等多处肌肉有多量呈乳白色椭圆形的囊状物，形如"豆"，大小约为 8 mm×5 mm，囊内有半透明液体，一端可见灰白色小颗粒。其他脏器无明显变化	①生前散养； ②肌肉处有乳白色圆形的囊状物	猪囊尾蚴病 猪旋毛虫病 猪住肉孢子虫病

鉴别诊断

提示疾病	排除理由	初步诊断
猪囊尾蚴	无	猪囊尾蚴病
猪旋毛虫病	在肌纤维表面看到稍有凸出的卵圆形、灰白色或浅白色、针头大小的小白点。案例囊状物较大	
猪住肉孢子虫病	剖检见到与肌纤维平行的白色带状包囊	

3. 诊断结果

初步诊断为猪囊尾蚴病，不完全排除猪住肉孢子虫病，确诊有赖于实验室诊断。

二、实验室诊断

【材料准备】

器材：显微镜、手术刀、剪子、镊子、滤纸、托盘、平皿、载玻片等。

【工作过程】

1. 样品采集

采集猪的咬肌、舌肌、内腰肌、膈肌、肋间肌、肩甲肌等。也可以采集脑、心、肝脏、肺脏。

2. 镜检

(1)用手术刀和镊子剥离检样中的囊泡，用生理盐水洗净，并用滤纸吸干。用剪刀剪开囊壁，取出完整的头节，用滤纸吸干囊液，将其置于两张载玻片之间并压片，两张载玻片间加入 1～2 滴生理盐水后置于显微镜下，用低倍镜检查。见到头节的顶端有顶突，顶突上有内外两圈排列整齐的小钩，顶突的稍下方有 4 个均等的圆盘状吸盘，即可确诊为猪囊尾蚴病。

(2)将病变肌肉组织置于两张载玻片间并压片，将肌肉压碎后置于显微镜下，用低倍镜检查。见到呈灰白色、灰黄色的纺锤形或雪茄烟状，内有似香蕉、弯月等不同形状的慢殖子，即可确诊为猪住肉孢子虫病。

任务二　治疗

以学习小组为单位讨论制定治疗方案。

在实际生产中，对猪囊尾蚴的治疗意义不大，可以口服吡喹酮，按 30～60 mg/kg 体重，1 次/天，共服 3 次；丙硫咪唑，按 30 mg/kg 体重，1 次/天，共服 3 次。

任务三　防治

各学习小组讨论、制定猪囊尾蚴病的防治措施。

项目3　以肌肉呈苍白病变为主症猪病的防治

案例：案例单案例 8.3。

任务一　诊断

一、现场诊断

【材料准备】

体温计、听诊器、解剖器械等。

【工作过程】

1. 检查

了解猪群的饲养管理情况，近阶段有无应激因素刺激，饲料的品质及对饲料的总体评价，侧重了解猪群的发病时间、发病日龄、发病顺序、发病率、死亡率及用药情况；特别注意病猪皮肤及黏膜颜色的变化，是否有其他症状等；剖检时针对皮肤及黏膜变化、肌肉颜色等进行重点剖检观察。

2. 综合分析

案例发病特点分析

发病情况及流行病学调查	发病特点	提示疾病
①发病情况：某猪场有 100 头母猪，年出栏 230 头猪以上。最近 18～20 日龄的窝内个头较大、生长良好的仔猪开始发病。同窝其他仔猪、育肥猪和其他猪群健康状况良好； ②猪群免疫情况：该场已按规定的免疫程序对猪群进行了猪瘟、猪丹毒、猪肺疫、猪副伤寒等疫苗注射免疫； ③饲养员介绍，仔猪出生后没有补硒	①生长良好的猪发病率高； ②无传染性； ③膘情好的仔猪发病率高；	非传染性疾病

案例症状特点分析

临床症状	症状特点	提示疾病
病猪呼吸急促，后肢僵硬，背腰拱起，皮肤苍白，肌肉发颤，步行摇晃，呈痛苦状，尖叫，有两只仔猪前肢跪地移行，以致卧地不起，体温无明显变化	①皮肤苍白； ②肌肉发颤； ③体温无变化	猪维生素 E－硒缺乏 猪应激综合征

案例剖检变化特点分析

剖检变化	主要剖检变化	提示疾病
猪体苍白无血色，主要可见骨骼肌和心肌苍白、变性、坏死。心包积液，心肌柔软，心脏肥大，心内、外膜有大量出血点或弥漫性出血，心肌间有灰白或黄白色条纹状变性和斑块状坏死区。肝脏呈红黄相间的花纹状，质硬，切面外翻	①肌肉苍白； ②心包积液，心脏肥大，心肌柔软； ③肝脏红黄样的花斑	猪维生素 E－硒缺乏 猪应激综合征

鉴别诊断

提示疾病	与案例不同点	初步诊断
猪维生素 E－硒缺乏	无明显不同点	
猪应激综合征	①心肌有白色条纹或斑块病灶，心肌变性； ②后肢半腿肌、半膜肌、腰大肌、背最长肌肉苍白，质地疏松，有液体渗出； ③无明显肝脏病变； ④严重病例体温升高，呼吸急促，肌肉僵硬，震颤，皮肤红一阵白一阵	猪维生素 E－硒缺乏

3. 诊断结果

初步诊断为维生素 E－硒缺乏，确诊需进行实验室检查。

二、实验室诊断

【材料准备】

器材：紫外－可见分光光度计、电加热板、电热恒温水槽、超声波仪、通风橱等。

试剂：1 g/L 的硒标准液、高氯酸、硫酸、双氧水、甲苯、氨水、40％盐酸羟胺溶液、饱和氢氧化钠溶液；甲酸溶液、0.5％的 3，3′－二氨基联苯胺溶液（现用现配）、5％EDTA－2Na 溶液等。

检样：发病猪群饲料。

【工作过程】

1. 样品消化

①精确称取 0.1～0.2 g 被检饲料于 150 mL 高脚烧杯中，加少量水湿样，加消化液（双氧水∶高氯酸∶硫酸＝3∶3∶1），摇匀，待气泡平息后倒入表面皿，加盖，置通风橱内的电炉上消化至终点，若消化不完全可稍冷后补加双氧水，继续加热消化至完全。

②置冷后用少量水冲洗表面皿及瓶壁，加氢氧化钠调 pH 为 7.0，摇匀，用甲酸调 pH 为 2.0～3.0，加入 4 mL40％盐酸羟胺，然后定容至 50 mL，同法做空白溶液。

2. 样品总硒测定

①取消化液 10 mL 于 125 mL 分液漏斗中，另取 7 个分液漏斗，分别加入与消化液等量的空白溶液及标准硒工作液 0.0、2.0、4.0、6.0、8.0、10.0 mL，加水适量，各加入 5％EDTA－2Na 溶液 4 mL，0.5％的 3，3′－二氨基联苯胺溶液 2 mL，摇匀，置暗处反应 30 min，用氨水溶液调 pH 为 6.5～7.0，加入甲苯 4 mL，猛烈振摇萃取 3 min，静置分层，取甲苯层滤液于 1 cm 比色皿中，在波长 425 nm 处测定吸光度。

②用标准硒工作液的吸光度绘制标准曲线，从标准曲线上查出与消化液的吸光度对应的硒含量。

3. 判定标准

猪饲料中硒的含量低于 0.05 ppm 时，会引起硒缺乏症。

任务二　治疗

1. 根据实验室检测结果，各学习小组讨论、制定维生素 E－硒缺乏治疗方案。

2. 供参考治疗方案

(1)对全群仔猪，每头肌内注射 0.1％亚硒酸钠维生素 E 注射液 1～2 mL。

(2)每吨母猪料中添加 0.1％亚硒酸钠维生素 E 粉剂 100 g。

任务三　防治

根据猪场的具体情况，各学习小组讨论、制定该猪群维生素 E－硒缺乏的防治方案，实施防治措施。

【必备知识】

一、母猪产前产后常见病

1. 母猪便秘

母猪便秘是由于肠内容物停滞于肠道内而未能及时排出，逐渐变干变硬，致使肠管部分逐渐增大，最终肠道完全秘结的一种常见病。多发生在结肠。

【临床症状】　病猪体温不高，食欲减退或废绝，排少量干粪或不排粪。肠蠕动减弱或消失。病初常作排粪姿势并表现不安，随后卧地而不愿行动，按压后腹部可触到坚硬块，有时指检直肠可触到粪块。随病程延长，眼结膜充血，排尿减少、尿液发黄，回顾腹部，甚至呻吟。触诊腹部敏感。不完全阻塞者尚可排出少量粪便。

【病因分析】

(1)非传染性因素

①生理诱因 母猪到怀孕后期，随着怀孕日龄的增加，胎儿生长发育加快，对直肠形成压迫，直肠蠕动缓慢，形成便秘，尤其在产仔多和仔猪初生重较大的母猪中多见；此外，从怀孕一个月确诊妊娠到哺乳结束，在大多数猪场中母猪都是在单体限位栏和分娩栏中度过，缺乏运动，导致母猪肠道机能降低，粪便干燥，从而引起便秘。

②饮水不足 饮水器缺水或流速不足均可导致母猪缺水。母猪的饮水器流速应不低于1.5 L/min。养殖户采用水槽添加的方式，更易造成母猪饮水不足。

③热应激 夏季由于猪舍温度过高，母猪体温相应升高，造成便秘。

(2)传染性因素

传染性疾病的发生，如蓝耳病、猪瘟、乙型脑炎、猪丹毒、猪弓形虫病、附红细胞体病等均可以引起母猪便秘。

【预防】

(1)加强饲养管理，保证青绿饲料和粗纤维饲料的喂量，在日常饲料中适当增加麸皮的用量。母猪要适当运动，防止过度肥胖，有条件的猪场妊娠母猪可实行大圈饲养。

(2)保证为母猪提供充足、符合卫生质量标准的饮水。在妊娠期间，每头每日不应少于8～12 L的饮水，平均每天10 L/头，在泌乳期间，每头每日不应少于8～20 L饮水，平均每天15 L/头。

(3)充分考虑到母猪不同生理阶段对能量、蛋白质、矿物质、维生素、水分、纤维素等的需求，选用较易消化吸收的原料，以此为基础配制平衡营养水平的饲料，降低饲料在消化道内滞留的概率。

2. 母猪难产

难产是指母猪在分娩过程中，由于产力、产道及胎儿异常的影响，不能顺利地通过产道将胎儿分娩出，需要人工辅助或全靠人工将胎儿取出者，称为难产。

【临床症状】 母猪正常的分娩时间为2～4 h，超过5 h视为难产。母猪到产期，表现强烈努责，阴门肿胀，流出黏液或血水，但仔猪不能顺利产出或在产出1～2头后，其余仔猪间隔很长时间不能产出。此时母猪表现烦躁，卧立不安，阵缩、努责次数频繁，呼吸加快、频频排尿、举尾、收腹，有的母猪产出几个仔猪后轻微努责或不再努责，长时间静卧。

【病因分析】

(1)母猪方面

①产道狭窄性难产 多见于初产母猪，由于母猪配种怀孕后还处于生长发育阶段，骨盆口太小，虽然母猪经强烈的子宫收缩，但胎儿排不出子宫口造成难产。

②产力虚弱性难产 多见于体弱、疾病、高胎次或产仔多的母猪。由于疲劳造成子宫收缩无力，无法将胎儿排出产道，引起难产。

③膀胱积尿性难产 多见于体弱、疾病等原因引起膀胱麻痹，尿液不能及时排出，膀胱积聚大量尿液，挤压产道引起难产。

④应激性难产 多见于初产、胆小的母猪。由于受到突然惊吓或分娩环境不安静等外

界强烈的刺激，起卧不安，子宫不能正常收缩，引起难产。

⑤母猪过于肥胖、产道畸形、有疾病或发育不良也可以引起难产。

⑥临产前喂得过饱、母猪便秘、直肠粪便压迫产道也易造成母猪难产。

(2)胎儿方面

①胎儿过大性难产　母猪产仔太少，胎儿发育过大，引起难产。

②胎位不正性难产　胎儿在产道中姿势不正堵塞产道，引起难产。

③畸形胎儿性难产　胎儿畸形不能顺利通过产道，引起难产。

④死胎性难产　胎儿在母体内死亡时间较长，引起胎儿水肿、发胀造成难产。

⑤两头胎儿同时进入产道，引起难产，比较少见。

【治疗】

(1)药物治疗

由于母猪子宫收缩微弱引起的难产，肌内或皮下注射催产素 20 万～50 万 IU，每隔 15～30 min 注射 1 次。在用催产素处理之前，先肌内注射雌二醇 15 mg，效果更加明显。

(2)人工助产

助产前先做阴道检查。对母猪的后部、产道进行清洗消毒，助产人员用 2% 的来苏儿及 75% 酒精消毒手和手臂，涂上凡士林，将手指合拢手心朝上，在母猪努责的间歇时，将手缓慢伸入产道，慢慢向前伸入，摸到胎儿时，握住或钩住适当部位，如口腔、耳、腿等，配合母猪努责间歇，轻轻将胎儿拖出。

(3)剖腹取胎

【预防】　注意选种选配，防止近亲交配，母猪达到体成熟才能配种。怀孕母猪增加适当的运动，饲料合理搭配，在饲喂过程中添加适量的青绿饲料和矿物饲料，防止母猪过肥和消瘦。母猪临产时设专人守护，以便发生难产时及早发现，及时救治。

3. 阴道脱出

阴道脱出是指母猪阴道壁部分或全部脱出于阴门之外。怀孕母猪产前由于腹压高、外阴肌肉松弛造成阴道脱出。

【临床症状】

阴道部分脱出　多发生在产前，病初母猪卧下后，可见形如鹅卵到拳头大的红色或暗红色囊状物突出于阴门之外，或夹于阴唇之间，站立后大多能自行恢复，如图 8-12 所示。随着病情的发展，可反复脱出，脱出的体积越来越大，以至变为阴道全脱。

阴道全脱　一般由阴道部分脱出发展而成，不能自行回缩，时间久者，黏膜与肌肉分离。可见阴门外有形似网球大的球状突出物，初呈粉红色，随病情发展，阴道黏膜因摩擦等而水肿，呈紫红色冻肉状，表面常被粪土污染，最后黏膜表面干燥，流出血水，感染后，则可发炎、糜烂、坏死，有时并发直肠脱。

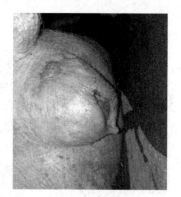

图 8-12　母猪阴道脱出

【病因分析】

(1)母猪饲养不当，如饲料中缺乏蛋白质及无机盐，或饲料不足，造成母猪瘦弱；多次经产的老母猪全身肌肉弛缓无力，阴道固定组织松弛，也常有这种现象。

（2）猪舍狭小，运动不足，怀孕末期经常卧地或发生产前截瘫，可使腹内压增高。此时子宫和内脏共同压迫阴道，而易发生此病。

（3）母猪剧烈腹泻而引起的不断努责，产仔时及产后发生的努责过强，以及难产时助产抽拉胎儿过猛，均易造成阴道脱出。

【预防】

（1）阴道不全脱时，应分析其原因，改善饲养管理，加强运动，多垫褥草，尽量使猪后躯垫高。脱出部分受损伤和发炎时，可用 0.1％高锰酸钾液或 2％明矾液冲洗。一般情况下，阴道不全脱出不需要整复和固定，待产仔后脱出的阴道可自行回缩。

（2）阴道全脱出时，必须施行整复和固定。

①选用 0.1％雷夫诺尔、0.1％高锰酸钾液，将脱出的阴道冲洗干净。

②用毛巾浸 2％明矾水，轻轻挤压排除水肿液，除去坏死组织。

③用双手慢慢将脱出的阴道推回阴门内。

④采用圆枕缝合、纽扣缝合或双内翻缝合进行固定。

⑤缝合数日后，如果母猪不再努责，或临近分娩时，应立即拆线。

另一方法是用温热的浓明矾水洗净脱出部分，并用手轻轻揉摩，然后用 70％酒精 10 mL 缓慢向阴道壁内注射，随后将脱出阴道还纳至原位，并不需要缝合阴门。在 3～4 d 内喂给稀的易消化饲料，不要喂得过饱，以减轻腹压。

4. 无乳综合征

无乳综合征又称乳房炎、子宫炎、无乳综合征，是指母猪产仔后头几天无乳的情况，多见于初产母猪、过肥母猪和老龄体弱母猪。是一种病因较为复杂的产科疾病，当发生此病时，仔猪死亡率较高，对养猪业影响较大。

【临床症状】 母猪产仔后 12 h 至分娩后 2～3 d 内无乳，但乳房炎、子宫炎不一定同时发生。患猪乳房及乳头干瘪，乳房松弛或肥厚肿胀，有些母猪乳房坚硬、发热和稍有痛觉。母猪拒绝哺乳，体温升高到 39.5～41.5 ℃，心跳、呼吸加快。个别母猪便秘，鼻吻干燥，嗜睡，不愿站立，喜伏卧，对仔猪的吮乳要求没反应，常以胸部着地躺下。

【病因分析】

（1）应激因素

在集约化的猪场内，外界不良因素的刺激，如日粮改变、转群时的强行驱赶、惊吓、噪声、天气的变化等均可引起母猪的应激反应，导致母猪内分泌系统紊乱，引起无乳。

（2）营养供给不当

过肥或长期饲喂饲粮配方不合理的饲料，特别是低能低蛋白质，或缺乏某些微量元素、维生素、氨基酸的饲料，或供给发霉变质的饲料，均可引起泌乳量下降。供水不足，饮水量低，可使泌乳量下降。供水不足是导致泌乳量下降临床上最常见的原因。

（3）疾病因素

母猪分娩时间过长，胎衣碎片滞留于子宫，引起阴道炎、子宫炎和乳房炎。其他全身性疾病如伪狂犬病、日本乙型脑炎、细小病毒病、繁殖障碍型猪瘟等也可能引起母猪的无乳综合征。

【治疗】 对症治疗。

（1）初产母猪，由于没有产仔经验，表现惊恐不安，可先注射盐酸氯丙嗪 1～3 mg/kg 体重，让其安静，然后注射催产素，以让乳汁排出。

（2）由于仔猪尖锐牙齿损伤母猪乳头，至使母猪疼痛不让吮吸时，则用钳子把仔猪尖锐牙齿剪断，母猪注射镇静剂加以安静后，让仔猪吮吸。

（3）对于乳头管阻塞或先天性的畸形乳头的母猪，均应淘汰。

【预防】　加强妊娠母猪饲养管理，在怀孕母猪生产前后补充青绿多汁饲料，注意营养的平衡，防止便秘。妊娠期间控制不要使母猪过肥，临产前 1 周转入产房，让其适应新环境，同时保持产房、产床的干燥，做好产前消毒工作。后备母猪适时配种，不宜早配。

5. 子宫内膜炎

子宫内膜炎是母猪子宫黏膜层的炎症，通常是黏液性或化脓性炎症。是经产母猪和后备母猪常见的生殖器官的疾病，也是导致不育的原因之一，尤其以集约化猪场中经产母猪多发。

【临床症状】　主要表现为母猪发情不正常，或发情正常但不易受胎，或受胎但易发生流产。急性病例多见于流产和产后，全身症状明显，精神不振，食欲减退或不食，体温升高达 41.5 ℃，常作拱背、努责、排尿姿势，有时随努责从阴道内排出带臭味、污秽不洁的红褐色黏液或脓性分泌物。慢性型的全身症状不明显，周期性从阴道内排出少量混浊黏液，母猪不发情或虽发情但屡配不孕。

【病因分析】

（1）后备母猪子宫内膜炎，主要是一方面母猪发情时子宫颈和阴道口开张发生外源性感染；另一方面母猪发生亚临床的细小病毒病、猪瘟、伪狂犬病、乙型脑炎或蓝耳病等造成内源性感染。

（2）经产母猪子宫内膜炎的发生原因很复杂。

①饲养管理不当，母猪产仔后胎衣不下，恶露不尽，最后导致此病。

②人工授精不按无菌操作，或技术不熟练使生殖道黏膜机械性受损。

③母猪感染蓝耳病、细小病毒病等繁殖障碍性疾病。

【治疗】　原则：抗菌消炎，防止感染扩散，促进子宫收缩，清除子宫内的渗出液，恢复子宫机能。

（1）清洗子宫疗法

①急性子宫内膜炎　对比较严重的病例，在进行全身抗感染治疗的同时，应用生理盐水、0.1% 的高锰酸钾等对子宫进行冲洗，之后肌内注射缩宫素，10 h 后再向子宫内注入 80 万～320 万 IU 青霉素或阿莫西林或环丙沙星等药物。

②慢性子宫内膜炎　选用青霉素 40 万～80 万 IU、链霉素 1 000 万 IU，混于 20 mL 灭菌植物油中，向子宫内注入，同时皮下注射垂体后叶素 20～40 IU，促进子宫蠕动排出宫腔内炎性分泌物。

对于子宫内出现积脓积液的病例，首先肌内注射前列腺素 0.2 mg 或雌二醇 10～20 mg，使子宫颈张开后，后海穴或百会穴注入垂体后叶素 50～70 IU，使子宫内脏物排出后，再冲洗子宫。

（2）全身疗法

可选用抗生素或磺胺类药物，防止继发感染。

(3)其他疗法

激素疗法、中药疗法。

【预防】

(1)加强饲养管理，搞好母猪舍环境卫生，保持舍内清洁、通风，及时清理积粪。净化空气，增加母猪运动，补充优质饲料，增强母猪的抵抗力。

(2)做好母猪围产期保健以及母猪分娩期的接产、助产工作。

(3)据当地或猪场疫情制定免疫程序，对母猪进行相关性疾病，如猪瘟、细小病毒病、伪狂犬病、乙型脑炎、布鲁氏菌病等繁殖障碍性疾病的防疫，防止因流产、死胎浸润诱发本病。

(4)按照抗菌消炎，增强子宫活性，促进子宫内容物排出的原则，做好产后子宫的护理。

6. 母猪产后热

母猪产后热又称母猪产褥热，是母猪产后 1～3 d 出现以高热、不食为特征的一种疾病。

【临床症状】　母猪体温升高到 41 ℃左右，食欲减少甚至废绝，呼吸急迫，不食，阴户内流出脓性分泌物。乳房红肿明显，泌乳量下降，造成仔猪生长发育受阻、仔猪腹泻，严重者造成母猪和仔猪的死亡。经治疗，死亡率较低，但淘汰率高。发生产后严重感染者，往往在产前 2～3 d 减食或不食，出现奶头红肿时，预示产后发病重，治疗难度大。

【原因分析】

(1)母猪圈舍、用具等卫生差，使母猪产后容易感染，继发其他炎症。

(2)胎儿过大挤伤产道，或接产者手臂未经严格消毒，伸入产道掏摸。

(3)天气闷热，棚舍通风不良，产后母猪体热增加，散热困难，细菌感染机会增加，易发生产后热。

【治疗】　治疗应及早，根据体温、食欲和精神等情况，按轻症、重症予以不同的治疗方法。

轻症　用青霉素和链霉素混合肌内注射，柴胡注射液肌内注射；2 次/天，连续 2～3 d；脑垂体后叶素 20～40 IU 肌内注射，1～2 次/天，连续 2～3 d。

重症　用 10%～20%安钠咖 10 mL，5%糖盐水 1 000 mL，地塞米松 20 mg，青霉素钠 800 万～1 600 万 IU，静脉注射。

【预防】

(1)产仔棚舍、用具于临产前一周用 2%烧碱溶液或甲醛溶液进行彻底消毒。

(2)母猪在产前应渐渐减料，临产前一顿不要喂给，有利于顺利分娩。

(3)母猪产前产后用 0.1%高锰酸钾溶液擦洗阴户及乳房。

(4)如遇产仔困难，用脑垂体后叶素 20～40 IU 肌内注射催产。尽量不要用手伸入产道掏摸，万不得已掏摸时，术者手臂应用 0.1%高锰酸钾溶液洗净，再涂上磺胺软膏，以防感染产道。

(5)母猪产后 1～3 d 内，应密切观察其精神、食欲、泌乳、体温等变化情况。炎热季节产仔时，于产程结束后注射磺胺类药物及脑垂体后叶素预防产后热，效果明显。

7. 母猪产后瘫痪

母猪产后瘫痪又称产后麻痹或风瘫，是母猪分娩后突然或渐进性发生的一种以知觉丧失和四肢瘫痪为特征的急性低血钙症。主要特征是后肢无力，卧地不起，呈瘫痪状。

【临床症状】 瘫痪之前，母猪体温正常，食欲减退或者不食，行动迟缓，粪便干硬成算盘珠状，喜欢饮水，有拱地、啃砖、食粪等异嗜现象。瘫痪发生后，起立困难，精神抑郁，初期体温 39～40 ℃，食欲减退，扶起后呆立，站立不能持久，行走时后躯摇摆、无力，驱赶时后肢拖地行走。皮肤神经敏感度提高，并有尖叫声，最后瘫卧不动。后期个别病例出现局部肌肉震颤、发抖，食欲废绝，尿量减少，产奶量下降，神志迟钝，因心力衰竭而死亡。

【病因分析】

(1)营养因素

①母猪日粮中钙磷不足。当日粮中钙磷不足时，母猪产仔前后动用骨骼中的钙和磷，导致母猪体内钙磷缺乏，特别是高产母猪。产仔 20 d 后，母猪泌乳量达到高峰时，病情大多趋于严重。

②饲料中钙磷比例失调。粗饲料占日粮的比例较低，至日粮中钙磷比例失调，导致瘫痪。

(2)环境因素

在湿度大、气候寒冷的季节较易发生该病。母猪因产后活动少，在加上产后气血亏损，母猪长期躺卧于阴冷潮湿的栏舍内哺乳，自身抵抗力较差等因素，易发生风湿性后躯瘫痪。

(3)母猪因素

母猪分娩后，大量泌乳，血钙及血糖进入乳汁，并随乳汁大量排出；甲状旁腺分泌的甲状旁腺素数量减少，机体动用骨钙的能力降低，以致不能保持体内血钙的平衡；另外，由于分娩后的母猪胰腺活动增强，导致母体血糖浓度降低，从而导致瘫痪。

(4)胎儿因素

母猪分娩由于胎儿过大，胎位不正，难产，以及强力拉出胎儿造成闭孔神经和臀神经受到压迫或损伤引起麻痹，导致瘫痪。

【治疗】 治疗原则：补钙、强心、补液、维持酸碱平衡和电解质平衡。

(1)维生素胶丁钙注射液 5～10 mL，肌内注射，隔 3 d 后再注射一次；地塞米松注射液 5～10 mL，一次肌内注射，1 次/天，连用 3 d。

(2)每天在饲料中添加骨粉、AD3 粉。

(3)10％葡萄糖酸钙注射液 100～150 mL，一次静脉注射，1 次/天。

(4)乳房送风法 将乳头和导乳针消毒，用 100 mL 注射器向乳房内打气，乳房稍微鼓起即停止送风。目的是减少乳量，从而减缓血中钙的流失。

(5)对重病猪可用 10％葡萄糖酸钙液 100～200 mL、5％维生素 C 10 mL、复方水杨酸钠 20 mL、50％葡萄糖 500 mL，一次静脉注射，每隔 5 d 一次，重复用药 1 次，有良好效果。

【预防】

(1)平时要在猪日粮中补饲贝壳粉、蛋壳粉和碳酸钙，在母猪妊娠后期和泌乳期补饲骨粉、鱼粉和杂骨汤。

(2)猪舍要保持清洁、干燥、温暖、宽敞、有充足的阳光照射。

(3)母猪在妊娠期多晒太阳，保证每天在阳光下运动 2～3 h，饲喂易消化，富含蛋白质、矿物质和维生素的饲料，钙磷比例要适当。

(4)对有产后瘫痪史的母猪，在产前 20 d 静脉注射 10％葡萄糖酸钙 100 mL，每周一次，以预防本病的发生。

8. 母猪产后食欲不振

母猪产后食欲不振是母猪较常见的胃运动功能减退症。

【临床症状】 母猪产仔后的一周，开始出现不食或少食、贪睡、饮水少，外观精神状态良好，活动良好，但给仔猪哺乳次数减少，乳汁逐渐减少。仔猪因吮乳少出现白痢、红痢，逐渐消瘦死亡。母猪逐渐沉郁消瘦，病程长的达 2 个月，最短的 10 d。

【病因分析】

(1)产后母猪体质较弱，消化机能尚未完全恢复，往往为满足泌乳的需要而贪食。如产后一周内饲喂过量会导致消化不良，进而影响整个泌乳期的食欲。

(2)长期饲养管理不当，饲养粗放，饲料单一，营养缺乏，导致猪消化功能紊乱。

(3)平时营养平衡失调，产后过度疲劳，造成体力衰竭，引起消化系统机能紊乱，影响食欲。

(4)分娩时天气寒冷，猪舍保温不好，外感风寒；猪舍通风不好，氨气味太大。或夏季气温过高，没有好的通风降温措施，导致母猪热应激而降低采食。

(5)母猪产后腹压突然降低，影响正常消化机能。

(6)母猪吞食了胎衣，引起消化不良。

(7)母猪产道感染，引起体温升高，食欲不振。

(8)饲料过精，粗纤维不足，造成母猪便秘，引起食欲减退。

【预防】

(1)对产后一周内的母猪，饲喂优质的高蛋白液体饲料，禁用高铜、锌类饲料，喂料不能过饱，以少喂多餐为原则，对体肥的多喂青绿多汁饲料。

(2)对产后乳汁少的，可使用催乳散等市场上有售的药物，但尽量采用一些中草药类发奶药，现配现用。

(3)改善环境，减少应激反应造成的不良影响，如仔猪哺乳不要立即赶起母猪或喂食，用诱饵刺激；避免陌生人大声高谈；改变仔猪营养补充途径，采用母猪口服，通过乳汁免疫。

(4)对病程超过 20 天的采用激素类药品进行催情，促使妊娠反应的发生，从而改变机体的应激状态，恢复健康，但应补维生素及钙制剂，以免出现不良反应。

(5)做好母猪产仔的接产工作，加强护理。

9. 胎衣不下

正常母猪胎衣在胎儿产出后 10～60 min 即可排出，一般分两次排出。若胎儿较少时，胎衣往往分数次排出。如果产后 2～3 h 仍未能排出胎衣或只排出一部分，称为胎衣不下。

胎衣不下是母猪特别是初产母猪的常见病和多发病之一，发病率为 15％～30％，夏秋季可高达 50％以上。胎衣不下可引起子宫炎，影响母猪的产奶，甚至引起不孕、习惯性流产，严重者可引起败血症，甚至引起母猪死亡。

【临床症状】 临床多发生部分胎衣不下。母猪发生胎衣不下后，表现不安，不断努责，食欲减退或废绝，但喜饮水，体温升高，从阴门流出红褐色有臭味的液体。严重者可伴发化脓性子宫内膜炎及脓毒败血症，后者常引起母猪死亡。

【病因分析】

（1）母猪孕期饲养管理不善，怀孕后期运动不足，矿物质、无机盐、维生素缺乏等，均可使孕猪过肥或瘦弱，引起子宫收缩无力等。

（2）胎儿胎盘与母体胎盘相粘连，多见于发生子宫内膜炎而发生胎衣不下。布鲁氏菌病的病猪也可见到此种现象。

（3）胎儿过大、难产等，可继发产后阵缩微弱而引起胎衣不下。

【治疗】

（1）母猪胎衣不下，可皮下注射垂体后叶素注射液或催产素注射液，一次注射 10～50 IU，隔 1 h 后重复注射。

（2）可剥离胎衣。剥离前应先消毒母猪外阴部，将经消毒并涂油的手伸入子宫内，剥离和拉出胎衣。

二、肌肉中见到囊泡结节病变为主症的猪病

1. 猪囊尾蚴病

猪囊尾蚴病是由带科带属的猪带绦虫的幼虫寄生于猪的横纹肌所引起的疾病，又称猪囊虫病。主要特征为寄生在肌肉时症状不明显，寄生在脑时可引起神经机能障碍。成虫寄生于人的小肠，是重要的人畜共患寄生虫病。

【流行特点】　猪囊虫病是猪与人之间循环感染的一种人畜共患病。人有钩绦虫病的感染源为猪囊虫，猪囊虫病的感染源是人体内寄生的有钩绦虫排出的孕卵节片和虫卵。感染猪有钩绦虫的患者每天向外界排出孕卵节片和虫卵，且可持续排出数年甚至 20 余年。

猪囊虫病的发生和流行，与人的粪便管理和猪的饲养方式密切相关。人无厕所猪无圈，使猪接触人粪的机会增多，造成流行。此外，吃生猪肉，或烹调时间过短，蒸煮时间不够等，也能造成人感染猪肉绦虫。

【临床症状】　猪囊尾蚴多寄生在活动性较大的肌肉中，如咬肌、心肌、舌肌、肋间肌、腰肌、肩胛外侧肌、股内侧肌等，轻度感染时症状不明显，严重感染时，出现肩胛肌肉水肿、增宽、前肢僵硬、声音嘶哑、咳嗽、呼吸困难及发育不良等症状。

【病理变化】　严重感染的猪肉呈苍白湿润，全身各处肌肉中均可发现囊尾蚴，脑、眼、肝脏、脾、肾等也可发现。

图 8-13　肌肉中猪囊尾蚴

【诊断】　生前诊断比较困难，一般只能在宰后确诊。宰后检验咬肌、腰肌等骨骼肌及心肌，检查是否有乳白色的、米粒样的椭圆形或圆形的猪囊虫，见图 8-13。钙化后的囊虫，包囊中有大小不一的黄色颗粒。现行的肉眼检查法，其检出率仅有 50%～60%，轻度感染时常发生漏检。

【治疗】　吡喹酮 30～60 mg/kg 体重，1 次/天，连用 3 d；或阿苯达唑 30 mg/kg 体重，1 次/天，连用 3 d，早晨空腹给药。

【预防】　讲究卫生，做到人有厕所猪有圈，防止猪吃人粪而感染猪囊尾蚴。加强肉品卫生检验，检查出猪囊尾蚴时应按有关规定无害化处理。不食生猪肉或未煮熟的猪肉，食品生熟要分开，人畜定期驱虫。

2. 猪旋毛虫病

猪旋毛虫病是由旋毛虫引起的。旋毛虫的幼虫阶段寄生于猪、人、鼠、犬等的肌肉纤维内，称为肌旋毛虫；成虫阶段寄生于猪、人、鼠、犬等的小肠中，称为肠旋毛虫。

【流行特点】 旋毛虫病分布于世界各地。宿主包括人、猪、犬、猫、鼠、熊、狐、狼、貂和黄鼠狼等120多种哺乳动物。许多昆虫也能吞食动物尸体内的旋毛虫包囊，并能使包囊的感染力保持6～8 d，因而也能成为易感动物的感染源。据动物试验证明，从粪便中排出未被彻底消化的肌纤维，其中含有幼虫包囊，食入宿主粪便中的旋毛虫幼虫，也可引起感染。粪便感染的方式以宿主感染后4 h所排粪便的感染力最强，经24h后粪便感染的机会则相当小。人群中也有发生这种传播方式的可能性。

肌肉中包囊幼虫对外界环境的抵抗力很强，在－20 ℃时可保持生命力57 d；在腐败的肉里或尸体内可存活100 d以上；盐渍或烟熏不能杀死肌肉深层的幼虫。腐败的动物尸体内可长时间保存旋毛虫的感染力，往往成为其他动物的感染源。

【临床症状】 自然感染的病猪无明显临床症状及病理剖检变化。

【诊断】 生前诊断困难，猪旋毛虫病常在屠宰后检出。

(1)压片法

检查猪肉内的旋毛虫。采集膈肌脚，先用肉眼观察，当发现在膈肌纤维间有细小的白点时，再做压片镜检。方法是从肉样上剪下麦粒大的肉片24块，摊平在载玻片上，排成两行，用另一载玻片压上，两端用橡皮筋缚紧，置低倍镜下检查，观察肌纤维间有无旋毛虫幼虫的包囊(见图8-14)。新鲜屠体中的虫体及包囊均清晰，若放置时间较久，则因肌肉发生自溶，肉汁渗入包囊，幼虫较模糊，包囊可能完全看不清时，可用美蓝染色，肌纤维呈淡蓝色，包囊呈蓝色或淡蓝色，虫体不着色。对钙化包囊的镜检，可加数滴5％～10％盐酸或5％冰醋酸使之溶解，1～2 h后肌纤维透明呈淡灰色，包囊膨胀，轮廓清晰。

图8-14 旋毛虫包囊及虫体

(2)消化法

取肉样，用绞肉机绞碎，加入胃液消化，使幼虫从肌纤维间分离出来，然后镜检。此法可用于轻度感染的病例，操作较复杂，但检出率高。

(3)免疫学诊断

间接荧光抗体技术、ELISA、间接血凝试验等方法可用于生前诊断，可在感染后17 d测得特异性抗体。

【治疗】 由于本病生前诊断困难，故治疗的方法研究甚少。可试用下列药物治疗。

(1)丙硫咪唑

200 mg/kg体重，1次或分3次肌内注射；拌料300 g/t，连用10 d，可杀死全部肌幼虫。

(2)甲苯咪唑

50 mg/kg体重，喂服。

(3)氟苯咪唑

拌料120 g/t。

（4）阿维菌素或伊维菌素

0.3 mg/kg 体重，皮下注射或喂服。

【预防】

（1）加强肉品卫生检验工作。如在 24 块肉片中发现包囊或钙化的包囊不超过 5 个，猪肉和心脏需经高温处理后方可食用；超过 5 个包囊，则应全部销毁或作工业原料。

（2）改善环境卫生，提倡养猪有圈，实行厩外积肥，扑灭鼠类；取消连茅圈，不用生的废肉屑喂猪，以杜绝感染来源。

（3）改变饮食习惯，不吃猪、犬等动物的生肉。

3. 猪住肉孢子虫病

猪住肉孢子虫病是由住肉孢子虫引起的一种原虫病。住肉孢子虫广泛寄生于各种家畜体内，偶尔也寄生于人体内。

【流行特点】　各地猪住肉孢子虫感染情况与人们的生活方式和动物的饲养管理模式有关；另外，感染率随年龄增长有增高的趋势，成年动物的感染率明显高于幼龄动物。终末宿主粪便中的孢子囊和卵囊是猪住肉孢子虫病的感染来源。终末宿主一次感染，可持续排出孢子囊和卵囊十几天至数月。孢子囊和卵囊对外界环境的抵抗力极强，在 4 ℃下可存活1 年之久。人群感染住肉孢子虫是由于食入未煮熟的猪肉或牛、羊肉引起。

【临床症状】　大量感染时，患猪呈现呼吸困难、肌肉震颤、运动困难、耳部和头部出现紫斑、全身贫血、血细胞减少、血小板减少、血凝不良等症状；孕猪出现厌食、发热、肢体僵硬、运动困难等严重的临诊症状。

【病理变化】　心肌和骨骼肌，特别是后肢、腹侧和腰部肌肉易发生病变。严重感染时，肉眼可以见到大量顺着肌纤维的方向着生许多白色条纹。显微镜下可以看到肌肉中有完整的包囊。

【诊断】　严重时可出现贫血、淋巴结肿胀、消瘦等一系列临诊症状，但因无特异性而难以确诊。

（1）病理剖检

在肌肉组织中发现特异性包囊即可确诊。肉眼可见到与肌纤维平行的白色带状包囊。制作涂片时可取病变肌肉组织压碎，在显微镜下检查香蕉形的慢殖子，也可用姬氏液染色后观察。做切片时，可见到住肉孢子虫包囊壁上有辐射状棘突，包囊中有中隔。

（2）免疫学诊断

可用间接血凝试验（IHA）、酶联免疫吸附试验（ELISA）和琼脂扩散试验等。

【预防】　目前无特效药物治疗。防治关键是切断住肉孢子虫的传染途径。严禁犬、猫及其他肉食兽接近猪场，避免其粪便污染饲料和水源。做好肉品的卫生检验工作，对带虫肉品进行无害化处理。严禁用生肉喂犬、猫等终末宿主。人类注意个人饮食卫生，不吃生或未煮熟的肉品。

三、以肌肉呈苍白病变为主症的猪病

1. 猪应激综合征

猪应激综合征是指机体受到体内外非特异性有害因子的刺激所表现的机能障碍和防御反应。猪应激可导致 PSE 肉、DFD 肉、生长发育受阻，疫病发生和死亡率、病死率均增高，从而降低生产水平，遭受经济损失，应引起高度重视。

【病因分析】

(1)本病发生与猪品种有一定关系。如皮特兰猪、长白猪、苏太猪、太湖猪及它们的杂交后代为易发猪群。

(2)猪群受到不良环境因素，如感染、创伤、高温、噪声、运输、分群、断奶、换料、交配、产仔等刺激时，导致机体垂体－肾上腺皮质系统引起特异性障碍与非特异性的防御反应，产生应激综合征。

【临床症状】　根据应激的性质、程度和持续时间，猪应激综合征的表现形式有以下几种。

(1)猝死性应激综合征

猝死性应激综合征是应激表现最为严重的形式。应激敏感的猪在抓捕、惊吓或预防注射、配种、产仔等受到强应激原的刺激时，无任何临诊病征而突然死亡。死后病变不明显。

(2)恶性高热综合征

多发于拥挤和炎热季节。多见于长途运输的育肥猪，由于环境突然改变、拥挤、高温等。出现体温过高，皮肤潮红，有的呈现紫斑，黏膜发绀，全身颤抖，肌肉僵硬，呼吸困难，心搏速，过速性心律不齐直至死亡。死后出现尸僵，尸体腐败比正常快；内脏充血，心包积液，肺充血、水肿。

(3)急性背肌坏死征

多发生于兰德瑞斯猪，在遭受应激之后，急性综合征持续约2周时，病猪背肌肿胀和疼痛，棘突拱起或向侧方弯曲，不愿移动位置。当肿胀和疼痛消退后，病肌萎缩，而脊椎棘突凸出，几个月后，可出现再生现象。

(4)白猪肉型(PSE猪肉)

白猪肉型又叫水猪肉。病猪最初尾部快速颤抖，全身强拘、肌肉僵硬，皮肤出现形状不规则的苍白区和红斑区，后转为发绀。呼吸困难，甚至张口呼吸，体温升高，虚脱而死。死后很快尸僵，关节不能屈伸。

(5)胃溃疡型

猪受应激刺激，引起胃泌素分泌旺盛，形成自体消化，导致胃黏膜发生糜烂和溃疡。急性病例，外表发育良好，易呕吐，胃内容物带血，粪呈煤焦油状。有的胃内大出血，病猪体温下降，黏膜和体表皮肤苍白，突然死亡。慢性病例食欲不振，体弱，行动迟钝，有时腹痛，弓背伏地，排出暗褐色粪便。若胃壁穿孔，继发腹膜炎死亡。有的猪只在屠宰时才发现胃溃疡。

(6)急性肠炎水肿型

猪消化系统存在的条件性病原微生物群，在应激时，机体防卫机能降低，导致非特异性炎性病理过程。

(7)慢性应激综合征

由于应激原强度不大，持续或间断反复引起的反应轻微，易被忽视。实际上它们在猪体内已经形成不良的累积效应，致使其生产性能降低，防卫机能减弱，容易继发感染引起各种疾病的发生。其生前的血液生化变化，为血清乳酸升高，pH下降，肌酸磷酸激酶活性升高。

【剖检变化】　猪应激综合征主要影响肉的品质。大多数猪受应激死亡后可见 PSE 肉。病猪死后立即发生尸僵，肌肉温度偏高。反复发作而死亡的病例可见背部、腿部肌肉干硬而色深，重者肌肉呈水煮样，松软弹性差，纹理粗糙，严重的肉如烂肉样，手指易插入，切开后有液体渗出。有的多发于前后肢负重的肌肉，病变呈对称性，轻型的腿肌坏死，外观粉红色，湿润多汁，轻压时有大量淡红色液体渗出，严重的腿肌坏死，肉呈灰白色，无光泽，质地硬。

【治疗】　猪群中如发现本病的早期征候，应立即改变不良环境，给予充分休息，症状轻者多数可以自愈。对重者，应用镇静剂，用盐酸氯丙嗪注射液，1～3 mg/kg 体重，肌内注射，也可肌内注射复方氯丙嗪，0.5～10 mg/kg 体重。配合耳静脉注射 5%碳酸氢钠溶液 20～30 mL。也可注射安定、静松灵等药物。

【预防】

(1)选择抗应激性强的猪种，以减少或杜绝发病内因；有应激敏感病史或对外界刺激敏感的猪群，不宜留用。

(2)在饲料转换过程中，要采取逐渐过渡的换料方法，注意增强饲料的适口性。切忌突然换料，更不要频繁更换饲料品牌。

(3)生猪在贩运前，首先要让生猪充分饮足添加电解质、维生素 C、亚硒酸钠维生素 E和白糖等水溶液。贩运仔猪时要尽量装入笼内，以防运输时前拥后挤。若长途运输在 4 h以上，要尽可能让生猪在途中停车饮水，最大限度地减缓贩运应激。

(4)搞好猪舍卫生清洗工作，保持猪舍清洁卫生，通风良好。消除粪便污染及有害气体。消灭蚊蝇滋生地和污染源。

(5)减少饲养密度应激，建造标准化猪舍，合理分群，避免大欺小，强欺弱，互相咬斗。

2. 硒－维生素 E 缺乏症

硒－维生素 E 缺乏症是指硒、维生素 E，或二者同时缺乏或不足所致的营养代谢障碍综合征。临诊上常以猪白肌病、仔猪桑葚心、仔猪营养性肝病为主要特征。

【临床症状】　临床上主要表现以下类型。

(1)白肌病

以骨骼肌、心肌纤维以及肝组织等发生变性、坏死为主要特征。急性病例突然呼吸困难、心脏衰竭而死亡。病程稍长者，精神不佳，食欲减退，心跳加快，心律不齐，运动无力。严重时，起立困难，前肢跪下，或腰背拱起，或四肢叉开，肢体弯曲，肌肉震颤。肩部、背腰部肌肉肿胀，偶见采食、咀嚼障碍和呼吸障碍。仔猪常因不能站立吃不到母乳而饿死。

(2)仔猪营养性肝坏死和桑葚心

营养性肝坏死和桑葚心是猪的硒和维生素 E 缺乏症最为常见的病型之一。

营养性肝坏死　又称仔猪肝营养不良，主要发生于 3 周龄至 4 月龄，尤其是断奶前后的仔猪，大多于断奶后死亡。急性病例多为体况良好、生长迅速的仔猪，没有任何症状，突然发病死亡。存活仔猪常伴有严重呼吸困难、黏膜发绀、躺卧不起等症状，强迫走动能引起立即死亡。约 25%的猪有消化道症状，如食欲不振、呕吐、腹泻、粪便带血等。病猪可视黏膜发绀，后肢衰弱，臀及腹部皮下水肿，病程长者可出现黄疸、发育不良症状。同窝仔猪于几周内死亡数头，群死亡率在10%以上，冬末春初发病率高。

桑葚心　本病多发于仔猪和快速生长的猪，营养状况良好，但维生素E含量较低。病猪常在没有任何前驱征兆下突然死亡，幸存猪出现严重的呼吸困难、发绀、躺卧，强迫行走时可突然死亡。亚临诊型常有消化紊乱，在气候骤变、长途运输等应激下可转为急性，几分钟内突然抽搐，大声嚎叫而死亡。皮肤有不规则的紫红斑点，多在两腿内侧，甚至遍及全身。

【剖检病变】

(1)白肌病

病变多局限于心肌和骨骼肌。常受损害的骨骼肌为腰、背及股部肌肉群。病变肌肉变性、色淡，似用开水煮过一样，并可出现灰黄色、黄白色的点状、条状、片状的病灶，断面有灰白色斑纹，质地变脆。心肌扩张变弱，心内外膜下有与肌纤维一致的灰白色条纹，心径扩大，外观呈球形。肝脏肿大，有大理石样花纹，色由淡红转为灰黄或土黄色。心包积水，有纤维素沉着。

(2)营养性肝坏死

正常肝组织与红色出血性坏死的肝小叶及白色或淡黄色缺血性凝固性坏死的小叶混杂在一起，形成色彩多斑的嵌花式外观。

(3)桑葚心

心脏扩大，横径变宽呈圆球状，沿心肌纤维走向，发生多发性出血而呈红紫色，外观颇似桑葚样，故称桑葚心。心内、外膜有大量出血点或弥漫性出血，心肌间有灰白或黄白色条纹状变性和斑块状坏死区。肝呈斑块状坏死，心包、胸腔、腹腔积液，色深透明呈橙黄色。肺水肿，胃黏膜潮红。

【病因分析】

(1)饲粮或饲料硒含量不足，当饲料硒含量低于0.05 mg/kg时就出现硒缺乏症。饲料中的硒来源于土壤硒，当土壤硒低于0.5 mg/kg时即认为是贫硒土壤。土壤低硒环境是硒缺乏症的根本原因，低硒饲料是致病的直接原因，水、土、食物链则是基本途径。

(2)饲料中维生素E的含量及其他抗氧化物质和不饱和脂肪酸含量不足也是主要的影响因素。

(3)应激是硒缺乏的诱发因素，如长途运输、驱赶、潮湿、恶劣的气候等刺激，可使动物机体抵抗力降低，硒、维生素E消耗增加。另外，含硫氨基酸、不饱和脂肪酸、某些抗氧化剂及动物本身的状态也和硒缺乏症有很大关系。

【诊断】　确诊需做病理组织学检查，采取血液和组织器官做硒定量测定和谷胱甘肽过氧化物酶活性测定。一般认为饲料含硒量低于0.05 ppm会引起发病。全血硒含量低于0.05 ppm为硒缺乏。

【治疗】　对发病仔猪，肌内注射亚硒酸钠维生素E注射液1~3 mL，也可用0.1%亚硒酸钠溶液皮下或肌内注射，每次2~4 mL，隔20日再注射1次。配合应用维生素E 50~100 mg肌内注射效果更佳。

【预防】　在缺硒地区，应在饲料中补加含硒和维生素E的饲料添加剂，尽可能采用硒和维生素E较丰富的饲料喂猪，妊娠母猪，产前15~25 d内及仔猪生后第2 d起，每30 d肌内注射0.1%亚硒酸钠1次，母猪3~5 mL，仔猪1 mL。

四、以肌肉呈苍白病变为主症猪病的鉴别（见表 8-1）

表 8-1 以肌肉呈苍白病变为主症猪病的鉴别表

病 名	易发年龄	发病原因	剖检变化	药物治疗
猪应激综合征	任何年龄的猪	各种不良环境因素刺激导致	心肌有白色条纹或斑块病灶，心肌变性，心包积液。肺水肿，有的胸腔积液	无特效药
维生素 E－硒缺乏症	断奶前后仔猪多见	维生素 E－硒缺乏	心肌、骨骼肌颜色变淡，桑葚心、花肝	注射亚硒酸钠维生素 E 注射液有效

计 划 单

学习情境 8	猪其他疾病		学时	12
计划方式	小组讨论制定实施计划			
序　号	实施步骤		使用资源	备注
制定计划说明				
计划评价	班　级		第　组	组长签字	
	教师签字		日　期	
	评语:			

决策实施单

学习情境 8		猪其他疾病					
讨论小组制定的计划书，做出决策							
计划 对比	组号	工作流程 的正确性	知识运用 的科学性	步骤的 完整性	方案的 可行性	人员安排 的合理性	综合评价
	1						
	2						
	3						
	4						
	5						
	6						

制定实施方案		
序号	实施步骤	使用资源
1		
2		
3		
4		
5		
6		

实施说明：

班　级		第　组	组长签字	
教师签字		日　期		

评语：

作 业 单

学习情境 8	猪其他疾病
作业完成方式	以学习小组为单位，课余时间独立完成，在规定时间内提交作业
作业题 1	猪难产的助产方法
作业解答	
作业题 2	猪应激的预防措施
作业解答	
作业题 3	
作业解答	另附页
作业评价	

班　级		第　组	组长签字	
学　号		姓　名		
教师签字		教师评分		日　期

作业评价

评语：

效果检查单

学习情境 8	猪其他疾病			
检查方式	以小组为单位，采用学生自检与教师检查相结合，成绩各占总分(100分)的50%			
序号	检查项目	检查标准	学生自检	教师检查
1	资讯问题	答案是否准确、回答是否正确		
2	计划书质量	综合评价结果		
3	初步诊断	方法是否正确、分析路径是否合理、结论是否正确、剖检后动物尸体处理是否正确		
4	实验室诊断	方法是否正确、材料准备是否齐备、操作是否规范、结论是否正确		
5	治疗方法	方法是否正确；一般性用药是否合理、是否应用药敏试验选择用药		
6	防治措施	是否具有较强的完整性、可行性		
7	生物安全意识	现场及实验室工作是否有安全意识		
8	团队合作	团队中是否明确分工，组员间是否密切合作		
9				
10				

班　级		第　组	组长签字	
教师签字			日　期	
检查评价	评语：			

评价反馈单

学习情境 8			猪其他疾病			
评价类别	项目		子项目	个人评价	组内评价	教师评价
专业能力（60%）	资讯（10%）		查找资料，自主学习（5%）			
			资讯问题回答（5%）			
	计划（5%）		计划制定的科学性（3%）			
			用具材料准备（2%）			
	实施（25%）		各项操作正确（10%）			
			完成的各项操作效果好（6%）			
			完成操作中注意安全（4%）			
			使用工具的规范性（3%）			
			操作方法的创意性（2%）			
	检查（5%）		全面性、准确性（3%）			
			生产中出现问题的处理（2%）			
	结果（10%）		提交成品质量			
	作业（5%）		及时、保质完成作业			
社会能力（20%）	团队协作（10%）		小组成员合作良好（5%）			
			对小组的贡献（5%）			
	敬业、吃苦精神（10%）		学习纪律性（4%）			
			爱岗敬业和吃苦耐劳精神（6%）			
方法能力（20%）	计划能力（10%）		制定计划合理			
	决策能力（10%）		计划选择正确			

意见反馈

请写出你对本学习情境教学的建议和意见

班　级		姓　名		学　号		总　评	
教师签字		第　组	组长签字			日　期	
评价评语	评语：						

●●●● 拓展阅读

动物检疫检验员职业守则

怎样才能吃上放心的猪肉

参考文献

[1] 王志远．猪病防治[M]．北京：中国农业出版社，2010

[2] 姜平等．猪病[M]．北京：中国农业出版社，2009

[3] 李立山等．养猪与猪病防治[M]．北京：中国农业出版社，2006

[4] 刘振湘等．动物传染病防治技术[M]．北京：化学工业出版社，2009

[5] 中国农业科学院哈尔滨兽医研究所．动物传染病学[M]．北京：中国农业出版社，2008

[6] 陈溥言．兽医传染病学[M]．5 版．北京：中国农业出版社，2006

[7] 潘耀谦等．猪病诊治彩色图谱[M]．北京：中国农业出版社，2010

[8] 宣长和等．猪病诊断彩色图谱与防治[M]．北京：中国农业科学技术出版社，2005

[9] 刘莉．动物微生物及免疫[M]．北京：化学工业出版社，2010